日本酒手帳

Nihonshu Encyclopedia For Gourmet

はじめに

近年の日本酒の進化は目覚ましく、その顔ぶれもかつてないほどバラエティ豊かです。搾ったばかりの新酒があれば熟成20年の古酒があり、無濾過すっぴんの生酒があれば濾過・火入れを施した清澄な酒があり、昔ながらの濁り酒があれば、シャンパンといっても通りそうな発泡性のニュータイプもある――。昔のままの甘口・辛口、あるいは淡麗・濃醇などの言葉だけで、これら多彩な日本酒の魅力はとても伝え切れません。

本書では、掲載したすべての蔵元に直接お願いした詳細なアンケートの回答に基づいて、酒質を香り・コク・キレに分けて図示。味の特徴や飲みごろ温度なども併記しました。今まで親しんできた日本酒のすべてがわかる。これから飲んでみたい一本がすぐに見つかる――これまでに類を見ない、日本酒と、日本酒を飲みたい人のための指南書、それが本書です。

2010年7月吉日

監修代表　長田 卓（SSI）
取材・執筆　白石愷親

●目次

はじめに …… 2
掲載銘柄地図 …… 12
日本酒の基礎知識 …… 22
日本酒の基礎用語 …… 28
味わいマトリクス …… 32
本書の使い方 …… 40

北海道・東北

國稀〔北海道／國稀酒造〕…… 42
国士無双〔北海道／高砂酒造〕…… 43
北の錦〔北海道／小林酒造〕…… 44
千歳鶴〔北海道／日本清酒〕…… 45
田酒〔青森県／西田酒造店〕…… 46
豊盃〔青森県／三浦酒造〕…… 47
桃川〔青森県／桃川〕…… 48
陸奥八仙〔青森県／八戸酒造〕…… 49
白瀑〔秋田県／山本〕…… 50
新政〔秋田県／新政酒造〕…… 51
刈穂〔秋田県／刈穂酒造〕…… 52
田从〔秋田県／舞鶴酒造〕…… 53
天の戸〔秋田県／浅舞酒造〕…… 54
まんさくの花〔秋田県／日の丸醸造〕…… 55
爛漫〔秋田県／秋田銘醸〕…… 56
雪の茅舎〔秋田県／齋彌酒造店〕…… 57
飛良泉〔秋田県／飛良泉本舗〕…… 58

南部美人〔岩手県／南部美人〕……59
あさ開〔岩手県／あさ開〕……60
東北泉〔山形県／高橋酒造店〕……61
上喜元〔山形県／酒田酒造〕……62
楯野川〔山形県／楯の川酒造〕……63
初孫〔山形県／東北銘醸〕……64
麓井〔山形県／麓井酒造〕……65
羽前白梅〔山形県／羽根田酒造〕……66
白露垂珠〔山形県／竹の露〕……67
十四代〔山形県／高木酒造〕……68
出羽桜〔山形県／出羽桜酒造〕……69
洌〔山形県／小嶋総本店〕……70
雅山流〔山形県／新藤酒造店〕……71
綿屋〔宮城県／金の井酒造〕……72
一ノ蔵〔宮城県／一ノ蔵〕……73
伯楽星〔宮城県／新澤醸造店〕……74
墨廼江〔宮城県／墨廼江酒造〕……75
浦霞〔宮城県／佐浦〕……76
勝山〔宮城県／仙台伊澤家 勝山酒造 仙台伊達家御用蔵 勝山〕……77
乾坤一〔宮城県／大沼酒造店〕……78
奈良萬〔福島県／夢心酒造〕……79
飛露喜〔福島県／廣木酒造本店〕……80
会津娘〔福島県／高橋庄作酒造店〕……81
寫樂〔福島県／宮泉銘醸〕……82
國権〔福島県／国権酒造〕……83
ロ万〔福島県／花泉酒造〕……84

榮川〔福島県／榮川酒造〕……85
大七〔福島県／大七酒造〕……86
奥の松〔福島県／奥の松酒造〕……87
千功成〔福島県／檜物屋酒造店〕……88

関東・甲信越

郷乃譽〔茨城県／須藤本家〕……90
筑波〔茨城県／石岡酒造〕……91
大那〔栃木県／菊の里酒造〕……92
松の寿〔栃木県／松井酒造店〕……93
仙禽〔栃木県／せんきん〕……94
辻善兵衛〔栃木県／辻善兵衛商店〕……95
鳳凰美田〔栃木県／小林酒造〕……96
結人〔群馬県／柳澤酒造〕……97
船尾瀧〔群馬県／柴崎酒造〕……98
群馬泉〔群馬県／島岡酒造〕……99
亀甲花菱〔埼玉県／清水酒造〕……100
神亀〔埼玉県／神亀酒造〕……101
日本橋〔埼玉県／横田酒造〕……102
琵琶のさゝ浪〔埼玉県／麻原酒造〕……103
天覧山〔埼玉県／五十嵐酒造〕……104
福祝〔千葉県／藤平酒造〕……105
澤乃井〔東京都／小澤酒造〕……106
喜正〔東京都／野崎酒造〕……107
丸眞正宗〔東京都／小山酒造〕……108
天青〔神奈川県／熊澤酒造〕……109

相模灘（神奈川県／久保田酒造）……110
隆（神奈川県／川西屋酒造店）……111
青煌（山梨県／武の井酒造）……112
春鶯囀（山梨県／萬屋醸造店）……113
明鏡止水（長野県／大澤酒造）……114
御湖鶴（長野県／菱友醸造）……115
真澄（長野県／宮坂醸造）……116
豊香（長野県／豊島屋）……117
七笑（長野県／七笑酒造）……118
〆張鶴（新潟県／宮尾酒造）……119
大洋盛（新潟県／大洋酒造）……120
菊水（新潟県／菊水酒造）……121
村祐（新潟県／村祐酒造）……122
越乃寒梅（新潟県／石本酒造）……123
清泉（新潟県／久須美酒造）……124
越乃景虎（新潟県／諸橋酒造）……125
朝日山（新潟県／朝日酒造）……126
緑川（新潟県／緑川酒造）……127
鶴齢（新潟県／青木酒造）……128
八海山（新潟県／八海醸造）……129
上善如水（新潟県／白瀧酒造）……130
越の誉（新潟県／原酒造）……131
雪中梅（新潟県／丸山酒造場）……132
根知男山（新潟県／渡辺酒造店）……133
北雪（新潟県／北雪酒造）……134

北陸・東海

満寿泉〔富山県／桝田酒造店〕……136
勝駒〔富山県／清都酒造場〕……137
遊穂〔石川県／御祖酒造〕……138
加賀鳶〔石川県／福光屋〕……139
手取川〔石川県／吉田酒造店〕……140
天狗舞〔石川県／車多酒造〕……141
菊姫〔石川県／菊姫〕……142
萬歳樂〔石川県／小堀酒造店〕……143
常きげん〔石川県／鹿野酒造〕……144
白岳仙〔福井県／安本酒造〕……145
梵〔福井県／加藤吉平商店〕……146
黒龍〔福井県／黒龍酒造〕……147
小左衛門〔岐阜県／中島醸造〕……148
三千盛〔岐阜県／三千盛〕……149
房島屋〔岐阜県／所酒造〕……150
醴泉〔岐阜県／玉泉堂酒造〕……151
白隠正宗〔静岡県／高嶋酒造〕……152
臥龍梅〔静岡県／三和酒造〕……153
正雪〔静岡県／神沢川酒造場〕……154
初亀〔静岡県／初亀醸造〕……155
喜久醉〔静岡県／青島酒造〕……156
志太泉〔静岡県／志太泉酒造〕……157
杉錦〔静岡県／杉井酒造〕……158
磯自慢〔静岡県／磯自慢酒造〕……159
開運〔静岡県／土井酒造場〕……160

蓬莱泉〔愛知県／関谷醸造〕……161
奥〔愛知県／山崎〕……162
神杉〔愛知県／神杉酒造〕……163
醸し人九平次〔愛知県／萬乗醸造〕……164
神の井〔愛知県／神の井酒造〕……165
長珍〔愛知県／長珍酒造〕……166
義侠〔愛知県／山忠本家酒造〕……167
天遊琳〔三重県／タカハシ酒造〕……168
作〔三重県／清水醸造〕……169
黒松翁〔三重県／森本仙右衛門商店〕……170
而今〔三重県／木屋正酒造〕……171
酒屋八兵衛〔三重県／元坂酒造〕……172

近畿・中国

七本鎗〔滋賀県／冨田酒造〕……174
松の司〔滋賀県／松瀬酒造〕……175
道灌〔滋賀県／太田酒造〕……176
月桂冠〔京都府／月桂冠〕……177
松竹梅〔京都府／宝酒造〕……178
玉乃光〔京都府／玉乃光酒造〕……179
玉川〔京都府／木下酒造〕……180
春鹿〔奈良県／今西清兵衛商店〕……181
初霞〔奈良県／久保本家酒造〕……182
花巴〔奈良県／美吉野醸造〕……183
長龍〔奈良県／長龍酒造〕……184
風の森〔奈良県／油長酒造〕……185

車坂〔和歌山県／吉村秀雄商店〕……186
雑賀〔和歌山県／九重雑賀〕……187
南方〔和歌山県／世界一統〕……188
黒牛〔和歌山県／名手酒造店〕……189
秋鹿〔大阪府／秋鹿酒造〕……190
呉春〔大阪府／呉春〕……191
黒松白鹿〔兵庫県／辰馬本家酒造〕……192
菊正宗〔兵庫県／菊正宗酒造〕……193
剣菱〔兵庫県／剣菱酒造〕……194
白鶴〔兵庫県／白鶴酒造〕……195
沢の鶴〔兵庫県／沢の鶴〕……196
小鼓〔兵庫県／西山酒造場〕……197
富久錦〔兵庫県／富久錦〕……198
龍力〔兵庫県／本田商店〕……199
御前酒〔岡山県／辻本店〕……200
鷹勇〔鳥取県／大谷酒造〕……201
千代むすび〔鳥取県／千代むすび酒造〕……202
李白〔島根県／李白酒造〕……203
豊の秋〔島根県／米田酒造〕……204
玉鋼〔島根県／簸上清酒〕……205
天寶一〔広島県／天寶一〕……206
誠鏡〔広島県／中尾醸造〕……207
賀茂鶴〔広島県／賀茂鶴酒造〕……208
白牡丹〔広島県／白牡丹酒造〕……209
賀茂泉〔広島県／賀茂泉酒造〕……210
賀茂金秀〔広島県／金光酒造〕……211

雨後の月（広島県／相原酒造）……212
千福（広島県／三宅本店）……213
獺祭（山口県／旭酒造）……214
五橋（山口県／酒井酒造）……215
東洋美人（山口県／澄川酒造場）……216
貴（山口県／永山本家酒造場）……217
関娘（山口県／下関酒造）……218

四国・九州

綾菊（香川県／綾菊酒造）……220
悦凱陣（香川県／丸尾本店）……221
芳水（徳島県／芳水酒造）……222
南（高知県／南酒造場）……223
美丈夫（高知県／濵川商店）……224
酔鯨（高知県／酔鯨酒造）……225
亀泉（高知県／亀泉酒造）……226
司牡丹（高知県／司牡丹酒造）……227
初雪盃（愛媛県／協和酒造）……228
川亀（愛媛県／川亀酒造）……229
亀の尾（福岡県／伊豆本店）……230
独楽蔵（福岡県／杜の蔵）……231
庭のうぐいす（福岡県／山口酒造場）……232
繁桝（福岡県／高橋商店）……233
天吹（佐賀県／天吹酒造）……234
七田（佐賀県／天山酒造）……235
東一（佐賀県／五町田酒造）……236

鍋島〔佐賀県／富久千代酒造〕……237

六十餘洲〔長崎県／今里酒造〕……238

香露〔熊本県／熊本県酒造研究所〕……239

智恵美人〔大分県／中野酒造〕……240

鷹来屋〔大分県／浜嶋酒造〕……241

参考資料……242

協力店……243

SSI（日本酒サービス研究会・酒匠研究会連合会）について……244

掲載銘柄別索引……246

掲載蔵元別索引……250

北海道・東北

オホーツク海
稚内
国士無双 P43
日本海
國稀 P42
網走
増毛
旭川
千歳鶴 P45
北海道
小樽
釧路
札幌
栗山
帯広
苫小牧
室蘭
江差
函館
北の錦 P44
青森
太平洋
秋田
岩手

北海道
田酒 P46
豊盃 P47
青森
青森
おいらせ
桃川 P48
弘前
八戸
陸奥八仙 P49
白瀑 P50
八峰
二戸
能代
南部美人 P59
日本海
秋田
あさ開 P60
盛岡
岩手
新政 P51
秋田
田从 P53
天の戸 P54
まんさくの花 P55
刈穂 P52
大仙
雪の茅舎 P57
由利本荘
横手
遠野
飛良泉 P58
にかほ
湯沢
爛漫 P56
東北泉 P61
遊佐
一関
上喜元 P62
酒田
楯野川 P63
山形
栗原
綿屋 P72
初孫 P64
鶴岡
一ノ蔵 P73
麓井 P65
伯楽星 P74
村山
大崎
宮城
石巻
羽前白梅 P66
墨廼江 P75
白露垂珠 P67
天童
塩竈
浦霞 P76
十四代 P68
山形
仙台
勝山 P77
村田
出羽桜 P69
乾坤一 P78
洌 P70
雅山流 P71
米沢
福島
奈良萬 P79
喜多方
大七 P86
新潟
二本松
奥の松 P87
会津坂下
磐梯
千功成 P88
飛露喜 P80
榮川 P85
会津若松
郡山
会津娘 P81
寫樂 P82
福島
南会津
太平洋
國權 P83
ロ万 P84
群馬
栃木

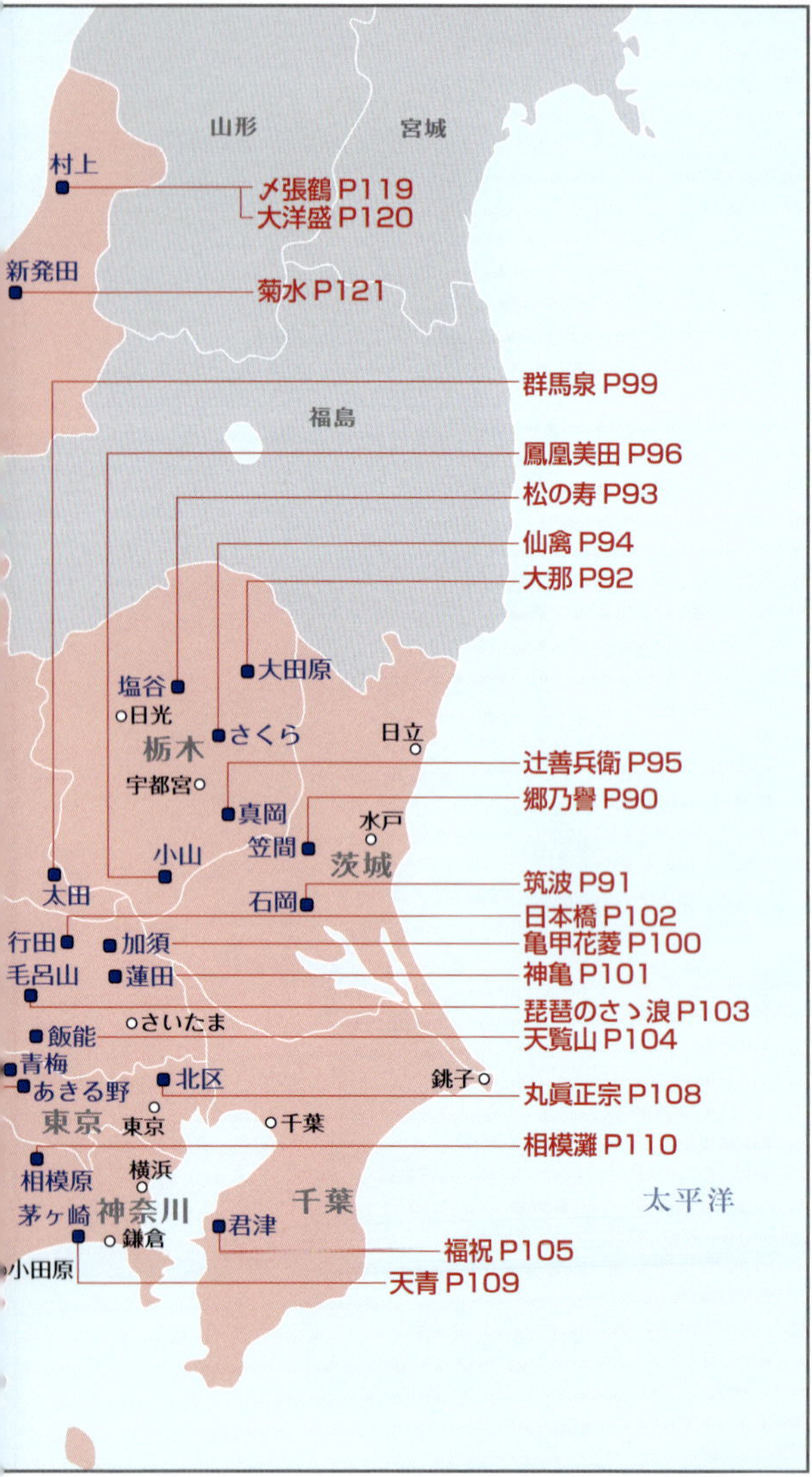
山形
宮城
村上
〆張鶴 P119
大洋盛 P120
新発田
菊水 P121
群馬泉 P99
福島
鳳凰美田 P96
松の寿 P93
仙禽 P94
大那 P92
大田原
塩谷
日光
さくら
栃木
日立
辻善兵衛 P95
宇都宮
郷乃誉 P90
真岡
水戸
笠間
小山
茨城
太田
筑波 P91
石岡
日本橋 P102
行田
加須
亀甲花菱 P100
毛呂山
蓮田
神亀 P101
琵琶のさゝ浪 P103
さいたま
飯能
天覧山 P104
青梅
北区
銚子
あきる野
丸眞正宗 P108
東京
東京
千葉
相模灘 P110
相模原
横浜
千葉
太平洋
茅ヶ崎
神奈川
君津
鎌倉
福祝 P105
小田原
天青 P109

関東・甲信越

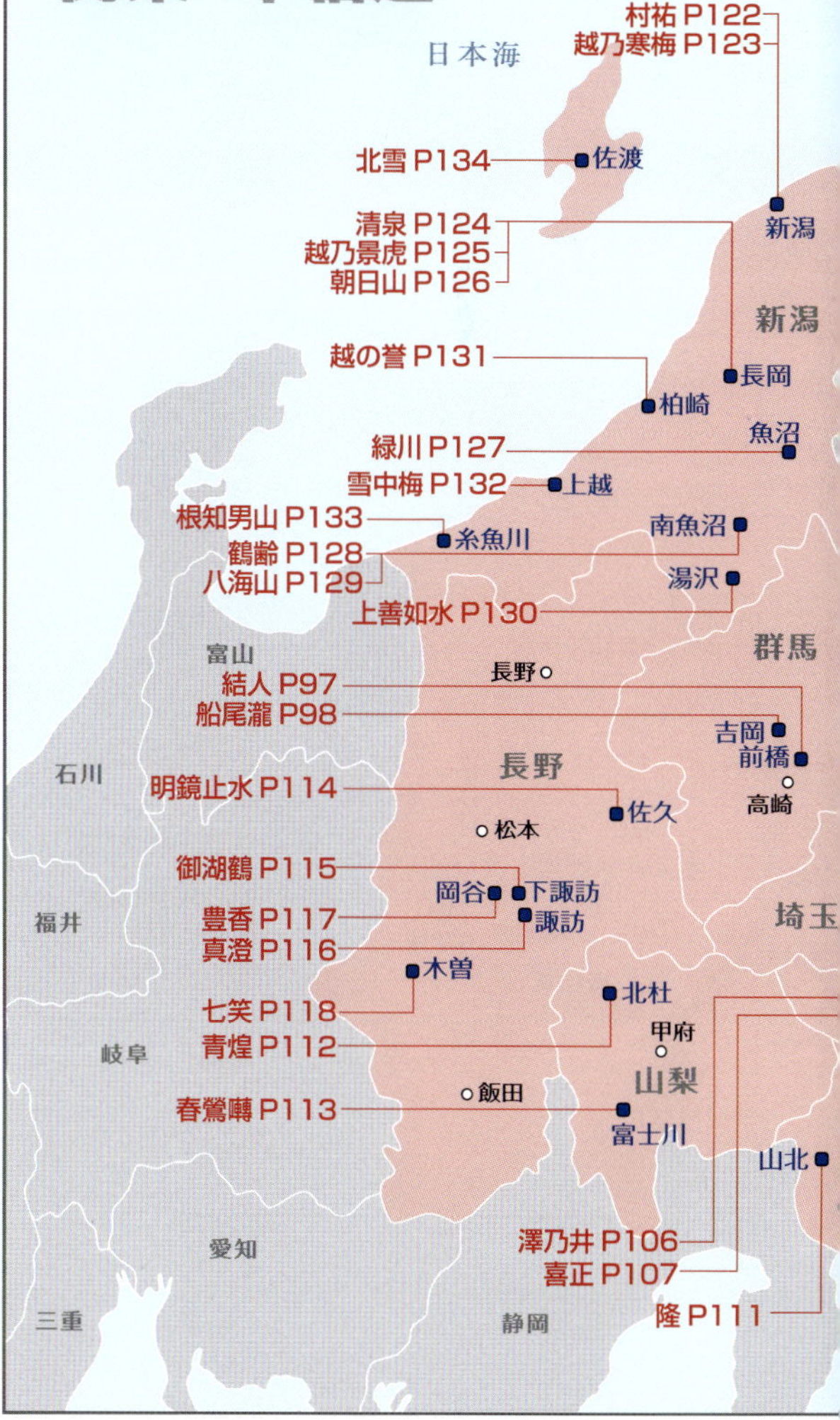
村祐 P122
越乃寒梅 P123
日本海
北雪 P134
佐渡
新潟
清泉 P124
越乃景虎 P125
朝日山 P126
新潟
越の誉 P131
長岡
柏崎
魚沼
緑川 P127
雪中梅 P132
上越
根知男山 P133
糸魚川
南魚沼
鶴齢 P128
八海山 P129
湯沢
上善如水 P130
群馬
富山
長野
結人 P97
船尾瀧 P98
吉岡
前橋
長野
石川
高崎
明鏡止水 P114
佐久
松本
御湖鶴 P115
岡谷
下諏訪
豊香 P117
諏訪
埼玉
福井
真澄 P116
木曽
北杜
七笑 P118
甲府
青煌 P112
岐阜
山梨
飯田
春鶯囀 P113
富士川
山北
澤乃井 P106
愛知
喜正 P107
隆 P111
三重
静岡

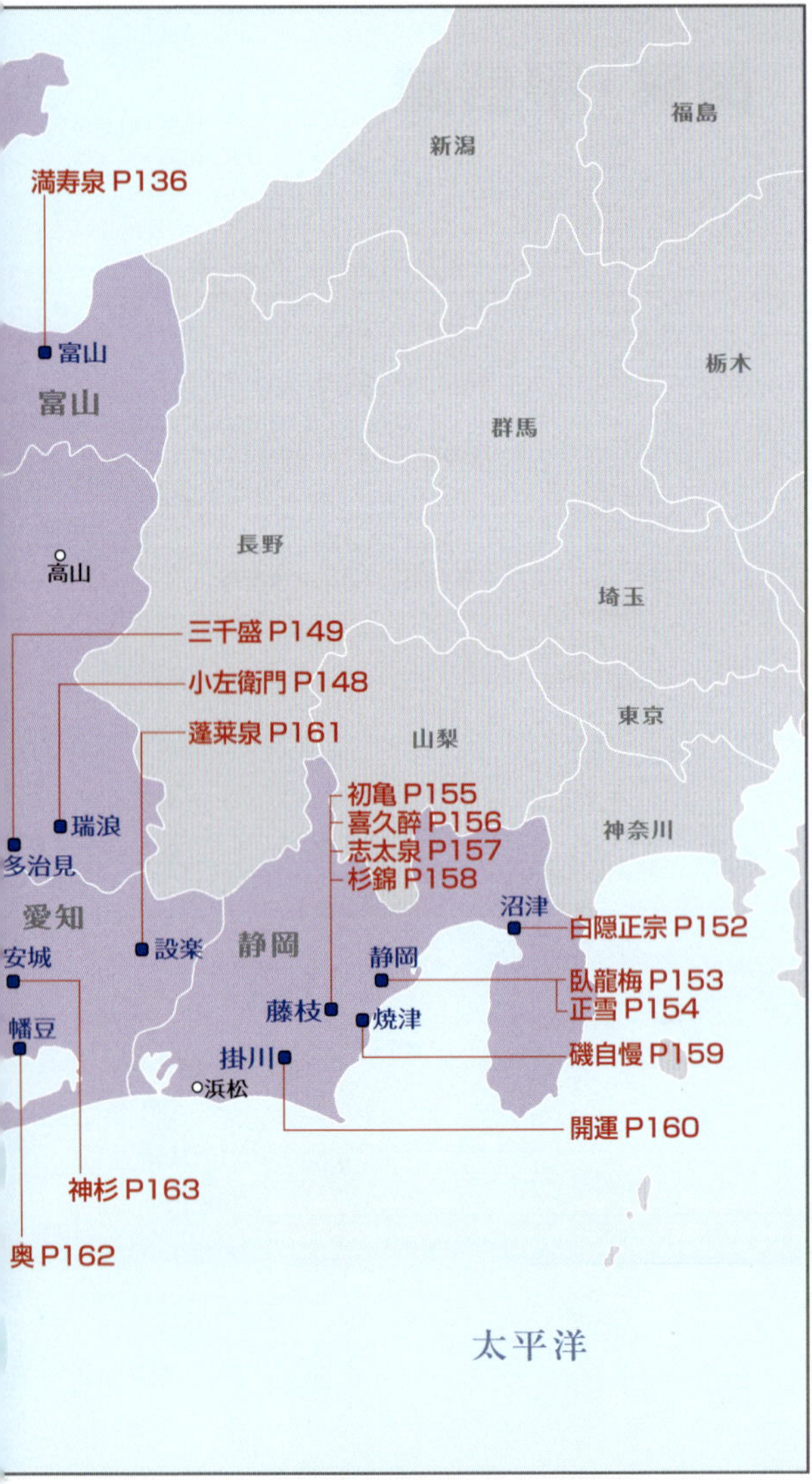
満寿泉 P136
新潟
福島
富山
富山
群馬
栃木
長野
高山
埼玉
三千盛 P149
小左衛門 P148
蓬莱泉 P161
東京
山梨
初亀 P155
喜久酔 P156
志太泉 P157
杉錦 P158
神奈川
瑞浪
多治見
愛知
沼津
白隠正宗 P152
設楽
静岡
安城
静岡
臥龍梅 P153
正雪 P154
藤枝
焼津
幡豆
掛川
磯自慢 P159
浜松
開運 P160
神杉 P163
奥 P162
太平洋

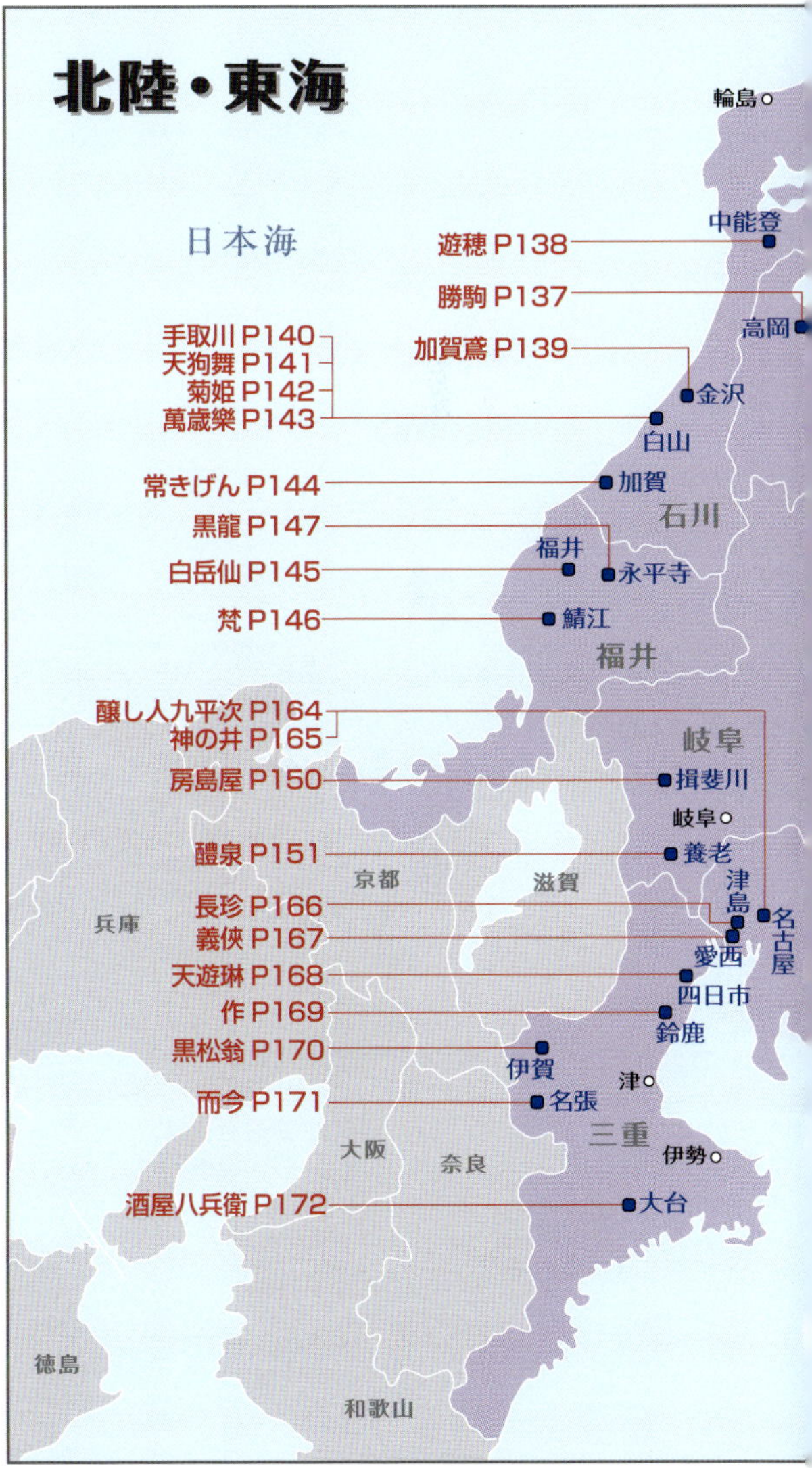
北陸・東海
日本海
輪島
中能登
遊穂 P138
勝駒 P137
高岡
手取川 P140
天狗舞 P141
菊姫 P142
萬歳樂 P143
加賀鳶 P139
金沢
白山
常きげん P144
加賀
石川
黒龍 P147
福井
白岳仙 P145
永平寺
梵 P146
鯖江
福井
醸し人九平次 P164
神の井 P165
岐阜
房島屋 P150
揖斐川
岐阜
醴泉 P151
養老
京都
滋賀
津島
兵庫
長珍 P166
義侠 P167
名古屋
愛西
天遊琳 P168
四日市
作 P169
鈴鹿
黒松翁 P170
伊賀
津
而今 P171
名張
三重
大阪
奈良
伊勢
酒屋八兵衛 P172
大台
徳島
和歌山

七本鎗 P174
松の司 P175
道灌 P176
月桂冠 P177
松竹梅 P178
玉乃光 P179
鷹勇 P201
御前酒 P200
秋鹿 P190
福井
玉川 P180
京丹後
琴浦
鳥取
鳥取
呉春 P191
長浜
黒松白鹿 P192
彦根
京都
滋賀
丹波
真庭
兵庫
竜王
京都
草津
大津
岡山
能勢
加西
池田
姫路
春鹿 P181
西宮
岡山
神戸
大阪
奈良
大阪
広陵
宇陀
瀬戸内海
初霞 P182
御所
三重
和歌山
吉野
岩出
香川
奈良
海南
和歌山
徳島
小鼓 P197
花巴 P183
富久錦 P198
風の森 P185
龍力 P199
長龍 P184
串本
菊正宗 P193
剣菱 P194
車坂 P186
白鶴 P195
雑賀 P187
沢の鶴 P196
黒牛 P189
南方 P188
太平洋

近畿・中国

日本海
千代むすび P202
李白 P203
豊の秋 P204
玉鋼 P205
賀茂鶴 P208
白牡丹 P209
賀茂泉 P210
賀茂金秀 P211
境港
松江
米子
関娘 P218
貴 P217
東洋美人 P216
奥出雲
島根
浜田
広島
東広島
福山
萩
広島
竹原
山口
山口
呉
岩国
下関
宇部
愛媛
福岡
獺祭 P214
五橋 P215
高知
天寶一 P206
誠鏡 P207
大分
雨後の月 P212
千福 P213
熊本
宮崎

四国・九州

芳水 P222
悦凱陣 P221
綾菊 P220
島根
兵庫
岡山
広島
瀬戸内海
高松
綾川
香川
琴平
今治
三好
徳島
徳島
松山
砥部
高知
愛媛
八幡浜
佐川
土佐
高知
安田
田野
宇和島
美丈夫 P224
南 P223
酔鯨 P225
亀泉 P226
司牡丹 P227
初雪盃 P228
川亀 P229
太平洋

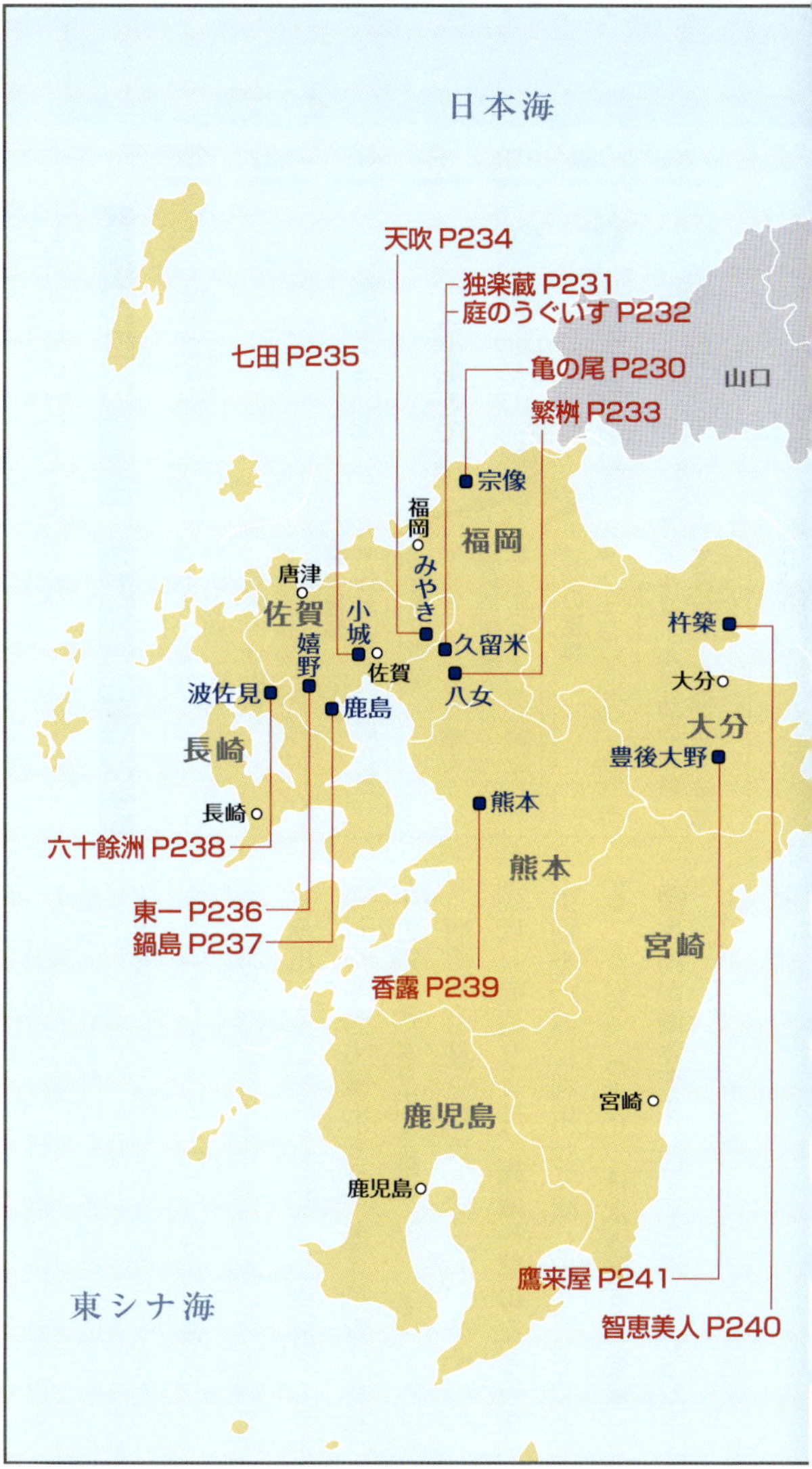
日本海
天吹 P234
独楽蔵 P231
庭のうぐいす P232
七田 P235
亀の尾 P230
山口
繁桝 P233
宗像
福岡
福岡
唐津
みやき
佐賀
小城
嬉野
杵築
久留米
佐賀
大分
波佐見
八女
鹿島
大分
長崎
豊後大野
熊本
長崎
六十餘洲 P238
熊本
東一 P236
鍋島 P237
宮崎
香露 P239
宮崎
鹿児島
鹿児島
鷹来屋 P241
東シナ海
智恵美人 P240

＊の付いた用語は28頁からの「日本酒の基礎用語」参照

日本酒のできるまで

製造工程

1. ❶＊精米《せいまい》（2日）
2. ＊枯《か》らし（30日）
3. 洗米《せんまい》・浸漬《しんせき》（1日）
4. 蒸《む》し（1日）
5. ❷＊麹《こうじ》造り（製麹《せいぎく》）（2日）
6. ❸＊酒母《しゅぼ》（酛《もと》）造り（14~20日）
7. ❹＊醪《もろみ》造り（14~20日）

ラベル表示への反映

- ❶精米：原料米の品種 ▼山田錦、五百万石など ／ ＊精米歩合の差 ▼大吟醸酒、吟醸酒など
- ❷麹造り：麹の種類 ▼麹米山田錦使用など
- ❸酒母造り：＊酵母の種類 ▼7号酵母、9号酵母など ／ 酒母の種類 ▼＊生酛、＊山廃酛など
- ❹醪造り：＊醪の種類 ▼＊三段仕込み、四段仕込みなど ／ アルコール添加の有無 ▼純米酒、本醸造酒、普通酒など

日本酒造りは、日本酒が生まれて以来伝承されてきた技を、各時代の造り手が工夫を凝らし、現代まで進化させてきた。そのおよそ2000年といわれる歴史の中で、現代が最もクオリティの高い日本酒を生み出しているといわれるが、発酵のしくみは今も昔も変わらず、基本的な工程は中世の時代より引き継がれている。

酒造りの長を杜氏《とうじ》と呼ぶが、多くの杜氏は「酒造りとは、麹菌や酵母などの微生物を巧みに利用して醸し出すことである」という。つまり、日本酒造りの要は、微生物が働きやすい環境を造り手がコントロールし、上手に発酵させるということだ。

❺

＊上槽《じょうそう》 →（7日）→ ＊滓引《おりび》き → ＊濾過《ろか》 →（1日）→ ＊火入《ひい》れ → 貯蔵《ちょぞう》 →（2週~1年など）→ ＊調合《ちょうごう》・＊割水《わりみず》 → 濾過《ろか》・火入れ →（2日）→ 瓶詰《びんづ》め → 出荷

- 上槽の違い ▼＊斗瓶囲い、＊荒ばしり、＊中汲みなど
- 濾過の有無 ▼＊無濾過など
- 火入れの有無 ▼＊生酒、＊生貯蔵酒、＊生詰酒など
- 貯蔵期間の違い ▼＊新酒（搾りたて）、＊冷やおろしなど
- 割水の有無 ▼＊原酒など
- 熟成期間の有無 ▼＊古酒、長期熟成酒など

日本酒の製造工程は❶精米❷麹造り❸酒母（酛）造り❹醪造り❺上槽から瓶詰めまで、の5つの段階に大きく分けられる。上の表は一般的な製造工程を示しているが、各工程における方式の違いがそれぞれの製品の特性となり、最終的にはそれが製品ラベルに反映されるので、上記の工程を覚えておけば、ラベルに書かれていることが理解できるようになる。

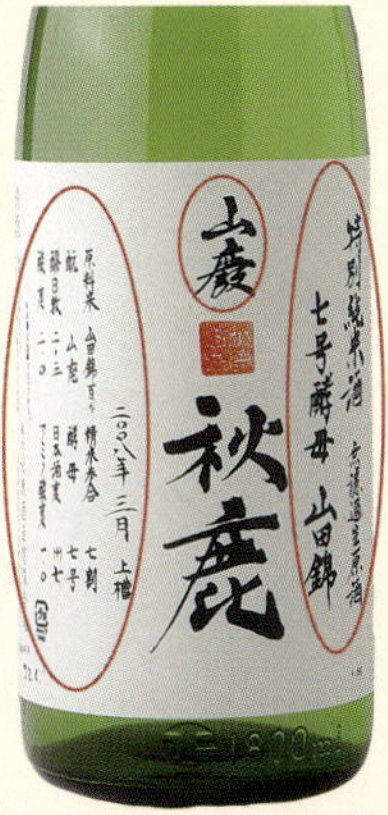

水

日本酒の成分の約80％は水だ。よって「いい水」を確保しなければ、酒造りは始まらない。技術や流通システムの発達のおかげで、寒冷な気候は人工的に造り出せるし、原料米だって全国から手に入れられるようになった。では、使用する米の量の約50倍は必要という水はどうか。

これだけの量の水をよそから運んでくることは、コスト面からも水質保全の面からも、現実的とはいえない。つまり水だけは現在でも、自然から採取するのが一番。多くの酒蔵が水質のよい水源近くにあるのは、まさにこの理由による。

日本酒造りには鉄分やマンガンの極端に少ない水が必要となるが、味わいは軟水か硬水かの違いだけでなく、その土地の水質の差でも変わってくる。一般に、軟水で仕込むと軽くてキレイな味に、硬水ではボディのしっかりした、切れのよい味わいに仕上がるという。前者の代表が女酒と呼ばれる伏見の酒、後者は男酒と称する灘の酒がよく知られている。

米

日本酒造りに適している酒造好適米はう

るち米の一種で、最大の特徴は心白《しんぱく》（米粒の中央にある白色不透明の部分）が大きいことだ。生産量が限られ非常に高価なことも特徴で、その価格は米の国際相場の20倍ほどにもなる。有名な山田錦《やまだにしき》や五百万石《ごひゃくまんごく》、美山錦《みやまにしき》など約100種が酒造好適米に指定されているが、その生産量は米の全生産量のわずか1%に過ぎない。

杜氏とその流派

杜氏とは酒造りの職人集団（蔵人《くらびと》という）の長のこと。蔵・帳簿の管理、醪の仕込みと管理と、酒造りで最も重要な役割を担う。職業として確立したのは延宝年間（1673～1681）のころという。

最大の杜氏集団・南部《なんぶ》杜氏はじめ越後《えちご》杜氏、但馬《たじま》杜氏など主な流派だけで20ほどあり、現在はそれぞれ組合を組織し、独自の技術に誇りを込めて酒造りを行っている。

分類の仕方

日本酒は法により、次頁の表にある特定名称酒8種と、普通酒に分類される。

特定名称酒とは、平成4年4月1日に、それまでの特級、1級、2級などの級別制度の全廃とともに始まった表記である。

使用原料 ＼ 精米歩合	特定名称酒 Ⓐ純米酒系	特定名称酒 Ⓑ本醸造酒系	Ⓓ普通酒系
	●米、米麹	●米、米麹 ●規定量内の醸造アルコール	●米、米麹 ●規定量外の醸造アルコール ●その他の原材料
規定なし	①純米酒		普通酒（レギュラー酒）
70％以下		⑤本醸造酒	
60％以下	②特別純米酒 ③純米吟醸酒	⑥特別本醸造酒 ⑦吟醸酒	
50％以下	④純米大吟醸酒	⑧大吟醸酒	

Ⓒ吟醸酒系（③④⑦⑧）

特定名称酒はまず、使用する原料により、
Ⓐ純米酒系…米、米麹のみを使用したもの
Ⓑ本醸造酒系…米、米麹のほかに規定量内（白米総重量の10％以下）の醸造アルコールを使用したもの
に二分される。そして、その中で精米歩合が60％以下のものは「吟醸酒」を、50％以下のものは「大吟醸酒」を名乗ることができる（これらがⒸ吟醸酒系と呼ばれる）。

この特定名称酒の規定から外れたものがⒹ普通酒系と呼ばれ、この普通酒が日本酒全体の約70％を占めているが、近年は海外での日本酒ブームなども手伝って、純米酒系のシェアが伸びている。

ところで、右頁の表で②特別純米酒と③純米吟醸酒、⑥特別本醸造酒と⑦吟醸酒が同じ区分に入っているが、これらの違いは気になるところである。

基本的には、吟醸香といわれる華やかな香気成分をコンセプトに造られたものは吟醸表示に、純米酒よりも精米歩合を小さくして（米をより多く削り）、よりすっきりした味わいをコンセプトに造られたものは特別純米酒や特別本醸造酒とされるのが一般的だ。少し曖昧な分け方に見えるが、華やかな香りの吟醸酒を目指すならば、原料米や精米歩合の差もさることながら、使用する酵母の種類や仕込む温度なども重要になる。

また、特別純米酒と特別本醸造酒の規定には、「精米歩合が60％以下又は特別な製造方法（要説明表示）」とある。これは、同じ蔵元の製品の中で、精米歩合の差異ではなく、純米酒や本醸造酒に比べて明らかに原料に差異がある場合などに表示が必要という意味である。たとえば、ある蔵元の製品で、原料がコシヒカリ、精米歩合70％の純米酒があったとする。この蔵元でその純米酒の精米歩合を60％にすると、それは特別純米酒になる（ほとんどはこのパターン）。一方、精米歩合は70％のままで、原料を山田錦にすると、それも特別純米酒になり、山田錦１００％などの表示が加わる。

日本酒の基礎用語

【秋上《あきあ》がり】→冷やおろし

【アミノ酸度《さんど》】アミノ酸量を表した数値。必要以上に多いと雑味の要因に、少なければ軽快な飲み口に。

【荒《あら》ばしり】槽搾《ふねしぼ》りの際、最初に出てくる酒。いわゆる一番搾り。華やかな香りが特徴。

【滓引《おりび》き】上槽《じょうそう》後、細かくなった米や酵母など小さな固形物（滓）を沈殿させ、上澄みの部分（上呑《うわのみ》という）を抽出すること。下呑《したのみ》の滓の混ざったほうは、滓酒、滓がらみという。

【掛米《かけまい》】酒母・醪《もろみ》造りに使用する原料米。使用白米総量の約80%。残りの約20%は麹米《こうじまい》。

【活性清酒《かっせいせいしゅ》】→発泡性清酒

【枯《か》らし】精米後の温度を下げ、水分を均一化するために、白米を冷暗所で保管すること。

【寒仕込《かんじこ》み】一年で最も寒い時季に酒を仕込むこと。寒造《かんづく》りとも。

【木桶仕込《きおけじこ》み】仕込みに木製の桶を用いる、昔ながらの手法。

【生酛《きもと》】蔵付《くらつ》き（酒造場に古くから棲み着いている）天然乳酸菌によって雑菌を排し、酵母を育成して酒母を造る伝統的な手法。（→速醸酛《そくじょうもと》、山卸《やまおろ》し、山廃酛《やまはいもと》）

【原酒《げんしゅ》】割水《わりみず》＝加水を一切していない酒。アルコール度数が高いのが特徴。

【麹《こうじ》】蒸した米に麹菌を繁殖させたもの＝米麹。麹菌の役割は、デンプンを糖に変化させる（＝糖化）酵素の供給。

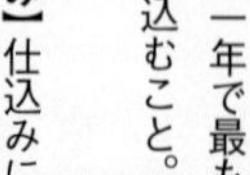

麹菌が繁殖した米麹

【麹蓋《こうじぶた》】麹造りの際、麹を小分けする杉箱。これを用いる製麹法を蓋麹法《ふたこうじほう》という。

【麹米《こうじまい》】麹造りに使用される原料米。使用白米総量の約20%

（残りの約80%は掛米）。麹米、掛米ともに同品種を使うことが多いが、蔵元のこだわりで別品種にすることもある。

【酵母《こうぼ》】糖分をアルコールと炭酸ガスに分解する微生物。多くの種類があり、用途によって使い分ける。この酵母を大量に培養したのが酒母（酛《もと》）。

【甑《こしき》】米を蒸すための杉材製の桶《おけ》。伝統的な酒造用具の一つ。

【古酒《こしゅ》】製造業界では、今年度に造られた日本酒を新酒と呼ぶのに対し、前年度に造られた日本酒を古酒と呼ぶ。しかし、一般的には、3年、5年、なかには10年以上など長期熟成させた日本酒を古酒と呼ぶ。

【三段仕込《さんだんじこ》み】酒母に3回に分けて麹《こうじ》と蒸米、水を加える、最も一般的な醪《もろみ》の仕込み法。1日目を初添《はつぞ》え、2日目は踊《おど》りといって酵母の増殖を待ち、3日目を仲添《なかぞ》え、4日目を留添《とめぞ》えという。

【酸度《さんど》】酸の量を表した数値。一般的に高いと濃醇で辛く、低いと淡麗で甘く感じられる。

【雫酒《しずくざけ》】→斗瓶囲《とびんかこ》い

【酒母《しゅぼ》】酵母を大量に培養した、麹《こうじ》と蒸米、水の混合液。酛《もと》とも。

【上槽《じょうそう》】醪《もろみ》を搾《しぼ》って液体（日本酒になる部分）と酒粕《さけかす》に分ける作業。（→斗瓶囲《とびんかこ》い、槽搾《ふねしぼ》り）

【新酒《しんしゅ》】でき上がったばかりの日本酒。搾《しぼ》りたてとも。

【精米《せいまい》】玄米の外側にある不要な部分を磨いて削り取ること。

【精米歩合《せいまいぶあい》】玄米を精米して、残った割合を%で表したもの。精米歩合60%ならば、40%を磨いて削り取ったということ。

左が玄米、右が精米歩合45%

【速醸酛《そくじょうもと》】醸造用乳酸を酒母に添加して酵母を育成する方法。安全・短期間に酒母を造

れるため、現在は酒母造りの約90%がこれ。（→生《き》酛《もと》）

【調《ちょう》合《ごう》】貯蔵される日本酒は、タンクごとに香味が違う。品質を一定化するために複数のタンクからの酒を混ぜること。

【斗《と》瓶《びん》囲《かこ》い】醪《もろみ》を詰めた酒袋を吊るし、滴る雫を18ℓ入りの瓶＝斗瓶に集めた酒、またその搾《しぼ》り方をいう。雫酒《しずくざけ》・袋《ふくろ》吊《つ》りとも。

【中《なか》汲《ぐ》み】槽《ふね》搾《しぼ》りの際、荒《あら》ばしりの次に採取する酒。中《なか》垂《だ》れ・中《なか》取《ど》りとも。

【生酒《なまざけ》】通常2回行う火《ひ》入《い》れを、1回も施していない酒。

【生《なま》詰《づめ》酒《しゅ》】1回目の火入れだけを施した酒。冷やおろしと同義で使われることも。

【生《なま》貯《ちょ》蔵《ぞう》酒《しゅ》】2回目の火入れだけを施した酒。

【濁《にご》り酒《さけ》】粗い布で漉《こ》し、米の固体部分が残って白濁した酒。色の淡いものは霞酒《かすみざけ》とも。

【日《に》本《ほん》酒《しゅ》度《ど》】日本酒の甘辛を表す数値。水の比重を0（ゼロ）とし、糖分が多く比重が大きい甘口を－（マイナス）、比重の軽い辛口を＋（プラス）で表記する。甘辛の判断要素は複雑で、あくまで目安。

【発《はっ》泡《ぽう》性《せい》清《せい》酒《しゅ》】炭酸ガスを含んだ日本酒の総称。活性清酒、スパークリング清酒とも。

【火《ひ》入《い》れ】酵素の働きを止め、また殺菌のために60～65℃で日本酒を30分ほど低温加熱すること。通常は貯蔵前・出荷前の2回行われる。

【冷《ひ》やおろし】春先にできた酒を火入れ後半年ほど熟成させ、酒温と外気温がほぼ等しくなる秋口、2回目の火入れをせず、冷や＝生詰のまま出荷する酒。秋《あき》上《あ》がり、秋《あき》晴《ば》れとも。

【BY《ビーワイ》】 Brewery Year の略で、酒造年度ともいう。期間は7月1日～翌年6月30日。平成21年度醸造なら表記は21BY。

【袋吊《ふくろつ》り】 →斗瓶囲《とびんかこ》い

【蓋麹法《ふたこうじほう》】 →麹蓋《こうじぶた》

【槽搾《ふねしぼ》り】 上槽《じょうそう》の手法の一つ。醪《もろみ》を入れた酒袋を酒槽《さかぶね》に敷き詰め、上からプレスして酒を搾《しぼ》る方法。初めの酒を荒《あら》ばしり、以下中汲《なかぐ》み、責《せ》めと呼ぶ。

【並行複発酵《へいこうふくはっこう》】 麹菌の造る酵素がデンプンを糖に分解する作用と、酵母が糖をアルコールと炭酸ガスに分解する作用が同時進行すること。

【菩提酛《ぼだいもと》】 室町時代、奈良県の菩提山正暦寺《しょうりゃくじ》で造られた僧坊酒・菩提泉の仕込み法。天然の乳酸菌と酵母の力を利用した自然醸法。

【無濾過《むろか》】 濾過を行っていないこと。無濾過の酒は山吹色など日本酒本来の色調が残る。

【諸白《もろはく》】 麹米《こうじまい》、掛米《かけまい》とも精白米を用いて醸《かも》した酒。室町時代、奈良・興福寺《こうふくじ》で造られたのが初めとされる。

【醪《もろみ》】 酒母に麹《こうじ》・蒸米・水を加えた、並行複発酵が進行中の液体。

【山卸《やまおろ》し】 生酛《きもと》系酒母を造るための工程の一つ。仕込み桶《おけ》を櫂《かい》でかき回し、米を潰しながら原料を混ぜる過重な作業。酛摺《もとす》りとも。

【山廃酛《やまはいもと》】 山卸しの作業を廃止し、麹《こうじ》そのものが持つ糖化酵素の力で酒母を育成する手法。現在は生酛《きもと》系酒母の90％が山廃酛だ。

【濾過《ろか》】 滓引《おりび》きの後、残っている細かい滓を完全に除去するための清澄作業。瓶詰めの前に再度濾過する場合もある。

【割水《わりみず》】 アルコール度数と香味のバランスを調整するために加水すること。(→原酒)

香味で分ける日本酒の4タイプ

本書では、味と香りの特徴から、日本酒のタイプを大きく**4**つに分類しています。それぞれの特徴は下チャートに整理したとおりです。濃淡、甘辛だけでは選びにくかった日本酒も、この明快な分類から入れば戸惑うことはありません。

次頁からのリストは、本書掲載全商品を、この4タイプと特定名称（26、27頁参照）で分類したものです（一部に例外として薫酒と醇酒の両方の特徴を持つ**薫醇酒**と、炭酸ガスを含み独特の香味を持つ**発泡性酒**がある）。好みの日本酒選びのご参考にしてください。

日本酒の香味

香りが高い ↑　↓ 香りが低い

味が淡い ←　→ 味が濃い

薫酒《くんしゅ》

フルーティな香りが海外でも大人気

香りの高いタイプ

甘くフルーティな香りが特徴。味わいは軽快なものから濃醇なものまでさまざま。どちらかというと料理を選ぶが、淡白な素材を生かした調理法で、さわやかな風味付けをされたものが好相性。食前酒にも。

◎おすすめ飲み頃温度帯

温度帯		おすすめ度
一番冷たい	5 ℃前後	■■
やや冷たい	10℃前後	■■■■■
常温	15℃前後	■■
ぬる燗	40℃前後	■
熱燗	50℃前後	

熟酒《じゅくしゅ》

黄金色に輝く日本酒 酒通が認める貴重品

熟成タイプ

熟成がもたらす凝縮感はスパイスやドライフルーツのよう。最も濃醇なテイスト。ハチミツなどで濃い甘みを付けたもの、フォワグラなど脂の多いものと好相性。他のタイプにはできない組合せが楽しめる。

◎おすすめ飲み頃温度帯

温度帯		おすすめ度
一番冷たい	5 ℃前後	
やや冷たい	10℃前後	■■
常温	15℃前後	■■■■■
ぬる燗	40℃前後	■■
熱燗	50℃前後	

爽酒《そうしゅ》

淡麗辛口テイストで万人に好かれる味わい

軽快でなめらかなタイプ

日本酒の中では最もライトでシンプルなテイスト。どんな料理にもよく合うマルチプレーヤーで、わりと軽いタイプの料理がベターだが、こってりした料理にすっきりしたこのタイプを合わせることもできる。

◎おすすめ飲み頃温度帯

温度帯		おすすめ度
一番冷たい	5 ℃前後	■■■■■
やや冷たい	10℃前後	■■■■
常温	15℃前後	■
ぬる燗	40℃前後	■
熱燗	50℃前後	■■■

醇酒《じゅんしゅ》

まさに日本酒の原点 伝統的かつ王道をいく

コクのあるタイプ

最も日本酒らしい「米」の風味が生きた旨口テイスト。しっかりした味付けの料理や酒の肴系料理がおすすめ。また、バターやクリームを使った洋風料理ともなかなかの好相性。

◎おすすめ飲み頃温度帯

温度帯		おすすめ度
一番冷たい	5 ℃前後	■
やや冷たい	10℃前後	■■
常温	15℃前後	■■■■■
ぬる燗	40℃前後	■■■■■
熱燗	50℃前後	■■■

薫酒

▼58／南部美人 大吟醸▼59／あさ開 南部流手造り大吟醸▼60／東北泉 大吟醸 斗瓶囲▼61／上喜元 限定 大吟醸▼62／麓井の圓 大吟醸▼65／出羽桜 大吟醸 雪漫々▼69／大吟醸生詰 雅山流 如月▼71／榮川 大吟醸 榮四郎▼85／大吟醸雫酒 十八代伊兵衛▼87／千功成 大吟醸袋吊り▼88／千功成 吟醸酒▼88／大吟醸 筑波 紫の峰▼91／大吟醸 筑波 天平の峰▼91／日本橋 大吟醸▼102／天覧山 大吟醸▼104／澤乃井 大吟醸 梵▼106／喜正 大吟醸▼107／丸眞正宗 大吟醸▼108／〆張鶴 金ラベル▼119／大吟醸 大洋盛▼120／朝日山 萬寿盃▼126／北雪 大吟醸 YK35▼134／北雪 大吟醸▼134／満寿泉 大吟醸▼136／勝駒 大吟醸▼137／吟醸生酒 あらばしり 手取川▼140／大吟醸 名流 手取川▼140／菊姫 大吟醸▼142／萬歳楽 白山 大吟醸古酒▼143／常きげん 大吟醸 中汲み斗びん囲い▼144／黒龍 大吟醸 龍▼147／黒龍 特撰吟醸▼147／醴泉 大吟醸 蘭奢待▼151／正雪 大吟醸 山田錦▼154／磯自慢 大吟醸▼159／磯自慢 水響華▼159／開運 大吟醸▼160／神杉 長期熟成大吟醸 秘蔵酒▼163／神杉 大吟醸 斗びんどり▼163／神の井 大吟醸 荒ばしり▼165／作 大吟醸▼169／黒松翁 大吟醸原酒 赤箱▼170／大吟醸 山廃仕込原酒 道灌▼176／大吟醸 道灌 技匠▼176／松竹梅 白壁蔵 大吟醸無濾過生原酒▼178／大吟醸 雑賀▼187／超特撰 特醸大吟醸 イチ▼188／小鼓 心楽▼197／大吟醸 龍力 米のささやき▼199／大吟醸 御前酒 馨▼200／鷹勇 大吟醸▼201／李白 大吟醸 月下独酌▼203／豊の秋 大吟醸▼204／大吟醸 玉鋼 袋取り斗瓶囲い▼205／大吟醸 玉鋼▼205／大吟醸 賀茂鶴 双鶴▼208／大吟醸 特製ゴールド賀茂鶴▼208／白牡丹 大吟醸▼209／賀茂泉 壽▼210／大吟醸 真粋 雨後の月▼212／千福大吟醸 王者▼213／大吟醸 錦帯五橋▼215／五橋 大吟醸 西都の雫▼215／関娘 大吟醸原酒▼218／関娘 大吟醸▼218／綾菊 大吟醸▼220／亀泉 大吟醸 萬寿▼226／初雪盃 50 大吟醸原酒 ２００９▼228／繁桝 大吟醸しずく搾り 斗瓶囲い▼233／天吹 裏大吟醸 愛山▼234／東一 雫搾り 大吟醸▼236／鍋島 大吟醸▼237／六十餘洲 大吟醸▼238／大吟醸 香露▼239／智恵美人 大吟醸▼240

〈普通酒〉 薫香 ふなぐち菊水 一番しぼり▼121

爽酒

〈純米酒〉 純米 吟風國稀▼42／純米酒 風のささやき▼43／札幌の地酒 千歳鶴 純米▼45／ねぶた淡麗純米酒▼48／乾坤一 純米酒▼78／純米酒 奈良萬▼79／純愛仕込 純米酒 冩樂▼82／純愛仕込 純米酒 本生 冩樂▼82／鳳凰美田 剱▼96／純米酒 武蔵野▼103／青煌 純米酒 五百万石 つるばら酵母仕込み▼112／春鶯囀 純米酒▼113／淡麗 魚沼▼130／雪中梅 純米▼132／根知男山 純米酒▼133／北雪 純米酒▼134／加賀鳶 極寒純米 辛口▼139／白隠正宗 誉富士純米酒▼152／富久錦 純米 Fu.▼198／辛口純米 雨後の月▼212／司牡丹 日本を今一度▼227

〈特別純米酒〉 特別純米 國稀▼42／北の錦 特別純米酒 まる田▼44／特別純米 白瀑▼50／特別純米酒 まんさくの花▼55／南部美人 特別純米酒▼59／綿屋 特別純米酒 幸之助院殿▼72／会津娘 特別純米酒 無為信▼81／福祝 特別純米酒▼105／相模灘 特別純米 無濾過瓶囲い▼110／村祐 茜ラベル 特別純米酒無濾過本生▼122／越乃寒梅 無垢▼123／清泉▼124／越乃景虎 名水仕込 特別純米酒▼125／越の誉 特別純米酒▼131／喜久酔 特別純米▼156／蓬莱泉 特別純米可。▼161／天遊琳 特別純米酒▼168／黒松翁 特別純米甘口 蒼星美酒▼170／而今 特別純米▼171／超特撰黒松白鹿 特別純米 山田錦▼192／千代むすび 特別純米▼202／賀茂金秀 特別純米▼211／特別純米酒 雨後の月▼212／特別純米 貴▼217／芳水 特別純米酒▼222／酔鯨特別純米酒▼225／初雪盃 特別純米

133／吟醸 雑賀▼187／呉春 特吟▼191／白牡丹 千本錦 吟醸酒▼209／白牡丹 広島八反吟醸酒▼209／海響 吟醸酒▼218／綾菊 吟醸 国重▼220／繁桝 吟醸酒▼233

《大吟醸酒》 春鶯囀 大吟醸 春鶯囀のかもさるゝ蔵▼113／越乃寒梅 超特撰▼123／三千盛 超特▼149

《普通酒》 ん▼47／榮川 特醸酒▼85／金乃穂 大洋盛▼120／清泉 雪▼124／越乃景虎 龍▼125／清酒 八海山▼129／雪中梅▼132／初亀 急冷美酒▼155／別撰 蓬莱泉▼161／吉野杉の樽酒▼184／呉春 池田酒▼191／庭のうぐいす からくち 鶯辛▼232／智恵美人上撰▼240

醇酒

《純米酒》 桃川純米酒▼48／純米 白瀑▼50／山廃純米 とわずがたり▼51／山廃仕込純米酒 田从▼53／純米酒 田从▼53／醇辛 天の戸▼54／とびっきり自然な純米酒▼56／雪の茅舎 山廃純米▼57／あさ開 純米大辛口 水神▼60／上喜元 純米 出羽の里▼62／フモトヰ 純米酒 Trad & Current▼65／麓井の圓 生酛純米本辛▼65／洌 純米▼70／純米酒生詰 裏雅山流 楓華▼71／純米酒 奈良萬 無濾過瓶火入れ▼79／純米生酒 奈良萬 無濾過生原酒▼79／会津娘 芳醇純米酒▼81／会津娘 純米酒▼81／瑞祥 花泉 純米酒 四段仕込み▼84／大七 純米生酛▼86／千功成 純米▼88／木桶仕込み 山廃純米 無濾過生原酒 亀ノ尾▼94／辻善兵衛 純米酒 五百万石▼95／群馬泉 超特選純米▼99／群馬泉 山廃酛純米▼99／亀甲花菱 純米無濾過生原酒 美山錦▼100／神亀 純米辛口▼101／神亀 上槽中汲純米▼101／神亀 搾りたて生酒▼101／日本橋 純米酒 江戸の宴▼102／純米酒 琵琶のさゝ浪▼103／天覧山 純米酒▼104／DOVE▼104／福祝 渡舟70 超辛純米▼105／澤乃井 純米大辛口▼106／澤乃井 木桶仕込 彩は▼106／青煌 純米酒 美山錦 つるばら酵母仕込み▼112／春鶯囀 純米酒 鷹座巣▼113／純米 槽しぼり 明鏡止水 垂氷▼114／御湖鶴 山田錦 純米酒▼115／豊香 純米原酒 生一本▼117／豊香 秋あがり 別囲い純米生一本▼117／七笑 辛口純米酒▼118／七笑 純米酒▼118／朝日山 純米酒▼126／純米 緑川▼127／満寿泉 純米▼136／勝駒 純米酒▼137／遊穂 純米酒▼138／遊穂 山おろし純米酒▼138／加賀鳶 山廃純米 超辛口▼139／山廃仕込 純米酒 手取川▼140／山廃仕込純米酒 天狗舞▼141／金劔▼142／菊姫 山廃仕込純米酒▼142／萬歳楽 甚 純米▼143／常きげん 山廃仕込純米酒▼144／常きげん 純米酒▼144／房島屋 純米無濾過生原酒▼150／房島屋 純米火入熟成酒▼150／白隠正宗 山廃純米酒▼152／白隠正宗 少汲水純米酒▼152／初亀 岡部丸▼155／杉錦 山廃純米 玉栄▼158／杉錦 山廃純米 天保十三年▼158／神の井 純米▼165／長珍 20BY 阿波山田65▼166／天遊琳 手造り純米酒 伊勢錦▼168／作 穂乃智▼169／酒屋八兵衛 山廃純米酒▼172／酒屋八兵衛 純米酒▼172／酒屋八兵衛 山廃純米 無濾過生原酒▼172／七本鎗 低精白純米 80％精米生原酒▼174／七本鎗 純米 玉栄▼174／月桂冠 すべて米の酒▼177／松竹梅 白壁蔵 生酛純米▼178／松竹梅 白壁蔵 三谷藤夫 山廃純米（業務用）▼178／玉川 自然仕込純米酒 山廃 無濾過生原酒▼180／玉川 自然仕込生酛純米酒 コウノトリラベル▼180／玉川 自然仕込 Time Machine 1712▼180／春鹿 純米超辛口▼181／春鹿 木桶造り 四段仕込純米生原酒▼181／生酛純米 初霞▼182／初霞 大和のどぶ▼182／風の森 露葉風 純米しぼり華▼185／風の森 秋津穂 純米しぼり華▼185／純米酒 黒牛▼189／純米酒 黒牛 本生原酒▼189／山廃純米生原酒 秋鹿 山田錦70▼190／瑞穂黒松剣菱▼194／富久錦 純米▼198／純米造り 御前酒 美作▼200／菩提酛純米 GOZENSHU 9 NINE▼200／御前酒 菩提酛にごり酒▼200／天寶一 千本錦 純米酒▼206／誠鏡 純米たけはら▼207／

泉山吹色の酒▼210／独楽蔵 玄円熟純米吟醸▼231／智恵美人 純米吟醸▼240

〈純米大吟醸酒〉山廃純米吟醸 天狗舞▼141

〈本醸造酒〉生酛特醸▼56／初孫 伝承生酛▼64／群馬泉 山廃本醸造▼99／ふなぐち菊水一番しぼり▼121／特撰黒松白鹿 本醸造 四段仕込▼192／菊正宗 嘉宝蔵 生酛本醸造▼193／黒松剣菱▼194／極上黒松剣菱▼194／剣菱▼194／沢の鶴 本醸造原酒▼196

〈特別本醸造酒〉飛良泉 山廃本醸造▼58／豊の秋 特別本醸造▼204／賀茂鶴 超特撰特等酒▼208

〈吟醸酒〉熟成ふなぐち菊水一番しぼり▼121

〈普通酒〉菊姫 菊▼142

〈その他・非公開〉口万 無濾過一回火入れ▼84／口万 かすみ生原酒▼84／一口万初しぼり 無濾過生原酒▼84／浮城さきたま古代酒▼102

熟酒

〈純米吟醸酒〉山廃仕込純米吟醸秘蔵古酒 田从▼53

〈純米大吟醸酒〉越の誉 純米大吟醸 秘蔵酒もろはく▼131／古古酒純米大吟醸 天狗舞▼141／義侠 20年熟成古酒▼167

〈本醸造酒〉長龍 熟成古酒▼184／沢の鶴 大古酒 熟露▼196

〈吟醸酒〉月桂冠 超特撰 浪漫吟醸十年秘蔵酒▼177

〈普通酒〉黒松翁 秘蔵古酒 十五年者▼170

薫醇酒

〈特別純米酒〉陸奥八仙 特別純米中汲み無濾過生原酒▼49／特別純米 生詰 飛露喜▼80

〈純米吟醸酒〉南部美人 愛山 純米吟醸▼59／洌 純米吟醸無濾過生原酒▼70／純米吟醸 大七皆伝▼86／大那 純米吟醸 那須五百万石▼92／大那 純米吟醸 那須美山錦▼92／木桶仕込み 生酛純米吟醸 無濾過生原酒 雄町▼94／純米吟醸 中取り無濾過生原酒 亀ノ尾▼94／辻善兵衛 純米吟醸 雄町 槽口直汲み生▼95／小左衛門 純米吟醸 播州山田錦▼148／醸し人九平次 EAU DU DÉSIR ▼164／醸し人九平次 雄町▼164／悦凱陣 純米吟醸 興▼221／純米吟醸 南▼223

〈純米大吟醸酒〉純米大吟醸 勝山 元▼77／大那 純米大吟醸 那須五百万石 特等米２００８▼92／木桶仕込み 純米大吟醸 亀ノ尾 19% 出品酒▼94／小左衛門 純米大吟醸 生酛（生）▼148／醸し人九平次 別誂▼164／醸し人九平次 彼の地▼164／義侠 妙▼167／義侠 慶▼167

〈特別本醸造酒〉十四代 本丸▼68

〈吟醸酒〉陸奥八仙 吟醸中汲み無濾過生酒▼49／松竹梅 白壁蔵 三谷藤夫 山廃吟醸（業務用）▼178

発泡性酒

〈純米酒〉神亀 活性にごり▼101／天遊琳 伊勢の白酒 純米活性にごり酒▼168／春鹿 発泡純米酒 ときめき▼181／五橋 発泡純米酒ねね▼215

〈純米大吟醸酒〉純米大吟醸プレミアムスパークリング▼87／春鹿 純米大吟醸活性にごり酒 しろみき▼181／獺祭 発泡にごり酒 50▼214

〈特別本醸造酒〉黒松翁 特別本醸造にごり酒 活性生原酒▼170

◉本書の使い方

エリア名（章名）

1北海道・東北、2関東・甲信越、3北陸・東海、4近畿・中国、5四国・九州の5つのエリアに分けています。

銘柄名

都道府県名

蔵元名

蔵元の電話番号
直接注文の可・不可

蔵元の住所

蔵元の創業年

代表的製品名

特定名称

⇒P25～27参照

希望小売価格（税込）

2010年7月現在の蔵元希望価格です。小売店によって異なる値付けをしている場合、年によって変動する場合があります。

原料米と精米歩合

麹米と掛米（⇒P28参照）が同品種の場合は「ともに」として省略しています。

アルコール度数

当蔵元の
おもなラインナップ

データは、特定名称／希望小売価格／原料米と精米歩合（麹米と掛米が同品種の場合は「ともに」として省略）／アルコール度数の順で省略掲載しています。

げっけいかん
月桂冠
近畿・中国　京都府
月桂冠株式会社
075-623-2001　直接注文 可（一部不可）
京都市伏見区南浜町247
寛永14年（1637）創業

代表酒名　月桂冠 鳳麟《ほうりん》 純米大吟醸
特定名称　純米大吟醸酒
希望小売価格　1.8ℓ ¥5193 720mℓ ¥2602
原料米と精米歩合…麹米 山田錦50%／掛米 五百万石50%
アルコール度数……16度

瑞祥の象徴である鳳凰と麒麟、この二つの名を合わせて冠した当蔵渾身の一品。低温熟成による華やかな吟醸香、なめらかな味わいがすばらしい。冷。

日本酒度+2　酸度1.5　薫酒
吟醸香　コク
原料香　キレ

おもなラインナップ

ヌーベル月桂冠 特別本醸造
特別本醸造酒／720mℓ ¥1003／ともに五百万石ほか60%／15度
洗練された香りと軽快な味の切れ。どんな料理にも合い、晩酌酒に最適。冷、燗。

日本酒度+1　酸度1.3　爽酒
吟醸香　コク
原料香　キレ

月桂冠 超特撰 浪漫 吟醸十年秘蔵酒
吟醸酒／720mℓ ¥3547／ともに五百万石60%／16度
長期熟成酒らしい格調ある香り、まろやかな味。淡い苦味と渋味がいい。やや冷。

日本酒度-2　酸度1.5　熟酒
吟醸香　コク
原料香　キレ

月桂冠 すべて米の酒
純米酒／1.8ℓ ¥1643 900mℓ ¥840／五百万石70% コシヒカリ74%／14度
華やかな香り、純米らしい円くこくのある味わい。引き味もすっきり。やや冷。

日本酒度+2.5　酸度1.3　醇酒
吟醸香　コク
原料香　キレ

京都・伏見を代表する老舗酒蔵の一つ。「健をめざし、酒《しゅ》を科学して、快を創る」を企業コンセプトに、清酒事業を深化させるほか、さまざまな分野に展開している。掲出の「月桂冠 鳳麟 純米大吟醸」は、かつての東京方面向けの高級酒「鳳麟正宗」の後継。当蔵伝統の技を結集した成果だ。

177

日本酒の4タイプ分類

香味の特徴から薫酒、爽酒、醇酒、熟酒の4つのタイプに分類しています（一部に例外として薫醇酒と発泡性酒がある）⇒P32参照

日本酒度と酸度

日本酒度は味わいの甘辛、酸度は濃淡を表しますが、あくまで目安です。⇒P30、P29参照

吟醸香

果実を思わせるような華やかな香りの強弱を表しています。

原料香

原料の米を思わせるようなふくよかな香りの強弱を表しています。

コク

多いほど濃醇に、少ないほど淡麗な傾向になります。

キレ

多いほどドライに、少ないほどソフトな傾向になります。

北海道・東北
Hokkaido・Tohoku

國稀《くにまれ》

國稀酒造株式会社
☎0164-53-1050　直接注文 可
増毛郡増毛町稲葉町1-17
明治15年（1882）創業

代表酒名	特別純米 國稀
特定名称	特別純米酒
希望小売価格	1.8ℓ ¥3581 720mℓ ¥1799

原料米と精米歩合…麹米・掛米ともに 五百万石55%

アルコール度数……15.7度

すっきりした辛口ながら、酒米のよさを生かした円みのある落ち着いた味が、ふうわりと生きている。食事のお供なら常温または温燗がいい。

日本酒度+5 酸度1.5	爽酒		
吟醸香	■□□□□	コク	■■□□□
原料香	■■□□□	キレ	■■■■□

おもなラインナップ

大吟醸 國稀

大吟醸酒／1.8ℓ ¥10156 720mℓ ¥4061／ともに山田錦38%／15.7度

華やかな吟醸香が立つ、まろやかで品のある辛口。常温か、軽く冷やして。

日本酒度+5 酸度1.3	薫酒		
吟醸香	■■■■□	コク	■□□□□
原料香	■■□□□	キレ	■■■□□

特別本醸造 千石場所《せんごくばしょ》

特別本醸造酒／1.8ℓ ¥2400 720mℓ ¥1250／ともに五百万石60%／16.4度

豊かな含み香と後味の切れがいい辛口。常温もいいが、まずは温燗で一献。

日本酒度+7 酸度1.6	爽酒		
吟醸香	■□□□□	コク	■■□□□
原料香	■■□□□	キレ	■■■■□

純米 吟風《ぎんぷう》國稀

純米酒／1.8ℓ ¥2200 720mℓ ¥1200／ともに吟風65%／15度

料理を引き立てる、淡麗でさわやかな後味の中辛口。冷、常温、温燗。

日本酒度+4 酸度1.5	爽酒		
吟醸香	■□□□□	コク	■■□□□
原料香	■■□□□	キレ	■■■□□

暑寒別連峰を源とする豊富な伏流水で、豊漁に湧くニシン漁の漁場労働者のための酒を造ったのが、地酒「國稀」の始めという。当初は「國の誉」といったが、乃木希典《まれすけ》大将との縁にちなんで、大正時代に「國に稀なよいお酒＝國稀」と改めた。酒蔵では見学や試飲が通年楽しめる。

国士無双《こくしむそう》

高砂酒造株式会社
☎0166-23-2251　直接注文 可
旭川市宮下通17丁目
明治32年（1899）創業

代表酒名	国士無双 烈《れつ》 特別純米酒
特定名称	特別純米酒
希望小売価格	1.8ℓ ¥2408 720mℓ ¥1402

原料米と精米歩合…麹米・掛米ともに 美山錦58%
アルコール度数……15度以上16度未満

鋭く切れのある飲み口と米の芳醇な味わいを併せ持った、国士無双の顔ともいうべき淡麗辛口の酒。穏やかで清涼感のある香りもいい。冷、温燗で。

日本酒度+5　酸度1.3	醇酒
吟醸香 ■□□□□	コク ■■□□□
原料香 ■■■□□	キレ ■■■■□

おもなラインナップ

大吟醸酒 雪氷室《ゆきひむろ》 一夜雫《いちやしずく》

大吟醸酒/720mℓ ¥4494/ともに山田錦35%/15度以上16度未満

雪氷室の中で搾った、極寒の旭川ならではの造りの大吟醸。よく冷やして。

日本酒度+5　酸度1.1	薫酒
吟醸香 ■■■■□	コク ■□□□□
原料香 ■□□□□	キレ ■■■■□

大吟醸酒 国士無双

大吟醸酒/1.8ℓ ¥5054 720mℓ ¥3040/ともに山田錦40%/15度以上16度未満

長時間低温発酵させた、当銘柄の最上級酒。冷で辛口の冴え、温燗で香りを。

日本酒度+4　酸度1.1	薫酒
吟醸香 ■■■□□	コク ■□□□□
原料香 ■□□□□	キレ ■■■■□

純米酒 風《かぜ》のささやき

純米酒/1.8ℓ ¥2079 720mℓ ¥1147/ともに吟風60%/14度以上15度未満

旭川産「吟風」の持ち味を生かした、香りさわやかな超淡麗辛口。冷、温燗。

日本酒度+3　酸度1.3	爽酒
吟醸香 ■■□□□	コク ■■□□□
原料香 ■■□□□	キレ ■■■■□

雪氷室とは、雪と氷だけを固めて作る、直径10メートル、高さ2・7メートルの半球形のドームのこと。氷点下2度、湿度90%の安定した低温環境の中で、吊るした酒袋から滴る雫をひと晩かけて集めた酒が「一夜雫」だ。平成2年の発売以来、いかにも北国らしい酒として人気が高い。

北の錦《きたのにしき》

小林酒造株式会社
☎0123-72-1001　直接注文 可
夕張郡栗山町錦3-109
明治11年（1878）創業

代表酒名	北の錦 特別純米酒 まる田《た》
特定名称	特別純米酒
希望小売価格	1.8ℓ ¥2940 720mℓ ¥1470

原料米と精米歩合…麹米・掛米ともに 吟風50%

アルコール度数……16.5度

「まる田」は蔵元の屋号。飲みやすさよりも「吟風本来の味を引き出すこと」に注力し、しっかりと力強く、かつのど越しの切れもいい。冷または温燗。

日本酒度+4　酸度1.6		爽酒	
吟醸香	■■□□□	コク	■■□□□
原料香	■■□□□	キレ	■■■■□

敷地内に何棟もの石蔵、レンガ蔵が点在し、真夏でも冷房なしで室温15度以下を保てるこれらの百年蔵で、原酒は1～2年、大吟醸は3年、純米酒なら5年の古酒をメインに造っている。平成20年に糖類などの添加物を完全廃止。同22年には酒米すべてを道産に切り替える予定だ。

おもなラインナップ

北の錦 秘蔵《ひぞう》純米酒

特別純米酒／1.8ℓ ¥2940 720mℓ ¥1514／吟風55% 彗星55%／17.5度

百年蔵で3年以上熟成させた古酒。米の雑味を生かした酒質は燗でこそ花開く。

日本酒度+3　酸度1.6		醇酒	
吟醸香	■■□□□	コク	■■■□□
原料香	■■■□□	キレ	■■■□□

純米吟醸 北斗随想《ほくとずいそう》

純米吟醸酒／1.8ℓ ¥3150 720mℓ ¥1575／吟風45% 彗星45%／16.5度

道産子の杜氏が道産の水と米で醸した、フルーティな純道産酒。冷、常温。

日本酒度+2　酸度1.6		薫酒	
吟醸香	■■■□□	コク	■■□□□
原料香	■□□□□	キレ	■■■□□

北の錦 純米大吟醸 冬花火《ふゆはなび》

純米大吟醸酒／1.8ℓ ¥3150／ともに吟風50%／17.5度

ほのかなマスカット香と、開栓後も豊かな味の移ろいが楽しい。冷、常温、燗。

日本酒度+4　酸度1.9		薫酒	
吟醸香	■■■□□	コク	■■□□□
原料香	■□□□□	キレ	■■■□□

千歳鶴《ちとせつる》

日本清酒株式会社
☎011-221-7109　直接注文 可
札幌市中央区南3東5
明治5年（1872）創業

代表酒名	千歳鶴 純米大吟醸
特定名称	純米大吟醸酒
希望小売価格	1.8ℓ ¥6500 720mℓ ¥3200

原料米と精米歩合…麹米・掛米ともに 吟風40%
アルコール度数……15度以上16度未満

純米らしいふっくらと豊かな味わい、大吟醸ならではの澄んだ香り高さ。二つの特性のハーモニーを目指した蔵元渾身の一品。一に冷、二に常温で。

日本酒度+4　酸度1.1		薫酒	
吟醸香	■■■□□	コク	■□□□□
原料香	■□□□□	キレ	■■■□□

おもなラインナップ

札幌の地酒 千歳鶴 吟醸
吟醸酒／1.8ℓ ¥2950 720mℓ ¥1590／ともに吟風55%／15度以上16度未満
なめらかで切れのいい淡麗辛口は、料理との相性も幅広い。冷あるいは常温。

日本酒度+4　酸度1.2		爽酒	
吟醸香	■■□□□	コク	■■□□□
原料香	■■□□□	キレ	■■■■□

札幌の地酒 千歳鶴 純米
純米酒／1.8ℓ ¥2580 720mℓ ¥1275／ともに吟風60%／15度以上16度未満
米の味をしっかり守りつつ、やわらかくキレイな仕上がり。温燗または冷、常温。

日本酒度+4　酸度1.2		爽酒	
吟醸香	■□□□□	コク	■■□□□
原料香	■■□□□	キレ	■■■■□

札幌の地酒 千歳鶴 本醸造
本醸造酒／1.8ℓ ¥2395 720mℓ ¥1190／ともに吟風65%／15度以上16度未満
米の味を感じさせながら飲み口は淡麗で舌に残らない。温燗、または熱燗、常温。

日本酒度+4　酸度1.3		爽酒	
吟醸香	■□□□□	コク	■□□□□
原料香	■■□□□	キレ	■■■■□

千歳鶴の仕込み水は豊平川の伏流水。札幌南部の山々に降った雨や雪が長い年月を経て地中にしみ込んだ地下水だ。鉄分やマンガンが少なく、酒造りには最適の水。人口200万に近い大都市の真ん中に千歳鶴の蔵があるのは、まさにこの豊平川の伏流水があればこそという。

田酒《でんしゅ》

株式会社西田酒造店
℡017-788-0007　直接注文 不可
青森市大字油川字大浜46
明治11年（1878）創業

代表酒名	特別純米酒 田酒
特定名称	特別純米酒
希望小売価格	1.8ℓ ¥2651 720mℓ ¥1325

原料米と精米歩合…麹米・掛米ともに 華吹雪55%

アルコール度数……15.5度

県産酒造好適米「華吹雪」の持ち味を生かした、純米酒らしい風格を備えた地酒の名品。辛口ながら味に厚みがあり、しかも切れがよく飲み飽きしない。

日本酒度+2　酸度1.5　醇酒
吟醸香 ■□□□□　コク ■■■□□
原料香 ■■■□□　キレ ■■■□□

おもなラインナップ

田酒 特別純米酒 山廃《やまはい》
特別純米酒／1.8ℓ ¥2956／ともに華吹雪55%／15.5度
山廃らしく味にしっかりと腰があり、かつすっきりした仕上がりは燗にも向く。

日本酒度+2　酸度1.6　醇酒
吟醸香 ■□□□□　コク ■■■■□
原料香 ■■■□□　キレ ■■■□□

田酒 純米大吟醸 百四拾《ひゃくよんじゅう》
純米大吟醸酒／1.8ℓ ¥5300 720mℓ ¥2650／ともに華想い40%／16.5度
百四拾の名は酒米の系統名から。軽やかなタッチと高雅な吟醸香がすばらしい。

日本酒度+2　酸度1.3　薫酒
吟醸香 ■■■□□　コク ■■□□□
原料香 ■□□□□　キレ ■■■□□

田酒 純米大吟醸 斗壜取《とびんとり》
純米大吟醸酒／1.8ℓ ¥10500／ともに山田錦40%／16.5度
袋搾りなど手造りのよさが伝わる、キレイに澄んでいながらふっくらした味わい。

日本酒度+2　酸度1.3　薫酒
吟醸香 ■■■■□　コク ■■□□□
原料香 ■□□□□　キレ ■■■□□

「田酒」は田の酒、つまり田んぼでとれる米のみでつくる純米酒だ。昭和45年、風格ある本物の酒を造りたいと考えて、昔ながらの手造りによる純米酒の醸造に着手。同49年に商品化された。添加物は一切無用、使うのは米だけ、との強い主張が「田酒」の名に込められている。

豊盃《ほうはい》

北海道・東北　青森県

三浦酒造株式会社
☎0172-32-1577　直接注文 不可
弘前市石渡5-1-1
昭和5年（1930）創業

代表酒名	豊盃 大吟醸
特定名称	大吟醸酒
希望小売価格	1.8ℓ ¥5600 720mℓ ¥3000

原料米と精米歩合…麹米・掛米ともに 山田錦40%
アルコール度数……15度以上16度未満

山田錦を40%まで自家精米し、厳寒の蔵で醸す香り華やかな大吟醸。キレイな含み香が口いっぱいに広がり、味は繊細でバランスがいい。

日本酒度+3　酸度1.4		薫酒	
吟醸香	■■■□□	コク	■■□□□
原料香	■□□□□	キレ	■■■□□

「弘前の地酒」のスタンスを崩さず、杜氏の三浦兄弟を中心に、家族一丸で切り盛りする小さな酒蔵。純米酒、純米吟醸酒のCPが高いことで知られる。全国でこの蔵だけが契約栽培する「豊盃」をメインに、酒米はすべて自家精米するなど、造り手の顔が見える小仕込みに徹する。

おもなラインナップ

豊盃 純米吟醸 豊盃米《ほうはいまい》55
純米吟醸酒/1.8ℓ ¥2880 720mℓ ¥1500/ともに豊盃米55%/15度以上16度未満
酒米「豊盃」の特徴を十分に引き出して、個性的で力量感たっぷり。食中酒に。

日本酒度+3　酸度1.6		醇酒	
吟醸香	■■□□□	コク	■■□□□
原料香	■■■□□	キレ	■■■□□

豊盃 特別純米酒
特別純米酒/1.8ℓ ¥2500 720mℓ ¥1300/豊盃米55% 同60%/15度以上16度未満
舌に「豊盃」独特の力を感じさせつつ、さらりとのどをすべる。冷、燗を好みで。

日本酒度+3　酸度1.7		醇酒	
吟醸香	■■□□□	コク	■■■□□
原料香	■■■□□	キレ	■■■□□

ん
普通酒/1.8ℓ ¥1810 720mℓ ¥903/青森県産米60% 同65%/15度以上16度未満
県産米だけを用いた真性の地酒は、値段を超えたキレイな味が評判。冷、燗とも。

日本酒度+2　酸度1.5		爽酒	
吟醸香	■□□□□	コク	■■□□□
原料香	■■□□□	キレ	■■■■■

桃川《ももかわ》

桃川株式会社
☎0178-52-2241　直接注文 可
上北郡おいらせ町上明堂112
明治22年（1889）創業

代表酒名	桃川純米酒
特定名称	純米酒
希望小売価格	1.8ℓ ¥2203 720mℓ ¥1034

原料米と精米歩合…麹米・掛米ともに むつほまれ65%

アルコール度数……15度以上16度未満

奥入瀬川伏流水と地元産の酒米で仕込み、米の持ち味を十分に生かした看板酒。コクを楽しむなら温燗で。全国酒類コンクールで2度の受賞歴がある。

日本酒度+2　酸度1.4	醇酒		
吟醸香	■□□□□	コク	■■■■□
原料香	■■■□□	キレ	■■■□□

創業時、仕込み水に使用していた奥入瀬川の地元での通称・百石川の名にちなんで、百を桃に代えて酒名を桃川とした。奥入瀬川のほとりに育った地酒は、南部杜氏自醸清酒鑑評会で60回連続で優等賞を受賞している。ラベルの文字は明治時代の日本画家で、桃川の酒を愛した小杉放庵の筆《て》。

おもなラインナップ

吟醸純米「杉玉《すぎだま》」

純米吟醸酒/1.8ℓ ¥2978 720mℓ ¥1566/五百万石65% むつほまれ65%/14度以上15度未満

日米両国の日本酒コンクールで複数受賞歴あり。芳醇な味は冷、燗を好みで。

日本酒度+1　酸度1.4	爽酒		
吟醸香	■■□□□	コク	■■□□□
原料香	■■□□□	キレ	■■■□□

ねぶた淡麗《たんれい》純米酒

純米酒/1.8ℓ ¥2018 720mℓ ¥1041/ともに、むつほまれ65%/14度以上15度未満

純米酒のふくよかさに、淡麗な味とのど越しの切れを加えた辛口。冷～常温。

日本酒度+5　酸度1.4	爽酒		
吟醸香	■□□□□	コク	■■□□□
原料香	■■□□□	キレ	■■■■□

大吟醸「華想い《はなおも》」

大吟醸酒/720mℓ ¥1769/ともに華想い50%/15度以上16度未満

低温醸造が生むふくらみと、吟醸仕込み特有のほどよい含み香を味わえる。

日本酒度+2　酸度1.3	薫酒		
吟醸香	■■■■□	コク	■■□□□
原料香	■□□□□	キレ	■■■□□

陸奥八仙《むつはっせん》

八戸《はちのへ》酒造株式会社
℡0178-33-1171　直接注文 可
八戸市湊町本町9
安永4年（1775）創業

八仙とは、酒をたしなみつつ清遊を楽しんだ、中国の民間伝承にある8人の仙人たちのこと。そんな彼らにあやかって、酒仙の境地で酒を楽しんでほしいとの思いから「陸奥八仙」ブランドは誕生した。同社の姉妹ブランド「陸奥男山」「陸奥田心」に比べ、米の味を生かした芳醇さが特徴だ。

代表酒名　**陸奥八仙 特別純米中汲《なかく》み無濾過《むろか》生原酒《なまげんしゅ》**

特定名称　特別純米酒

希望小売価格　1.8ℓ ¥2800 720mℓ ¥1470

原料米と精米歩合…麹米 華吹雪55%/掛米 むつほまれ60%

アルコール度数……17度以上18度未満

新鮮なフルーツを思わせる甘い上立ち香が鼻孔をくすぐり、含めば甘さと酸味がみずみずしく口に広がる濃醇旨口の酒。よく冷やして食中酒に。

日本酒度+2　酸度1.7		薫醇酒	
吟醸香	■■■□□	コク	■■■□□
原料香	■■■□□	キレ	■■□□□

おもなラインナップ

陸奥八仙 いさり火《び》特別純米無濾過生詰《なまづめ》
特別純米酒/1.8ℓ ¥2625 720mℓ ¥1365/ともに華吹雪60%/15度以上16度未満
穏やかな香りと米の味を感じさせる辛口が、魚介類によく合う。常温～温燗。

日本酒度+5　酸度1.9		醇酒	
吟醸香	■□□□□	コク	■■■■□
原料香	■■■■□	キレ	■■□□□

陸奥八仙 純米吟醸中汲み無濾過生原酒
純米吟醸酒/1.8ℓ ¥3150 720mℓ ¥1575/ともに華吹雪55%/17度以上18度未満
甘さ・酸味ともほどよい芳醇旨口。よく冷やしてワイングラスで食前・食中酒に。

日本酒度+1　酸度1.8		薫酒	
吟醸香	■■■■□	コク	■■□□□
原料香	■■□□□	キレ	■■■□□

陸奥八仙 吟醸中汲み無濾過生酒《なまざけ》
吟醸酒/1.8ℓ ¥2678 720mℓ ¥1418/華吹雪55% むつほまれ60%/16度以上17度未満
果実香に加えて米の味と甘さが調和し、のど切れもよく飲み飽きない。冷。

日本酒度 -1　酸度1.6		薫醇酒	
吟醸香	■■■□□	コク	■■■□□
原料香	■■■□□	キレ	■■□□□

白瀑《しらたき》

山本合名会社
☎0185-77-2311　直接注文 不可
山本郡八峰町八森字八森269
明治34年（1901）創業

代表酒名	純米吟醸 山本《やまもと》
特定名称	純米吟醸酒
希望小売価格	1.8ℓ ¥3200 720mℓ ¥1600

原料米と精米歩合…麹米 酒こまち50%／掛米 酒こまち55%

アルコール度数……16.5度以上16.8度まで

精米から搾りまで、酒造りの全工程を蔵元の山本杜氏が行った限定品生原酒。リンゴ系の立ち香とさわやかな味、のど越しもスムーズだ。冷やして。

日本酒度+2　酸度1.8			薫酒
吟醸香	■■■□□	コク	■■□□□
原料香	■■□□□	キレ	■■■□□

おもなラインナップ

純米 白瀑

純米酒／1.8ℓ ¥2310 720mℓ ¥1260／ともに酒こまち60%／15.6度

キレイな酸味とやわらかくなめらかな米の味が特徴的。瓶燗火入れ。冷～温燗。

日本酒度+2　酸度1.8			醇酒
吟醸香	■□□□□	コク	■■■□□
原料香	■■■□□	キレ	■■■□□

特別純米 白瀑

特別純米酒／1.8ℓ ¥2625 720mℓ ¥1365／ともに吟の精55%／15.8度

香り系酵母を使用した酒らしい、華やかタイプの食中酒。瓶燗火入れ。冷～常温。

日本酒度+1　酸度1.6			爽酒
吟醸香	■■□□□	コク	■■□□□
原料香	■■□□□	キレ	■■■■□

大吟醸 白瀑

大吟醸酒／1.8ℓ ¥3360 720mℓ ¥1785／美山錦45% 同47%／15.6度

華やかでしかも味わい深く、特にCPに優れた大吟醸。瓶燗火入れ。冷やして。

日本酒度+3　酸度1.3			薫酒
吟醸香	■■■□□	コク	■■□□□
原料香	■□□□□	キレ	■■■□□

世界遺産・白神山地から引いた湧水を仕込みの全工程に使用するほか、酒米もこの水で自家栽培するこだわりよう。特定名称酒以外は造らず、しかも年間生産量800石のうち、純米酒がその9割を占める。瓶燗火入れや急速冷却、低温瓶貯蔵など、酒を搾った後の処理・管理も徹底している。

あらまさ

新政

北海道・東北　秋田県

新政酒造株式会社
℡018-823-6407　直接注文 不可
秋田市大町6-2-35
嘉永5年（1852）創業

幕末～維新の時代に創業した蔵らしく「新政」の名は、明治新政府が執政の大綱として掲げた「新政厚徳」から。現存最古の六号酵母の発祥蔵として知られる由緒ある酒蔵が、近年は若い指導者と杜氏を得て意欲的な日本酒を次々に発表している。ここに紹介した「亜麻猫」もその一つ。

代表酒名　白麹《しろこうじ》仕《し》込《こみ》特別純米酒 亜麻猫《あまねこ》

特定名称　特別純米酒

希望小売価格　1.8ℓ ¥2800 720mℓ ¥1400

原料米と精米歩合…麹米 山田錦60%／掛米 吟の精60%

アルコール度数……15度

日本酒醸造用の黄麹と焼酎造り用の白麹、この2種を等分に用いて醸した酒。クエン酸を多く含んで味わいさわやか。ワイングラスで洋食と。冷～常温。

日本酒度+2　酸度2.2			醇酒
吟醸香	■■□□□	コク	■■■□□
原料香	■■■□□	キレ	■■■■■

おもなラインナップ

特別純米 六號《ろくごう》
特別純米酒／1.8ℓ ¥2415 720mℓ ¥1155／吟の精60% 美山錦60%／15度
当蔵発祥の六号酵母の特徴を生かした、飲み口のいい食中酒。常温～人肌。

日本酒度+2～+3　酸度1.4～1.6			醇酒
吟醸香	■□□□□	コク	■■■□□
原料香	■■■□□	キレ	■■■■□

純米大吟醸 佐藤卯兵衛《さとううへえ》
純米大吟醸酒／1.8ℓ ¥4600 720mℓ ¥2300／山田錦45% 酒こまち45%／16度
代々の当主の名を冠し、酒質を分けて季節ごとに年4回の限定販売。食中に。

日本酒度+3　酸度1.5			薫酒
吟醸香	■■■□□	コク	■■□□□
原料香	■□□□□	キレ	■■■□□

山廃《やまはい》純米 とわずがたり
純米酒／1.8ℓ ¥2700 720mℓ ¥1350／吟の精65% 美山錦65%／15度
穏やかな香りに酸味が際立つ、初心者にもすいっと飲みやすい山廃。熱燗が最適。

日本酒度+5　酸度1.6			醇酒
吟醸香	■□□□□	コク	■■■□□
原料香	■■■□□	キレ	■■■□□

刈穂《かりほ》

販売=秋田清酒株式会社
蔵元=刈穂酒造株式会社
☎0187-63-1224 直接注文 応相談
大仙市戸地谷字天ヶ沢83-1
大正2年（1913）創業（刈穂酒造）

代表酒名	刈穂 山廃《やまはい》純米超辛口《ちょうからくち》
特定名称	特別純米酒
希望小売価格	1.8ℓ ¥2612 720mℓ ¥1310

原料米と精米歩合…麹米 美山錦60%／掛米 秋の精60%

アルコール度数……16度

刈穂蔵伝承の山廃酛で醸し、極限まで発酵させることから生まれた超辛口。といってただ辛いだけではなく、凝縮された米の味わいが口中に深々と広がる。

日本酒度+12　酸度1.3	醇酒
吟醸香 ■□□□□	コク ■■■■□
原料香 ■■■■□	キレ ■■■■□

県内一の穀倉地帯・仙北平野産の米と雄物川水系地下水の中硬水で、香りと切れのいい酒を造りつづけてきた。蔵には昔ながらの六つの木製の槽《ふね》があり、酒はすべてこれらの槽で搾る、いわゆる槽搾りだ。酒名は、天智天皇の歌「秋の田のかりほの庵《いほ》の苫《とま》を荒みわが衣手《ころもで》は露に濡れつつ」から。

おもなラインナップ

刈穂大吟醸 耕雲《こううん》

大吟醸酒／1.8ℓ ¥10500 720mℓ ¥4200／ともに山田錦35%／17度

酒名は禅語の「耕雲種月」から。落ち着いた含み香と重厚で切れのいい吟味（あじ）。

日本酒度+1　酸度1.5	薫酒
吟醸香 ■■■■■	コク ■■□□□
原料香 ■□□□□	キレ ■■■□□

刈穂大吟醸

大吟醸酒／1.8ℓ ¥5040 720mℓ ¥2520／山田錦40% 美山錦45%／16度

涼やかな香りと、独自の中硬水を生かした厳冬の冷気を思わせる切れが魅力。

日本酒度+4　酸度1.1	薫酒
吟醸香 ■■■■□	コク ■■□□□
原料香 ■□□□□	キレ ■■■□□

刈穂 吟醸酒 六舟《ろくしゅう》

吟醸酒／1.8ℓ ¥2415 720mℓ ¥1208／美山錦50% めんこいな57%／15度

丁寧に磨いた県産米を丁寧に醸し、全量酒槽で搾った淡麗できめ細かな一品。

日本酒度+5　酸度1.3	爽酒
吟醸香 ■■□□□	コク ■■□□□
原料香 ■□□□□	キレ ■■■■□

田从《たびと》

舞鶴酒造株式会社
☎0182-24-1128　直接注文 可
横手市平鹿町浅舞字浅舞 184
大正7年（1918）創業

代表酒名	山廃仕込《やまはいしこみ》純米酒 田从
特定名称	純米酒
希望小売価格	1.8ℓ ¥2730 720mℓ ¥1365

原料米と精米歩合…麹米・掛米ともに ひとめぼれ60%
アルコール度数……15度～16度

山廃仕込み独特のぐっと迫る酸味と力強い味わいが、ヘビーな日本酒ファンにうれしい。冷から燗まで、温度によって味が複雑に変化するのも楽しい。

日本酒度+6　酸度2.3　**醇酒**
吟醸香 ■□□□□　コク ■■■■□
原料香 ■■■■□　キレ ■■■□□

県内ただ一人の女性蔵元杜氏を中心に家族みんなで醸《かも》す酒は、昔ながらの技を伝承した山廃《やまはい》造りの純米酒。新酒は大半を熟成に回す。造りのしっかりした純米酒は、常温での長期貯蔵にも十分に耐えて勁《つよ》い。田で育んだ米で造る酒に人が集まる、との意を込めて「田从」と命名したという。

おもなラインナップ

山廃仕込純米吟醸秘蔵古酒《ひぞうこしゅ》 田从
純米吟醸酒/1.8ℓ ¥12600 720mℓ ¥6300/ともに吟の精55%/17度～18度
蔵内で長期常温貯蔵した熟成酒。美しい黄金色に心奪われる。冷～温燗。

日本酒度+2.5　酸度1.7　**熟酒**
吟醸香 ■□□□□　コク ■■■■□
原料香 ■■■■■　キレ ■■■□□

純米吟醸 月下《げっか》の舞《まい》
純米吟醸酒/1.8ℓ ¥2888 720mℓ ¥1575/ともに美山錦50%/15度～16度
純吟らしいさわやかな酸味とハリのある味が、食中酒にぴったり。冷～温燗。

日本酒度+5　酸度1.5　**薫酒**
吟醸香 ■■■□□　コク ■■□□□
原料香 ■□□□□　キレ ■■■□□

純米酒 田从
純米酒/1.8ℓ ¥2415 720mℓ ¥1260/ともに秋田県産米60%/15度～16度
米の持ち味を十分に引き出した、気軽に楽しめる純米酒。冷から燗まで好みで。

日本酒度+2　酸度1.7　**醇酒**
吟醸香 ■□□□□　コク ■■■□□
原料香 ■■■□□　キレ ■■■□□

天の戸《あまのと》

浅舞《あさまい》酒造株式会社
☎0182-24-1030　直接注文 可
横手市平鹿町浅舞字浅舞388
大正6年（1917）創業

代表酒名	天の戸 美稲《うましね》
特定名称	特別純米酒
希望小売価格	1.8ℓ ¥2751 720mℓ ¥1470

原料米と精米歩合…麹米 吟の精55%/掛米 美山錦55%
アルコール度数……15.7度

「酒は田んぼから生まれる」を信条に、美稲と呼ぶにふさわしい地元産の特別栽培米をじっくり醸した芳醇旨口純米。常温から温燗がいい食中酒。

日本酒度+4	酸度1.7	醇酒
吟醸香 ■□□□□	コク ■■■■□	
原料香 ■■■■□	キレ ■■■□□	

夏田冬蔵。夏は田んぼで米を作り、冬は蔵で酒を醸《かも》す―これは、浅舞酒造の酒造りを象徴する言葉だ。酒米は蔵から半径5キロ以内で、契約農家と蔵人みずからも作る特別栽培米しか使わない。丹精込めた米の味を生かすため、ここに紹介した4品も含めて、製品には無濾過酒が多い。

おもなラインナップ

大吟醸 天の戸

大吟醸酒/1.8ℓ ¥6300 720mℓ ¥2625/ともに秋田酒こまち38%/16.5度

香りだけでなく、優雅な味わいと透明感を併せ持った極寒手造り酒。冷やして。

日本酒度+3	酸度1.3	薫酒
吟醸香 ■■■■□	コク ■□□□□	
原料香 ■□□□□	キレ ■■■■□	

純米吟醸 五風十雨《ごふうじゅうう》

純米吟醸酒/1.8ℓ ¥2992 720mℓ ¥1575/ともに美山錦50%/16.5度

雨も風も天の恵み—そんな思いが込められた飲みごたえのある一品。冷、温燗。

日本酒度+5	酸度1.5	醇酒
吟醸香 ■■□□□	コク ■■■□□	
原料香 ■■■□□	キレ ■■□□□	

醇辛《じゅんから》 天の戸

純米酒/1.8ℓ ¥2625 720mℓ ¥1417/吟の精55% 美山錦60%/16.6度

切れに加えて、米の味わいも十分に引き出した辛口。いわゆる燗上がりする酒。

日本酒度+9	酸度1.5	醇酒
吟醸香 ■■□□□	コク ■■□□□	
原料香 ■■■□□	キレ ■■■□□	

まんさくのはな

まんさくの花

日の丸醸造株式会社
℡0182-42-1335　直接注文 可
横手市増田町増田字七日町114-2
元禄2年（1689）創業

北海道・東北　秋田県

代表酒名	純米吟醸 まんさくの花
特定名称	純米吟醸酒
希望小売価格	1.8ℓ ¥3465 720mℓ ¥1732

原料米と精米歩合…麹米・掛米ともに 美山錦50%

アルコール度数……15度以上16度未満

地元産米をしっかり磨き、5℃の低温で2年間瓶貯蔵した熟成酒。米の味を伝える穏やかな口当たりで香りのバランスもよく、食中酒に最適。冷、燗。

日本酒度+2.5　酸度1.3　爽酒

吟醸香	■■□□□	コク	■■□□□
原料香	■■□□□	キレ	■■■■□

蔵名の「日の丸」は旧秋田藩主・佐竹氏の紋所「扇に日の丸」から戴いたと伝える。蔵は雪深い横手盆地の東南に位置し、全量自家精米する地元産の良質米と、奥羽山脈栗駒山系伏流水の井戸水で、純米吟醸を中心に丁寧に手造り。吟醸酒以上はタンク貯蔵せず、すべて瓶一本一本で低温貯蔵する。

おもなラインナップ

大吟醸 まんさくの花

大吟醸酒/1.8ℓ ¥5250 720mℓ ¥2625/ともに山田錦45%/15度以上16度未満

華やかな芳香と冷やして冴えるのど越しの切れが身上の、当銘柄を代表する熟成酒。

日本酒度+3　酸度1.2　薫酒

吟醸香	■■■□□	コク	■□□□□
原料香	■□□□□	キレ	■■■□□

旨辛口《うまからくち》特別純米 うまからまんさく

特別純米酒/1.8ℓ ¥2730 720mℓ ¥1365/ともに秋の精55%/16度以上17度未満

酸味ほどよく、米の味も生きた辛口。温燗。季節により生酒、ひやおろしも。

日本酒度+9　酸度1.6　醇酒

吟醸香	■■□□□	コク	■■■□□
原料香	■■■□□	キレ	■■■■□

特別純米酒 まんさくの花

特別純米酒/1.8ℓ ¥2551 720mℓ ¥1312/ともに吟の精55%/15度以上16度未満

落ち着いた含み香に合わせて、米の味わいがやさしく口にふくらむ。冷～温燗。

日本酒度+3　酸度1.5　爽酒

吟醸香	■■□□□	コク	■■□□□
原料香	■■□□□	キレ	■■■■□

秋田銘醸株式会社
☎0183-73-3161　直接注文 可
湯沢市大工町4-23
大正12年（1923）創業

爛漫《らんまん》

秋田県　北海道・東北

代表酒名	とびっきり自然《しぜん》な純米酒
特定名称	純米酒
希望小売価格	1.8ℓ ¥2625 720mℓ ¥1260

原料米と精米歩合…麹米・掛米ともに 有機米あきたこまち65%

アルコール度数……15度以上16度未満

「爛漫」用に契約栽培・自家精米したJAS認定有機米あきたこまちを100%使用。やや辛口の味はもちろん、安全にも気を配った自然酒。冷～温燗で。

日本酒度+2.5　酸度1.5　**醇酒**

吟醸香	■□□□□	コク	■■■□□
原料香	■■■□□	キレ	■■■□□

おもなラインナップ

花《はな》爛漫

吟醸酒/1.8ℓ ¥2513 720mℓ ¥1318/ともに秋田酒こまち55%/15度以上16度未満

地元産秋田酒こまち100%の、雪と冷気の中で醸した淡麗な寒造り。冷～温燗。

日本酒度+1.5　酸度1.2　**爽酒**

吟醸香	■■□□□	コク	■■□□□
原料香	■□□□□	キレ	■■■■□

生酛特醸《きもとどくじょう》

本醸造酒/1.8ℓ ¥1998/720mℓ ¥961/秋田酒こまち65% あきたこまち65%/15度以上16度未満

生酛造りのよさを生かした、腰が強く丸みのある味わいが特徴。温燗でじっくり。

日本酒度±0　酸度1.2　**醇酒**

吟醸香	■□□□□	コク	■■■□□
原料香	■■■□□	キレ	■■■□□

大吟醸 花《はな》爛漫小町《こまち》

大吟醸酒/720mℓ ¥2084/ともに秋田酒こまち40%/15度以上16度未満

寒仕込み低温長期発酵でゆっくり熟成させた、のど越しなめらかな上品な甘口。

日本酒度+3.5　酸度1　**薫酒**

吟醸香	■■■□□	コク	■□□□□
原料香	■□□□□	キレ	■■■□□

雪国秋田の酒を全国に売り出そうと、県内の酒造家・政財界人の有志が集って設立したのが蔵の始まり。日本髪・着物姿から東郷青児の女性画、吉永小百合や多岐川裕美、現在の外国人モデルまで、ポスター、テレビCMなどに連綿と続く「美酒爛漫の美女路線」は、下戸にも知られている。

雪の茅舎《ゆきのぼうしゃ》

株式会社齋彌《さいや》酒造店
℡0184-22-0536　直接注文 可
由利本荘市石脇字石脇53
明治35年（1902）創業

代表酒名	雪の茅舎 純米吟醸
特定名称	純米吟醸酒
希望小売価格	1.8ℓ ¥2940 720mℓ ¥1575

原料米と精米歩合…麹米 山田錦55%／掛米 秋田酒こまち55%
アルコール度数……16度

杜氏の里・秋田県山内村出身の名杜氏が醸す、ほどよくさわやかな果実香と、やさしくふっくらしたのど越しが上品な無濾過原酒。冷または常温で。

日本酒度+2　酸度1.5　薫酒
吟醸香 ■■■□□　コク ■■□□□
原料香 ■■□□□　キレ ■■■■□

杜氏の「米がわからなければ酒は造れない」との考えから、使用する酒米の約半分は、杜氏以下蔵人全員で作っている。自家産米と鳥海山系伏流水の自社内湧水、自家培養酵母。この三本柱と、高低差約6メートルの珍しい登り蔵から、繊細で香り健やかな、キレイな酒質が生まれる。

おもなラインナップ

雪の茅舎 大吟醸
大吟醸酒／1.8ℓ ¥5145 720mℓ ¥2625／山田錦45% 秋田酒こまち45%／16度
むしろ控えめな香りが、米本来の繊細な味を引き立てる無濾過原酒。冷〜温燗。

日本酒度+2　酸度1.3　薫酒
吟醸香 ■■■□□　コク ■■□□□
原料香 ■■□□□　キレ ■■■□□

雪の茅舎 秘伝山廃《ひでんやまはい》
純米吟醸酒／1.8ℓ ¥3570 720mℓ ¥1785／山田錦55% 秋田酒こまち55%／16度
無濾過原酒。酸味のバランスが取れて、味とのど越しの余韻がいい。冷〜温燗。

日本酒度±0　酸度1.7　醇酒
吟醸香 ■■□□□　コク ■■■□□
原料香 ■■■□□　キレ ■■■□□

雪の茅舎 山廃純米
純米酒／1.8ℓ ¥2415 720mℓ ¥1260／山田錦65% 秋田酒こまち65%／16度
米の深い味わいとのど越しの切れがいい、適度な酸味の無濾過原酒。冷〜温燗。

日本酒度+1　酸度1.9　醇酒
吟醸香 ■□□□□　コク ■■■■□
原料香 ■■■■□　キレ ■■■■□

飛良泉《ひらいづみ》

秋田県　北海道・東北

株式会社飛良泉本舗
☎0184-35-2031　直接注文 可
にかほ市平沢字中町59
長享元年（1487）創業

代表酒名	飛良泉 山廃《やまはい》純米酒
特定名称	特別純米酒
希望小売価格	1.8ℓ ¥2940 720mℓ ¥1628

原料米と精米歩合…麹米・掛米ともに 美山錦60%
アルコール度数……15度

山廃独特の酸味が際立つ個性的な酒。香りすがすがしく、味わいは深い。特に肉や中華などボリュームのある料理にぴったり。冷あるいは温燗で。

日本酒度+4　酸度1.9			醇酒
吟醸香	■□□□□	コク	■■■■□
原料香	■■■■□	キレ	■■■■□

創業は室町時代、銀閣寺建立の2年前というから古い。現当主で二六代を数える、秋田県内最古の酒蔵。鳥海山系伏流水の硬水を用いて、今でも昔ながらの山廃《やまはい》仕込みをかたくなに守る。小蔵できめ細かく手造りする山廃の酒は、味わいふくよかに酸味が快く、腰が強くて飲み飽きしない。

おもなラインナップ

飛良泉 大吟醸 欅蔵《けやきぐら》

大吟醸酒／1.8ℓ ¥10500 720mℓ ¥5040／ともに山田錦38%／15度

立ち昇る華やかな吟醸香、のど越し涼やかな当蔵の最高級酒。冷やして食前酒に。

日本酒度+5　酸度1.3			薫酒
吟醸香	■■■■□	コク	■□□□□
原料香	■□□□□	キレ	■■■□□

飛良泉 純米吟醸酒

純米大吟醸酒／720mℓ ¥3675／ともに山田錦40%／16度

丸みのある果実香と、まことにきめの細かい甘さ。食前・食中に冷または常温で。

日本酒度+4　酸度1.4			薫酒
吟醸香	■■■■□	コク	■■□□□
原料香	■□□□□	キレ	■■■□□

飛良泉 山廃本醸造

特別本醸造酒／1.8ℓ ¥2415／ともに美山錦60%／15度

日本酒の王道を行く、酸味と丸みが調和した山廃特有の落ち着いた味。熱燗で。

日本酒度+3　酸度1.5			醇酒
吟醸香	■□□□□	コク	■■■□□
原料香	■■■□□	キレ	■■■□□

南部美人《なんぶびじん》

株式会社南部美人
℡0195-23-3133　直接注文 可
二戸市福岡字上町13
明治35年（1902）創業

北海道・東北　岩手県

代表酒名	南部美人 特別純米酒
特定名称	特別純米酒
希望小売価格	1.8ℓ ¥2415 720mℓ ¥1365

原料米と精米歩合…麹米・掛米ともにぎんおとめ55%
アルコール度数……15.5度

「南部美人」の主力酒。味のジャマをしない自然な香り、淡い甘さがさらりと流れる軽妙さなど、地元産米の持ち味を十分に引き出している。冷～温燗。

日本酒度+5　酸度1.5	爽酒
吟醸香 ■■□□□	コク ■■□□□
原料香 ■■□□□	キレ ■■■■□

蔵のある二戸市は岩手県最北端、海山の自然に恵まれた小さな町。ほとんどが県産の酒米、折爪馬仙峡伏流水の中硬水、南部流手造り技法で仕込む酒は、切れ味と酒質のバランスのよさが特徴だ。炭素濾過は一切せず、生酒は全量氷温貯蔵、特定名称酒はすべて5℃以下で冷蔵保存する。

おもなラインナップ

南部美人 大吟醸

大吟醸酒/720mℓ ¥2730/ともに、ぎんおとめ40%/16.5度
特等ぎんおとめを磨き上げ、厳寒期に仕込んだ酒質のキレイな大吟醸。冷やして。

日本酒度+4　酸度1.3	薫酒
吟醸香 ■■■□□	コク ■■□□□
原料香 ■□□□□	キレ ■■■□□

南部美人 純米吟醸

純米吟醸酒/1.8ℓ ¥2761 720mℓ ¥1543/ぎんおとめ50% 美山錦55%/15.8度
特別純米と並ぶ主力酒。味も香りも南部らしく土くさくて温かい。冷～温燗。

日本酒度+8　酸度1.5	薫酒
吟醸香 ■■■□□	コク ■■□□□
原料香 ■■□□□	キレ ■■■□□

南部美人 愛山《あいやま》 純米吟醸

純米吟醸酒/1.8ℓ ¥4500 720mℓ ¥2200/ともに愛山50%/16.5度
深々と口に広がった米の味わいは、のどをすべりつつキレイに切れていく。冷。

日本酒度+5　酸度1.6	薫醇酒
吟醸香 ■■■□□	コク ■■□□□
原料香 ■■■□□	キレ ■■■□□

あさ開《あさびらき》

株式会社あさ開
019-652-3111　直接注文 可
盛岡市大慈寺町10-34
明治4年（1871）創業

代表酒名	あさ開 極上《ごくじょう》 純米大吟醸 旭扇《きょくせん》
特定名称	純米大吟醸酒
希望小売価格	1.8ℓ ¥10500 720mℓ ¥5250

原料米と精米歩合…麹米・掛米ともに 山田錦40%
アルコール度数……16度以上17度未満

蔵元のトレードマーク「旭日の扇」を酒名に冠した、いわば「あさ開」銘柄の頂点。伝統の袋吊りによる雫酒は、穏やかな含み香と軽やかな味わい。常温。

日本酒度+1　酸度1.4			薫酒
吟醸香	■■■■■	コク	■■□□□
原料香	■□□□□	キレ	■■■□□

「あさ開」は「漕ぎ出る」に掛かる枕詞。柿本人麻呂の古歌にあり、船出を称え祝福する意という。明治初、武士を捨て酒造りに転じた初代が、自らの創業と、明治新時代の幕開けをかけて命名したと社史に伝える。質実な南部の酒は全国新酒鑑評会19年連続入賞、うち金賞16と評価は高い。

おもなラインナップ

あさ開 南部流《なんぶりゅう》 手造《てづく》り大吟醸

大吟醸酒/1.8ℓ ¥3150 720mℓ ¥1575/ともに吟ぎんが50%/15度以上16度未満
口に満ちる華やかな果実香と、切れのある辛口が魚介料理によく合う。冷やして。

日本酒度+4　酸度1.35			薫酒
吟醸香	■■■□□	コク	■□□□□
原料香	■□□□□	キレ	■■■□□

あさ開 純米大辛口《おおからくち》 水神《すいじん》

純米酒/1.8ℓ ¥2100 720mℓ ¥1260/ともに県産酒造米70%/16度以上17度未満
米のように味わい深く水のように体になじむ、食中酒に最適の辛口。常温～温燗。

日本酒度+4　酸度1.35			醇酒
吟醸香	■□□□□	コク	■■■□□
原料香	■■■□□	キレ	■■■■□

あさ開 南部流 生酛造《きもとづく》り 特別純米酒

特別純米酒/1.8ℓ ¥2625 720mℓ ¥1313/ともに、ひとめぼれ60%/15度以上16度未満
無農薬米を100%使用した生酛造りは、どしりと腰のすわった味。常温～温燗。

日本酒度+2　酸度1.5			醇酒
吟醸香	■□□□□	コク	■■■□□
原料香	■■■■□	キレ	■■■□□

東北泉《とうほくいずみ》

合資会社高橋酒造店
0234-77-2005 直接注文 不可
飽海郡遊佐町吹浦字一本木57
明治35年（1902）創業

代表酒名	東北泉 大吟醸 斗瓶囲《とびんがこい》
特定名称	大吟醸酒
希望小売価格	1.8ℓ ¥10290 720mℓ ¥5145

原料米と精米歩合…麹米・掛米ともに 山田錦35%
アルコール度数……17度以上18度未満

袋吊りの雫酒を斗瓶で受け、火入れ後も斗瓶のままマイナス5度で冷蔵保存する限定流通品。華やかさを抑えた吟醸香と落ち着いた味を、冷または常温で。

日本酒度+6 酸度1.2 **薫酒**

吟醸香	■■■■□	コク	■□□□□
原料香	■□□□□	キレ	■■■□□

おもなラインナップ

東北泉 特別純米
純米吟醸酒/1.8ℓ ¥3045 720mℓ ¥1575/ともに美山錦50%/15.5度
米の味を十分感じさせる含み香と、さらりとした飲み口を併せ持つ。冷～温燗。

日本酒度+2 酸度1.3 **醇酒**

吟醸香	■■□□□	コク	■■□□□
原料香	■■■□□	キレ	■■■□□

東北泉 雄町《おまち》純米
特別純米酒/1.8ℓ ¥2625 720mℓ ¥1365/ともに雄町55%/15.5度
雄町特有のやわらかな持ち味が際立つ、とてもCPに優れた酒。冷から燗まで。

日本酒度+2 酸度1.4 **醇酒**

吟醸香	■□□□□	コク	■■■□□
原料香	■■■□□	キレ	■■■□□

東北泉 特別本醸造
特別本醸造酒/1.8ℓ ¥2100 720mℓ ¥1155/ともに美山錦60%/15.5度
ごく穏やかな口当たりと、舌に残らないキレイさがいい食中酒。冷または温燗で。

日本酒度+2 酸度1.0 **爽酒**

吟醸香	■■□□□	コク	■■□□□
原料香	■□□□□	キレ	■■□□□

山形県の最北端、名峰鳥海山の麓に位置する蔵。女性社長と若い杜氏の二人三脚で透明感のあるキレイな酒を造る。本醸造から大吟醸までどれも丁寧に仕込んだ酒は、甘辛いずれにも偏らず、仕込み水の鳥海山系伏流水にも似た澄んだ味わいが、地場の日本海に揚がる魚によく合う。

上喜元《じょうきげん》

山形県　北海道・東北

酒田酒造株式会社
☎0234-22-1541　直接注文 不可
酒田市日吉町2-3-25
昭和21年（1946）創業

代表酒名	上喜元 純米吟醸 超辛《ちょうから》
特定名称	純米吟醸酒
希望小売価格	1.8ℓ ¥2940 720mℓ ¥1470

原料米と精米歩合…麹米・掛米ともに 非公開50%

アルコール度数……16度～17度

華やかな吟醸香の芳醇辛口。のどを駆け抜ける切れがよく、しかも味の余韻を楽しめる、出色の超辛タイプ。冷やして飲めば食が進むこと請け合い。

日本酒度+15　酸度1.3	薫酒		
吟醸香	■■■□□	コク	■■□□□
原料香	■■□□□	キレ	■■■■□

酒田市内の5軒の造り酒屋が合併して興した蔵。銘柄名には「酒、それは飲めば上機嫌になる喜びの元」の意が込められている。少量高品位生産を掲げ、吟醸酒や純米吟醸酒をメインに、生産量の9割近くが本醸造以上の特定名称酒だ。生酛《きもと》造りなど、昔ながらの技法で手造りしている。

おもなラインナップ

上喜元 限定《げんてい》 大吟醸

大吟醸酒／720mℓ ¥3675／ともに兵庫県産山田錦35％／16度～17度

袋吊りで搾った上喜元の最高級酒。上品な吟醸香とさわやかな味を冷～常温で。

日本酒度+2　酸度1.2	薫酒		
吟醸香	■■■■□	コク	■■□□□
原料香	■□□□□	キレ	■■■□□

上喜元 純米吟醸 米《こめ》ラベル

純米吟醸酒／1.8ℓ ¥2856 720mℓ ¥1428／ともに富山県産雄山錦55％／16度～17度

酒米は日本屈指の名圃場・富山県南砺産。米の味と酸味の調和が取れた食中酒。

日本酒度+5　酸度1.5	爽酒		
吟醸香	■■□□□	コク	■■□□□
原料香	■□□□□	キレ	■■■■□

上喜元 純米 出羽《でわ》の里《さと》

純米酒／1.8ℓ ¥2090 720mℓ ¥1045／ともに山形県産出羽の里80％／16度～17度

低精白でもクリアな味に仕上がる出羽の里で仕込んだ、CPの高い純米酒。

日本酒度+3　酸度1.4	醇酒		
吟醸香	■□□□□	コク	■■■□□
原料香	■■■■□	キレ	■■■□□

楯野川《たてのかわ》

楯野川

北海道・東北　山形県

楯の川酒造株式会社
☎0234-52-2323　直接注文 不可
酒田市山楯字清水田27
天保3年（1832）創業

代表酒名	楯野川 中取《なかど》り純米 美山錦《みやまにしき》
特定名称	特別純米酒
希望小売価格	1.8ℓ ¥2625 720mℓ ¥1365

原料米と精米歩合…麹米・掛米ともに 庄内町産美山錦55%
アルコール度数……15度〜16度

立ち香は穏やか、味は美山錦らしくシャープながら幅があり、ふところも深い。繊細な和食から豪快な肉料理まで、食事を引き立てる脇役に徹した酒。

日本酒度+4　酸度1.4~1.5			醇酒
吟醸香	■□□□□	コク	■■■□□
原料香	■■■□□	キレ	■■■□□

「楯野川」の名は、この酒を大いに称えた旧庄内藩主・酒井忠勝の命名による。全使用量の8〜9割を占める庄内産の米（全量自家精米）と鳥海山系伏流水で醸《かも》すのは、特定名称酒、なかでも純米酒と純米吟醸酒がメイン。限定吸水や蓋麹《ふたこうじ》による製麹《せいぎく》、瓶火入れなど伝統の技法で完全手造りする。

おもなラインナップ

楯野川 特選《とくせん》純米吟醸 山田錦《やまだにしき》

純米吟醸酒/1.8ℓ ¥3360/ともに兵庫県産山田錦55%/15度〜16度
小仕込みで丁寧に醸した上品な吟醸香と、山田錦の味わいの深さが特徴的。

日本酒度+3~+4　酸度1.4~1.5			薫酒
吟醸香	■■■□□	コク	■■■□□
原料香	■■□□□	キレ	■■■□□

楯野川 本流辛口《ほんりゅうからくち》 純米吟醸

純米吟醸酒/1.8ℓ ¥2940 720mℓ ¥1575/ともに庄内町産出羽燦々50%/15度〜16度
落ち着いた香りとバランスの取れた酒質、後味のよさに、食中酒の面目躍如。

日本酒度+8　酸度1.5			爽酒
吟醸香	■■□□□	コク	■■□□□
原料香	■■□□□	キレ	■■■■□

楯野川 中取り純米 出羽燦々《でわさんさん》

特別純米酒/1.8ℓ ¥2625 720mℓ ¥1365/ともに庄内町産出羽燦々55%/15度〜16度
「これぞ出羽燦々」というべきキレイなふくらみと上品な香り。人気のひと品。

日本酒度+2~+3　酸度1.4~1.5			醇酒
吟醸香	■■□□□	コク	■■■□□
原料香	■■■□□	キレ	■■■□□

初孫《はつまご》

山形県　北海道・東北

東北銘醸株式会社
0234-31-1515　直接注文 可
酒田市十里塚字村東山125-3
明治26年（1893）創業

代表酒名	初孫 魔斬《まきり》 純米本辛口《ほんからくち》
特定名称	特別純米酒
希望小売価格	1.8ℓ ¥2481 720mℓ ¥1244

原料米と精米歩合…麹米・掛米ともに 美山錦55%

アルコール度数……15.5度

独自の発酵技術と生酛造りが生む深い味わいと後味の切れ。冷～温燗で、すしや刺し身によく合う。「魔斬」とは漁師などが使う切れ味鋭い小刀のこと。

日本酒度+8　酸度1.5			醇酒
吟醸香	■□□□□	コク	■■■□□
原料香	■■■□□	キレ	■■■■□

廻船問屋を営んでいた初代が、旧庄内藩主・酒井家から酒造技術を学んで蔵を開いた。創業時の銘柄を「金久《きんきゅう》」といったが、昭和の初め、蔵元に男児が誕生したのを機に「初孫」に改めたという。生酛《きもと》造りひと筋、力強く腰のある酒質でありながら、後味の切れがよく、料理との相性も幅広い。

おもなラインナップ

初孫 純米大吟醸 祥瑞《しょうずい》

純米大吟醸酒／1.8ℓ ¥5193 720mℓ ¥2602／ともに山田錦50%／16.5度

官能的ともいえそうな華麗な香りと、重厚感にあふれた優雅な味。冷やして。

日本酒度+4　酸度1.3			薫酒
吟醸香	■■■□□	コク	■■□□□
原料香	■□□□□	キレ	■■■□□

初孫 生酛《きもと》 純米酒

特別純米酒／1.8ℓ ¥2204 720mℓ ¥1139／ともに美山錦60%／15.5度

飲むほどにほとばしる味わいとなめらかな後口は、さすが生酛造り。常温、温燗。

日本酒度+3　酸度1.4			醇酒
吟醸香	■□□□□	コク	■■■□□
原料香	■■■■□	キレ	■■■□□

初孫 伝承《でんしょう》生酛

本醸造酒／1.8ℓ ¥1725／ともに、はえぬき70%／15.5度

生酛造りが生きた濃醇旨口。特徴ある酸味は、燗することでいっそう引き立つ。

日本酒度±0　酸度1.5			醇酒
吟醸香	■□□□□	コク	■■■□□
原料香	■■■□□	キレ	■■■■□

麓井《ふもとい》

北海道・東北　山形県

麓井酒造株式会社
☎0234-64-2002　直接注文 不可
酒田市麓字横道32
明治27年（1894）創業

代表酒名　フモトヰ 純米酒 Trad & Current《トラッド アンド カレント》

特定名称　純米酒

希望小売価格　720mℓ ¥1890

原料米と精米歩合…麹米・掛米ともに 出羽燦々65%

アルコール度数……18度

酸味が強くどっしりした純米酒を常温で1年間熟成、華やかさ・さわやかさより米本来の持ち味を求めた酒。冷やしてワイングラスで。熱燗もいい。

日本酒度±0　酸度2.3			醇酒
吟醸香	■□□□□	コク	■■■□□
原料香	■■■□□	キレ	■■■■□

蔵は米・水・気候に恵まれた鳥海山南麓にあり、米・水・麹《こうじ》・酵母・蔵人、すべて地元にこだわった酒を造る。手間も時間もかかる生酛造りを守り、全生産量のうち特定名称酒が90%以上を占める。当蔵の生酛造りは腰の強さと米の味とのバランスがよく、端麗さも感じさせるのが特徴だ。

おもなラインナップ

麓井の圓《まどか》 生酛《きもと》純米本辛《ほんから》

純米酒／1.8ℓ ¥2548 720mℓ ¥1121／ともに美山錦55%／16度

発売以来変わらぬ人気の辛口。和食全般、特にすしとの相性がいい。冷〜温燗。

日本酒度+7〜+10　酸度1.4〜1.5			醇酒
吟醸香	■□□□□	コク	■■■□□
原料香	■■■□□	キレ	■■■■□

麓井 酒門特撰《しゅもんとくせん》 生酛純米吟醸「山長《やまちょう》」

純米吟醸酒／1.8ℓ ¥3059 720mℓ ¥1575／ともに雄町50%／17度

香気を生む酵母を使わず、生酛造りで仕込んだ純米吟醸。質実剛健にして流麗。

日本酒度+2〜+4　酸度1.4〜1.6			醇酒
吟醸香	■■□□□	コク	■■■□□
原料香	■■■□□	キレ	■■■□□

麓井の圓 大吟醸

大吟醸酒／720mℓ ¥3059／ともに山田錦35%／17度

華やかな吟醸香、なめらかな味。当蔵が吟醸蔵と認知されるきっかけになった酒。

日本酒度±0〜+3　酸度1.2〜1.4			薫酒
吟醸香	■■■■□	コク	■□□□□
原料香	■□□□□	キレ	■■■□□

羽前白梅《うぜんしらうめ》

羽根田《はねだ》酒造株式会社
℡0235-33-2058 直接注文 応相談
鶴岡市大山2-1-15
文禄元年（1592）創業

代表酒名	羽前白梅 純米大吟醸
特定名称	純米大吟醸酒
希望小売価格	1.8ℓ ¥6510 720mℓ ¥3200

原料米と精米歩合…麹米・掛米ともに 山田錦40%

アルコール度数……16.8度

初めに含んだ口当たりは、大吟醸としてはむしろすっきりしている。熟成してもキレイな米の味とやわらかな香りが、羽前白梅の特徴だろう。常温～温燗。

日本酒度+5	酸度1.3	薫酒
吟醸香 ■■■■□	コク ■■□□□	
原料香 ■□□□□	キレ ■■■□□	

年間生産量400石と規模は小さいが、歴史の古さは国内有数。蔵元が自ら杜氏として酒造りの陣頭に立つ。昔ながらの甑《こしき》で米を蒸し、濾過に炭は使わないなど、典型的な高品質少量生産、手造りの蔵だ。酒名にある俵雪は、風に巻かれた粉雪が雪原を転がってできる、俵型の雪の塊のこと。

おもなラインナップ

羽前白梅 山廃《やまはい》 純米吟醸

純米吟醸酒/1.8ℓ ¥3745 720mℓ ¥2140/山田錦50% 美山錦50%/16.5度

飲み口はキレイでやさしく、のどをすべりつつ余韻を引く酸味がいい。常温～燗。

日本酒度+4	酸度1.6	醇酒
吟醸香 ■■□□□	コク ■■■□□	
原料香 ■■■■□	キレ ■■■□□	

羽前白梅 純米吟醸 俵雪《たわらゆき》

純米吟醸酒/1.8ℓ ¥3087 720mℓ ¥1648/山田錦50% 雪化粧50%/16.8度

ひと夏越えて熟成した味を燗で。冬季発売の姉妹品・俵雪しぼりたては冷やして。

日本酒度+2	酸度1.4	醇酒
吟醸香 ■■□□□	コク ■■□□□	
原料香 ■■■□□	キレ ■■■□□	

羽前白梅 ちろり 純米吟醸

純米吟醸酒/1.8ℓ ¥3250/山田錦50% 美山錦50%/15.4度

上槽後2年熟成させて出荷。常温～燗。やさしくやわらかい味は燗でより際立つ。

日本酒度+5	酸度1.3	醇酒
吟醸香 ■■□□□	コク ■■■□□	
原料香 ■■■■□	キレ ■■■□□	

はくろすいしゅ

白露垂珠

竹の露合資会社
0235-62-2209　直接注文 不可
鶴岡市羽黒町猪俣新田字田屋前133
安政5年（1858）創業

北海道・東北　山形県

代表酒名	黒純大《くろじゅんだい》 はくろすいしゅ 出《で》羽《わ》燦々《さんさん》33%
特定名称	純米大吟醸酒
希望小売価格	1.8ℓ ¥7000 720mℓ ¥3330

原料米と精米歩合…麹米・掛米ともに 出羽燦々33%
アルコール度数……17.5度

杜氏が栽培した酒米を100%使用、これを33%まで磨いたぜいたくさ。やわらかな香りをまとわせつつ、米の芳醇さが口中にふくらむ。よく冷やして。

日本酒度±0　酸度1.2			薫酒
吟醸香	■■■■□	コク	■□□□□
原料香	■□□□□	キレ	■■■□□

おもなラインナップ

純米大吟醸 はくろすいしゅ 出羽燦々40
純米大吟醸酒/1.8ℓ ¥4515 720mℓ ¥2625/ともに羽黒産出羽燦々40%/16.5度
International Wine Challenge 2009トロフィ受賞。味はさわやかで引きもいい。

日本酒度+1　酸度1.2			薫酒
吟醸香	■■■□□	コク	■■□□□
原料香	■□□□□	キレ	■■■□□

純米吟醸 白露垂珠 美山錦《みやまにしき》55
純米吟醸酒/1.8ℓ ¥2982 720mℓ ¥1680/ともに羽黒産美山錦55%/15.5度
やわらかく透明感のある味、キレイに引いてゆくのど越し。冷から燗までOK。

日本酒度±0　酸度1.1			爽酒
吟醸香	■■□□□	コク	■■□□□
原料香	■□□□□	キレ	■■■□□

白露垂珠 純米吟醸原酒《げんしゅ》 出《で》羽《わ》の里《さと》
純米吟醸酒/1.8ℓ ¥3255 720mℓ ¥1890/ともに羽黒産出羽の里55%/17.5度
香りやわらかく、芳醇なふくらみが口いっぱいに広がる癒し系の酒。常温〜燗。

日本酒度 -4　酸度1.35			薫酒
吟醸香	■■■□□	コク	■■□□□
原料香	■■□□□	キレ	■■■□□

近隣は昔から竹の産地で、蔵は現在も竹林に囲まれており、そんな酒蔵で醸《かも》す美酒をいつからか「竹の露」と呼ぶようになったという。蔵前羽黒産酒米、月山深層水、羽黒蔵人衆、羽黒の風—米・水・人・神すべて地元の真の地酒、曰く「地護酒」にこだわり、「地讃地匠」を標榜する蔵元。

十四代《じゅうよんだい》

高木酒造株式会社
☎0237-57-2131　直接注文 不可
村山市大字富並1826
元和元年（1615）創業

代表酒名	十四代 本丸《ほんまる》
特定名称	特別本醸造酒
希望小売価格	1.8ℓ ¥2047

原料米と精米歩合…麹米・掛米ともに 美山錦55%

アルコール度数……15度

口当たりはあくまでやわらかく、のどをすべる軽快さも特筆もの。洗練されてなおみずみずしく、影のない香味は「十四代」を代表する酒ならでは。

日本酒度+1　酸度1.1　**薫醇酒**
吟醸香 ■■■□□　コク ■■■□□
原料香 ■■■□□　キレ ■■■□□

おもなラインナップ

十四代 中《なか》取《ど》り純米

特別純米酒/1.8ℓ ¥2835/山田錦55% 愛山55%/15度

立ち香はさらりと心地よく、味のバランスもいい。無濾過ながらくせのない旨口。

日本酒度+1　酸度1.4　**醇酒**
吟醸香 ■■□□□　コク ■■□□□
原料香 ■■■□□　キレ ■■■□□

十四代 中取り純吟《じゅんぎん》 山田錦《やまだにしき》

純米吟醸酒/1.8ℓ ¥3675/ともに山田錦50%/16度

穏やかな立ち香、あえかな酸味と甘さが調和し、吟香味の余韻も十分に楽しめる。

日本酒度+1　酸度1.3　**薫酒**
吟醸香 ■■■□□　コク ■■□□□
原料香 ■□□□□　キレ ■■■□□

十四代 純米吟醸 龍《たつ》の落《お》とし子《ご》

純米吟醸酒/1.8ℓ ¥3370/ともに龍の落とし子50%/16度

酒米に自社開発の「龍の落とし子」を使用。やわらかく、気品のある味わい。

日本酒度+1　酸度1.4　**薫酒**
吟醸香 ■■■□□　コク ■■□□□
原料香 ■■□□□　キレ ■■■□□

創業時の酒銘は「朝日鷹」。一四代当主に至って主銘柄を「十四代」に改めた。現在は「日本酒界のイチロー」の異名をとる一五代・高木顕統専務が、杜氏として酒造りの陣頭に立ち、芳醇旨口・切れのある酒を基本に、伝統の技と近代技法を駆使して「心で飲む感動する酒」を醸《かも》している。

出羽桜《でわざくら》

出羽桜酒造株式会社
℡023-653-5121　直接注文 不可
天童市一日町1-4-6
明治25年（1892）創業

代表酒名	出羽桜 桜花《おうか》吟醸酒
特定名称	吟醸酒
希望小売価格	1.8ℓ ¥2631 720mℓ ¥1313

原料米と精米歩合…麹米・掛米ともに 山形県産米50%
アルコール度数……15.5度

立ち昇る清冽な果実香と、ふくよかな味わい。吟醸酒の普及に貢献した、地酒界を代表するスタンダードともいえる淡麗辛口の吟醸酒。よく冷やして。

日本酒度+5　酸度1.2　薫酒
吟醸香 ■■■□□　コク ■■□□□
原料香 ■□□□□　キレ ■■■□□

地元の蔵人が地元の米と水で造り、地元の人に飲んでもらう地の酒――酒造りの姿勢は、創業のころと一貫して変わらない。一方で、吟醸酒がまだ鑑評会用の酒だった時代に、いち早く吟醸酒を発売するなどの進取性も併せ持つ。近年は低温長期熟成酒や発泡性日本酒なども展開している。

おもなラインナップ

出羽桜 純米大吟醸 一路《いちろ》

純米大吟醸酒／720mℓ ¥2800／ともに山田錦45%／15.5度
International Wine Challenge 2008 最高賞受賞。冷やして優雅な香りと甘さを。

日本酒度+4　酸度1.3　薫酒
吟醸香 ■■■■□　コク ■■□□□
原料香 ■□□□□　キレ ■■■□□

出羽桜 出羽燦々《でわさんさん》誕生記念（本生《ほんなま》）

純米吟醸酒／1.8ℓ ¥2909 720mℓ ¥1428／ともに出羽燦々50%／15.5度
酒米・酵母・麹など、原料すべてが山形県オリジナル。幅のある味と香りを冷で。

日本酒度+4　酸度1.4　薫酒
吟醸香 ■■■□□　コク ■■□□□
原料香 ■■□□□　キレ ■■■■□

出羽桜 大吟醸 雪漫々《ゆきまんまん》

大吟醸酒／1.8ℓ ¥5743／ともに山田錦45%／15.7度
飲む前に、まず心地よい果実香を楽しみたい。口当たりよく、つい盃が進む。冷。

日本酒度+5　酸度1.2　薫酒
吟醸香 ■■■■□　コク ■□□□□
原料香 ■□□□□　キレ ■■□□□

株式会社小嶋総本店
☎0238-23-4848　直接注文 不可
米沢市本町2-2-3
慶長2年（1597）創業

洌《れつ》

山形県　北海道・東北

代表酒名	洌 純米吟醸
特定名称	純米吟醸酒
希望小売価格	1.8ℓ ¥2625 720mℓ ¥1313

原料米と精米歩合…麹米・掛米ともに 山田錦40%
アルコール度数……16度～17度

0℃以下の低温で貯蔵してから蔵出しする熟成酒。淡く清爽な立ち香、凛々しく豊かな質感、すっぱりした切れ味に、酒も食事も進む。冷～温燗。

日本酒度+9　酸度1.4		薫酒	
吟醸香	■■■□□	コク	■□□□□
原料香	■□□□□	キレ	■■■□□

「東光」で知られる蔵元の二三代目現当主が造った、いわば秘蔵っ子銘柄。相反する二つの酒質—味のふくらみ、切れのいいのど越し—を同時に体現し、しかも完成度が高い。清新な立ち香、豊饒な米の質感。のど越しは短距離ランナーのように切れ味鋭く、後には清冽な余韻が鼻腔にたゆたう。

おもなラインナップ

洌 純米

純米酒/1.8ℓ ¥2205 720mℓ ¥1103/ともに山形県産米50%/16度～17度
おおらかな米の味が舌を包み、のど元をすべる清爽感も抜群。冷、常温、熱燗。

日本酒度+9　酸度1.1		醇酒	
吟醸香	■■□□□	コク	■■■□□
原料香	■■■□□	キレ	■■■■□

洌 純米吟醸無《む》濾《ろ》過《か》生原酒《なまげんしゅ》

純米吟醸酒/1.8ℓ ¥2900 720mℓ ¥1450/ともに山田錦40%/17度
フレッシュさに加えてこくもある、3カ月低温貯蔵の季節限定酒。例年6月発売。

日本酒度+10　酸度1.5		薫醇酒	
吟醸香	■■■■□	コク	■■■□□
原料香	■■■□□	キレ	■■■□□

雅山流《がさんりゅう》

北海道・東北　山形県

有限会社新藤酒造店
0238-28-3403　直接注文 不可
米沢市大字竹井 1331
明治3年（1870）中興

代表酒名	大吟醸生詰《なまづめ》 雅山流 如月《きさらぎ》
特定名称	大吟醸酒
希望小売価格	1.8ℓ ¥3360 720mℓ ¥1680

原料米と精米歩合…麹米・掛米ともに 自社田産出羽燦々50%
アルコール度数……14度〜15度

「大吟醸を若い人にも飲んでほしい」との思いから造られた。華やかな香り、クリーンで涼しげな酒質が若々しい。さっぱり系からスパイシーな料理まで。

日本酒度+3　酸度 1.2	薫酒
吟醸香 ■■■□□	コク ■■□□□
原料香 ■□□□□	キレ ■■■□□

「雅山流」は、吾妻山系伏流水の井戸水と、自社田で蔵人が自ら栽培する山形生まれの酒米「出羽燦々」で造られる。仕込まれた醪《もろみ》は純白に近く、香り高くクセのない発酵が特徴という。雅山流のコンセプトはそのままに、より自由な発想から生まれたのが「裏雅山流」だ。

おもなラインナップ

袋取《ふくろど》り純米大吟醸 雅山流 極月《ごくげつ》

純米大吟醸酒/1.8ℓ ¥4410 720mℓ ¥2205/ともに自社田産出羽燦々40%/16度〜17度
「雅山流」シリーズ中、最も香味バランスが高い。酒のみで、またフレンチなどと。

日本酒度+1　酸度 1.4	薫酒
吟醸香 ■■■■□	コク ■■□□□
原料香 ■□□□□	キレ ■■■□□

本醸造生詰 裏《うら》雅山流 香華《こうか》

本醸造酒/1.8ℓ ¥オープン/ともに出羽の里65%/14度〜15度
フレッシュで香り高く、吟醸風の酒質は万人向き。和食全般、イタリアンと。

日本酒度+2　酸度 1	爽酒
吟醸香 ■□□□□	コク ■□□□□
原料香 ■■□□□	キレ ■■■■□

純米酒生詰 裏雅山流 楓華《ふうか》

純米酒/1.8ℓ ¥オープン/ともに山田錦65%/14度〜15度
華のある香りとよくまとまった味は、純米大吟醸なみ。中華や肉料理と一緒に。

日本酒度±0　酸度 1.4	醇酒
吟醸香 ■■□□□	コク ■■■□□
原料香 ■■■□□	キレ ■■■□□

綿屋《わたや》

金の井酒造株式会社
℡0228-54-2115　直接注文 不可
栗原市一迫字川口町浦1-1
大正4年（1915）創業

代表酒名	綿屋 特別純米酒 幸之助院殿《こうのすけいんでん》
特定名称	特別純米酒
希望小売価格	1.8ℓ ¥2940 720mℓ ¥1470

原料米と精米歩合…麹米・掛米ともに ひとめぼれ55%

アルコール度数……15度

淡い米の香りが立ち、口当たりやさしく、うっすらと甘くクセがない。舌の根にさらりとからむ米の味が快く、料理をさりげなく引き立てる。常温～温燗。

日本酒度+3　酸度1.7	爽酒
吟醸香 ■■□□□	コク ■■□□□
原料香 ■■□□□	キレ ■■■■□

蔵元名にある「金の井」は創業時からの銘柄。現代表取締役・三浦幹典氏の代に、三浦家の屋号を冠した新ブランド「綿屋」を発表、たちまち愛酒家を虜《とりこ》にした。酒名どおり綿のようにやわらかく、ふわっと円い口当たりと香味のよさは、さまざまな料理としっくり響き合ってすばらしい。

おもなラインナップ

綿屋 特別純米酒 美山錦《みやまにしき》

特別純米酒/1.8ℓ ¥2940 720mℓ ¥1470/ともに美山錦55%/15度

涼やかな酸味に米の味わい、切れもいいオールラウンドな食中酒。常温～温燗。

日本酒度+4　酸度1.6	醇酒
吟醸香 ■■□□□	コク ■■■□□
原料香 ■■■□□	キレ ■■■■□

綿屋 純米吟醸 蔵《くら》の華《はな》

純米吟醸酒/1.8ℓ ¥3150 720mℓ ¥1575/ともに蔵の華50%/15度

仕込み水と同水系の水で作った酒米を100%使用。味に奥行がある。冷～常温。

日本酒度+3　酸度1.5	爽酒
吟醸香 ■■□□□	コク ■■□□□
原料香 ■■□□□	キレ ■■■□□

綿屋 純米大吟醸 山田錦《やまだにしき》45

純米大吟醸酒/1.8ℓ ¥4725 720mℓ ¥2250/ともに阿波山田錦45%/15度

ほどよい香りと、山田錦のやさしい甘さとのバランスが取れた食中酒。冷～常温。

日本酒度+3　酸度1.5	薫酒
吟醸香 ■■■□□	コク ■■□□□
原料香 ■□□□□	キレ ■■■□□

一ノ蔵《いちのくら》

株式会社一ノ蔵
☎0229-55-3322　直接注文 不可
大崎市松山千石字大欅14
昭和48年（1973）創業

北海道・東北　宮城県

代表酒名	一ノ蔵 特別純米酒 辛口《からくち》
特定名称	特別純米酒
希望小売価格	1.8ℓ ¥2420 720mℓ ¥1130

原料米と精米歩合…麹米・掛米ともに ササニシキ・蔵の華55%
アルコール度数……15度以上16度未満

宮城県産米100%使用。米本来の味わいがバランスよく溶けた、深みのある洗練された辛口。冷から燗いずれの温度帯でも料理を引き立ててくれる。

日本酒度+1～+3　酸度1.3～1.5　醇酒
吟醸香 ■□□□□　コク ■■□□□
原料香 ■■■□□　キレ ■■■■□

昭和48年に四つの蔵が企業合同して誕生、翌49年に「一ノ蔵」銘柄の製造・販売を開始した。「無鑑査本醸造辛口」は同52年の発売以降、定番の人気を誇るロングセラーだ。平成4年に「製造するのは特定名称酒のみ・新商品開発は純米酒のみ」を宣言、企業姿勢を明確にしている。

おもなラインナップ

一ノ蔵「笙鼓《しょうこ》」純米大吟醸
純米大吟醸酒/1.8ℓ ¥10500 720mℓ ¥4300/ともに山田錦35%/15度以上16度未満
大吟醸独特の優雅・繊細な香りと気品あるまろやかな味の広がりを、冷～常温で。

日本酒度−1～+1　酸度1.2～1.4　薫酒
吟醸香 ■■■■□　コク ■■□□□
原料香 ■□□□□　キレ ■■□□□

有機米仕込《ゆうきまいしこみ》 特別純米酒 一ノ蔵
特別純米酒/1.8ℓ ¥3500 720mℓ ¥1700/ともに、ひとめぼれ55%/14度以上15度未満
宮城県産有機栽培米の風合いを生かして、滋味豊か。常温～温燗で味が際立つ。

日本酒度−1～+1　酸度1.3～1.5　醇酒
吟醸香 ■□□□□　コク ■■■□□
原料香 ■■■□□　キレ ■■■□□

一ノ蔵 無鑑査《むかんさ》本醸造辛口《からくち》
本醸造酒/1.8ℓ ¥1980 720mℓ ¥870/ともにトヨニシキほか65%/15度以上16度未満
当銘柄のロングセラー。落ち着いた香り、さらりとさわやかなのど越し。冷～燗。

日本酒度+4～+6　酸度1.1～1.3　爽酒
吟醸香 ■□□□□　コク ■□□□□
原料香 ■■□□□　キレ ■■■■□

株式会社新澤《にいざわ》醸造店
☎0229-52-3002　直接注文 不可
大崎市三本木字北町63
明治6年（1873）創業

はくらくせい

伯楽星

宮城県　北海道・東北

代表酒名	伯楽星 純米吟醸
特定名称	純米吟醸酒
希望小売価格	1.8ℓ ¥2940 720mℓ ¥1575

原料米と精米歩合…麹米・掛米ともに 蔵の華55%

アルコール度数……15.8度

究極の食中酒をテーマにする「伯楽星」の旗艦酒。ほのかに広がる米の香が、のど元を過ぎると同時にきりっと消えてゆく、繊細かつ芯の通った辛口。

日本酒度+4　酸度1.7		薫酒	
吟醸香	■■■□□	コク	■■□□□
原料香	■■□□□	キレ	■■■■□

以前は生産量の9割が普通酒だったが、五代目に当たる現専務・新澤巖夫杜氏の代から、その約9割が純米酒の蔵に変貌。食事に合う酒・飲み飽きしない酒を掲げて、平成14年に「伯楽星」を立ち上げた。新澤杜氏と若い蔵人を中心に醸《かも》す酒は、以後「究極の食中酒」の名を恣《ほしいまま》にしている。

おもなラインナップ

伯楽星 純米大吟醸

純米大吟醸酒/1.8ℓ ¥5145 720mℓ ¥2625/ともに雄町40%/16.5度

香りは控え目。上品な酸味が舌を洗い、飲むほどに味がふくらむ当銘柄の最高峰。

日本酒度+5　酸度1.7		薫酒	
吟醸香	■■■■□	コク	■■□□□
原料香	■■□□□	キレ	■■■□□

ひと夏《なつ》の恋《こい》 純米吟醸

純米吟醸酒/1.8ℓ ¥2856 720mℓ ¥1785/ともに、ひとめぼれ55%/15.8度

6〜8月限定。キュッと引き締まったみずみずしい酸味が、暑いさなかに最適。

日本酒度+4　酸度1.8		爽酒	
吟醸香	■■□□□	コク	■■□□□
原料香	■□□□□	キレ	■■■■□

愛宕《あたご》の松《まつ》 別仕込《べつしこみ》本醸造

特別本醸造酒/1.8ℓ ¥2100 720mℓ ¥1050/ともに山田錦60%/15.8度

詩人・土井晩翠が愛した酒は、淡麗辛口にして米の味もくっきり。冷、燗を好みで。

日本酒度+3　酸度1.8		爽酒	
吟醸香	■□□□□	コク	■■□□□
原料香	■■□□□	キレ	■■■■□

墨廼江《すみのえ》

墨廼江酒造株式会社
℡0225-96-6288 直接注文 不可
石巻市千石町8-43
弘化2年(1845)創業

代表酒名	墨廼江 純米吟醸 山田錦《やまだにしき》
特定名称	純米吟醸酒
希望小売価格	1.8ℓ ¥3045

原料米と精米歩合…麹米・掛米ともに 兵庫県産山田錦55%
アルコール度数……16.5度

米の香が甘く淡く匂い立ち、さらっとした辛さは「白玉の歯にしみとほる」よう。後には辛さを超えた爽快なふくよかさが口に漂う。10〜12月発売。

日本酒度+3 酸度1.6 **薫酒**

吟醸香	■■■□□	コク	■■□□□
原料香	■□□□□	キレ	■■■□□

おもなラインナップ

墨廼江 純米吟醸 八反錦《はったんにしき》

純米吟醸酒/1.8ℓ ¥2940/ともに広島県産八反錦55%/16.5度
広島県産八反錦100%使用。気品ある香りといかにもやわらかい味。3〜4月発売。

日本酒度+4 酸度1.6 **爽酒**

吟醸香	■■□□□	コク	■■□□□
原料香	■□□□□	キレ	■■■■□

墨廼江 純米吟醸 雄町《おまち》

純米吟醸酒/1.8ℓ ¥3045/ともに岡山県産雄町55%/16.5度
備前雄町100%使用。幅のある味わいと、独特の清涼感がいい。5〜6月発売。

日本酒度+3 酸度1.7 **醇酒**

吟醸香	■■□□□	コク	■■□□□
原料香	■■■□□	キレ	■■■□□

墨廼江 純米吟醸 五百万石《ごひゃくまんごく》

純米吟醸酒/1.8ℓ ¥2835/ともに福井県産五百万石55%/16.5度
福井県産五百万石100%使用。なめらかな口当たりと切れ味のよさ。7〜8月発売。

日本酒度+3 酸度1.7 **爽酒**

吟醸香	■■□□□	コク	■■□□□
原料香	■■□□□	キレ	■■■■□

海産物・穀物問屋だった初代が、旧地名を冠した銘柄名もそのままに地元の蔵を譲り受けて創業。杜氏を兼ねる現当主は六代目に当たる。生産量の8割強を特定名称酒が占め、また右記に見るように、同じ純米吟醸でもそれぞれ酒米に合わせて発売時期を変えるなど、酒造りの姿勢は細やかだ。

株式会社佐浦《さうら》
℡022-362-4165
直接注文 酒店を紹介
塩竈市本町2-19
享保9年（1724）創業

浦霞《うらかすみ》

宮城県 北海道・東北

代表酒名	純米吟醸 浦霞禅《ぜん》
特定名称	純米吟醸酒
希望小売価格	720mℓ ¥2268

原料米と精米歩合…麹米 山田錦50%／掛米 トヨニシキ50%

アルコール度数……15度以上16度未満

もともとはフランスへの輸出を考えて商品化されたという。ほどよい香りとまろやかな味のバランス、引き味もいい食中酒。8℃前後に冷やして。

日本酒度+1.0～+2.0	酸度1.3	爽酒
吟醸香 ■■□□□	コク ■■□□□	
原料香 ■■□□□	キレ ■■■□□	

「浦霞」は、その当時摂政宮だった昭和天皇に酒を献上する機会を得て、大正14年（1925）に誕生した。酒名は塩竈《しおがま》を詠んだ源実朝《みなもとのさねとも》の歌「塩竈の浦の松風霞むなり八十島《やそしま》かけて春や立つらむ」から。定番の「浦霞禅」は、発売当初は吟醸酒。昭和50年代半ばに現在の純米吟醸に変わった。

おもなラインナップ

特別純米酒 生一本《きいっぽん》浦霞

特別純米酒／1.8ℓ ¥2835 720mℓ ¥1365／ともにササニシキ60%／15度以上16度未満

地元産米を100%使用。酸味と米の味にほどよい熟成感のやや濃醇タイプ。温燗。

日本酒度±0～+1.0	酸度1.4	醇酒
吟醸香 ■□□□□	コク ■■■□□	
原料香 ■■■□□	キレ ■■■■□	

山田錦《やまだにしき》純米大吟醸 浦霞

純米大吟醸酒／720mℓ ¥3150／ともに山田錦45%／16度以上17度未満

果実を思わせる芳しい香りと、熟成された米の味わいがしっくり調和。冷やして。

日本酒度+1.0～+2.0	酸度1.5	薫酒
吟醸香 ■■■■□	コク ■■■□□	
原料香 ■□□□□	キレ ■■■□□	

山廃《やまはい》特別純米酒 浦霞

特別純米酒／1.8ℓ ¥2730 720mℓ ¥1302／ともにササニシキ60%／15度以上16度未満

山廃らしく、しっかりした米の味と酸味を感じさせていかにも座りがいい。燗で。

日本酒度±0～+1.0	酸度1.5	醇酒
吟醸香 ■□□□□	コク ■■■□□	
原料香 ■■■■□	キレ ■■■□□	

勝山《かつやま》

北海道・東北 宮城県

仙台伊澤家 勝山酒造（株）仙台伊達家御用蔵 勝山
℡022-348-2611 直接注文 可
仙台市泉区福岡二又25-1
元禄元年（1688）創業

代表酒名	純米大吟醸 勝山 暁《あかつき》
特定名称	純米大吟醸酒
希望小売価格	720mℓ ¥10500

原料米と精米歩合…麹米・掛米ともに 兵庫県産山田錦 35%
アルコール度数……16度

「遠心搾り」により、空気に触れず低温で高純度の日本酒のエッセンスを抽出し、即瓶詰め。米の甘さと味わい、酸味と吟醸香などすべてが高次元で一体化している。

日本酒度+1 酸度1.4	薫酒		
吟醸香	■■■■□	コク	■■□□□
原料香	■■□□□	キレ	■■■□□

おもなラインナップ

純米大吟醸 勝山 伝《でん》
純米大吟醸酒/720mℓ ¥5250/ともに山田錦35%/16度
高い吟醸香、純米らしい輪郭のはっきりした味。幅と奥行のある男性的な酒。

日本酒度+1 酸度1.4	薫酒		
吟醸香	■■■■□	コク	■■□□□
原料香	■■□□□	キレ	■■■□□

純米大吟醸 勝山 元《げん》
純米大吟醸酒/720mℓ ¥11000・ANAショップのみの販売/ともに山酒4号50%/15度
アミノ酸度が貴腐ワインの10倍と高く、こくのある料理との相性がすばらしい。

日本酒度 -65 酸度3	薫醇酒		
吟醸香	■■■□□	コク	■■■□□
原料香	■■■□□	キレ	■■■□□

特別純米 勝山 戦勝政宗《せんしょうまさむね》
特別純米酒/720mℓ ¥1500・地域限定販売/ともに、ひとめぼれ55%/15度
雑味を抑え、健全な発酵を促すことで生まれる、米由来のキレイな味わいが命。

日本酒度 -2 酸度1.5	醇酒		
吟醸香	■■□□□	コク	■■■□□
原料香	■■■□□	キレ	■■■□□

独眼竜・伊達政宗公からつづく仙台伊達家の「殿様酒」を継承する、唯一の御酒御用蔵。現在は純米大吟醸酒・純米吟醸酒・純米酒などの高品質酒のみに特化し、これらを手造りで醸《かも》している。ボトルをすべて黒で統一しているのは、仙台伊達家の鎧兜が黒だったことにならってという。

有限会社大沼酒造店
☎0224-83-2025　直接注文 不可
柴田郡村田町大字村田字町 56-1
正徳２年（1712）創業

乾坤一

代表酒名	乾坤一 特別純米辛口《からくち》
特定名称	特別純米酒
希望小売価格	1.8ℓ ¥2625 720mℓ ¥1260

原料米と精米歩合…麹米・掛米ともに 宮城県産ササニシキ55%

アルコール度数……15.5度

飯米用ササニシキを用いながらこの仕上がりは、優れた技の証。米の持ち味が見事に溶け込み、ミネラル感があって力強い。引き味もいい。やや冷～温燗。

日本酒度+4　酸度 1.7			醇酒
吟醸香	■□□□□	コク	■■■□□
原料香	■■■□□	キレ	■■■■□

「みちのくの小京都」と呼ばれるもと伊達家の直轄地で、麹《こうじ》からすべて手造りの、伝統の寒造りの技を生かした高品質な酒を醸《かも》す。雑味がなく、豊かな米の味を感じさせる切れのいい酒は、すべて1000キロ以下の小仕込みだ。酒名は、のるかそるかの勝負に賭ける意の「乾坤一擲《いってき》」から。

おもなラインナップ

乾坤一 超辛口《ちょうからくち》純米吟醸 原酒《げんしゅ》

純米吟醸酒/1.8ℓ ¥3150/ともに美山錦50%/17.3度

香りは淡いが米の味を深々と感じさせ、しかもドライで切れの鋭いこと。冷で。

日本酒度+14～+15　酸度 1.7			醇酒
吟醸香	■■□□□	コク	■■■□□
原料香	■■■□□	キレ	■■■■■

乾坤一 純米吟醸 雄町《おまち》

純米吟醸酒/1.8ℓ ¥3150/ともに雄町50%/17.5度

雄町の風味と麹の特性が生きた、はっきりした酸味のキレイな飲み口。冷、温燗。

日本酒度+3　酸度 1.7			薫酒
吟醸香	■■■□□	コク	■■■□□
原料香	■■□□□	キレ	■■■□□

乾坤一 純米酒

純米酒/1.8ℓ ¥2345 720mℓ ¥1225/ともにササニシキ60%/15.5度

品のいい香りとササニシキのよさがうまくまとまったマイルドな酒質。常温～燗。

日本酒度+2　酸度 1.8			爽酒
吟醸香	■□□□□	コク	■■■□□
原料香	■■□□□	キレ	■■■■□

奈良萬《ならまん》

北海道・東北　福島県

夢心《ゆめごころ》酒造株式会社
℡0241-22-1266　直接注文 不可
喜多方市字北町2932
明治10年（1877）創業年

代表酒名	純米大吟醸 奈良萬
特定名称	純米大吟醸酒
希望小売価格	1.8ℓ ¥5250 720mℓ ¥2625

原料米と精米歩合…麹米・掛米ともに 五百万石48%
アルコール度数……17度

ふくらみ・味・こくと三拍子そろった、当銘柄の最上級酒。引き味も切れて食中酒向き。冷、燗。特に燗は、目隠し燗酒コンテストで1位になったことも。

日本酒度+3　酸度1.3　薫酒
吟醸香 ■■■□□　コク ■■□□□
原料香 ■■□□□　キレ ■■■□□

地元で契約栽培する低農薬の五百万石。平成の名水百選の一つ、熱塩地区の栂峰の渓流水。福島県が開発したうつくしま夢酵母―「奈良萬」はこの三位を一体として醸《かも》される、根っから喜多方生まれの高品質な食中酒だ。全商品が瓶詰め後の急速冷却・低温貯蔵だから、出荷時の状態も最高。

おもなラインナップ

純米酒 奈良萬

純米酒/1.8ℓ ¥2415 720mℓ ¥1313/ともに五百万石55%/15度
甘さ辛さの調和がいいスタンダードな純米酒。冷やしてさらり、燗で香りほのか。

日本酒度+4　酸度1.2　爽酒
吟醸香 ■□□□□　コク ■■□□□
原料香 ■■□□□　キレ ■■■■□

純米酒 奈良萬 無濾過《むろか》瓶《びん》火《ひ》入《い》れ

純米酒/1.8ℓ ¥2730 720mℓ ¥1365/ともに五百万石55%/16度
米由来のふくよかさを十分感じさせつつ、味にインパクトと幅がある。冷、燗。

日本酒度+3　酸度1.5　醇酒
吟醸香 ■□□□□　コク ■■■□□
原料香 ■■■□□　キレ ■■■□□

純米生酒《なまざけ》 奈良萬 無濾過生原酒《なまげんしゅ》

純米酒/1.8ℓ ¥2730 720mℓ ¥1365/ともに五百万石55%/17度
上品な果実香と、生酒らしいやわらかな米の風合いがフレッシュ。冷やして。

日本酒度+3　酸度1.6　醇酒
吟醸香 ■■□□□　コク ■■■□□
原料香 ■■■□□　キレ ■■■□□

飛露喜《ひろき》

福島県　北海道・東北

合資会社廣木酒造本店
0242-83-2104　直接注文 不可
河沼郡会津坂下町字市中二番甲3574
文化文政年間（1804～30）創業

代表酒名	特別純米 生詰《なまづめ》 飛露喜
特定名称	特別純米酒
希望小売価格	1.8ℓ ¥2678

原料米と精米歩合…麹米 山田錦50%／掛米 五百万石55%

アルコール度数……16.3度

当銘柄唯一の、通年出荷の定番商品。凝縮された米の味わいが口の中で幾重にも広がり、のど越しはシャープ。輝きのある味に思わずハッとするほど。

日本酒度+2.5　酸度1.6		薫醇酒	
吟醸香	■■■□□	コク	■■■□□
原料香	■■■□□	キレ	■■■□□

創業時からの銘柄は、地元向けの「泉川」。「飛露喜」は「一時は廃業も考えた」という現蔵元杜氏の廣木健司氏が、平成11年に満を持して発表した。発売直後から「濃密な透明感のある、存在感のある酒」が地酒ファンの心をとらえ、今では最も手に入れにくい人気銘柄の一つだ。

おもなラインナップ

無《む》濾《ろ》過《か》生原酒《なまげんしゅ》 飛露喜

特別純米酒／1.8ℓ ¥2552／山田錦50% 五百万石55%／17.4度

重厚・芳醇でパンチの効いた、飛露喜の原点ともいうべき酒。12～3月限定出荷。

日本酒度+2　酸度1.7		醇酒	
吟醸香	■□□□□	コク	■■■■□
原料香	■■■■□	キレ	■■■□□

純米吟醸 飛露喜

純米吟醸酒／1.8ℓ ¥3360／山田錦50% 有機五百万石50%／16.2度

軽快で華やかな飲み口ながら、ふっくら米の味も感じさせる。8～10月限定出荷。

日本酒度+3　酸度1.4		爽酒	
吟醸香	■■□□□	コク	■■□□□
原料香	■■□□□	キレ	■■■□□

特撰《とくせん》純米吟醸 飛露喜

純米吟醸酒／720mℓ ¥2625／山田錦40% 同50%／16.1度

しっとり上品な香りが品格を感じさせる。華やかさ、奥床しさを兼備した一品。

日本酒度+2　酸度1.3		薫酒	
吟醸香	■■■□□	コク	■■□□□
原料香	■□□□□	キレ	■■■□□

あいづむすめ

会津娘

北海道・東北　福島県

髙橋庄作酒造店
☎0242-27-0108　直接注文 不可
会津若松市門田町一ノ堰755
明治8年（1875）創業

代表酒名	会津娘 芳醇《ほうじゅん》純米酒
特定名称	純米酒
希望小売価格	1.8ℓ ¥2730 720mℓ ¥1470

原料米と精米歩合…麹米・掛米ともに 会津産五百万石60%

アルコール度数……17度

会津産五百万石を100%使用。写真の「一火（いちび）」は瓶詰め時に瓶燗火入れし、急冷後冷蔵保存する。冷～温燗。季節により生酒と火入れ酒も蔵出しする。

日本酒度+2～+3　酸度1.5～1.7			醇酒
吟醸香	■■□□□	コク	■■□□□
原料香	■■■□□	キレ	■■■□□

土《ど》産《さん》土《ど》法《ほう》の酒造り—その土地の人がその土地の手法でその土地の米と水で酒を造る—を掲げて、米から自家栽培する酒蔵。田んぼに囲まれた蔵は一見農家のよう。自家田ではコイを泳がせて無農薬の五百万石を栽培する。年間生産量約300石のすべてが特定名称酒で、その9割以上が純米酒。

おもなラインナップ

会津娘 純米酒

純米酒／1.8ℓ ¥2310 720mℓ ¥1260／ともに会津産五百万石60%／15度

会津産五百万石を100%使用。米の持ち味が生きた素朴で飾らない酒。冷～温燗。

日本酒度+2～+3　酸度1.4～1.6			醇酒
吟醸香	■□□□□	コク	■■■□□
原料香	■■■□□	キレ	■■■■□

会津娘 特別純米酒 無為信《むいしん》

特別純米酒／1.8ℓ ¥3360 720mℓ ¥1785／ともに会津産五百万石60%／15度

自家栽培米も含め、無農薬有機米五百万石を100%使用した希少な酒。冷～温燗。

日本酒度+2～+3　酸度1.4～1.6			爽酒
吟醸香	■□□□□	コク	■■□□□
原料香	■■□□□	キレ	■■■■□

会津娘 純米吟醸酒

純米吟醸酒／1.8ℓ ¥3990 720mℓ ¥1995／ともに会津産五百万石50%／16度

雄町を100%使用。冷温で熟成後蔵出し。冷、常温。山田錦・八反錦・山田穂も。

日本酒度±0～+3　酸度1.4～1.6			薫酒
吟醸香	■■■□□	コク	■■■□□
原料香	■■□□□	キレ	■■■□□

寫樂《しゃらく》

福島県　北海道・東北

宮泉銘醸株式会社
℡0242-27-0031　直接注文 不可
会津若松市東栄町8-7
昭和39年（1964）創業

代表酒名	純愛《じゅんあい》仕込《しこみ》 純米酒 寫樂
特定名称	純米酒
希望小売価格	1.8ℓ ¥2310 720mℓ ¥1150

原料米と精米歩合…麹米・掛米ともに 会津産夢の香60%

アルコール度数……16.1度

果実様の含み香がすかっと広がり、やがて米の味を酸味が刺激しつつバランスよく口中を満たす。引き味はさっぱりと、どんな料理にも合う食中酒。冷。

日本酒度+2.2　酸度1.4			爽酒
吟醸香	■■□□□	コク	■■□□□
原料香	■■□□□	キレ	■■■■□

造り手・米・水、すべて会津にこだわった酒造りを進める蔵。創業時からの主銘柄は社名と同じ「宮泉」。「寫樂」はもともと宮森家本家の流れを汲む東山酒造のブランドだったものを、宮泉四代目が復活させた。米作り・酒造りはもちろん、愛酒家の手に届くまでにもこだわった酒だ。

おもなラインナップ

純愛仕込 純米吟醸 寫樂

純米吟醸酒／1.8ℓ ¥2940 720mℓ ¥1470／ともに会津産五百万石50%／16.4度

静かな立ち香、果実のような含み香が特徴的。純米に比べ香り・味とも濃い。冷。

日本酒度+1　酸度1.4			薫酒
吟醸香	■■■□□	コク	■■□□□
原料香	■■□□□	キレ	■■■□□

純愛仕込 純米酒 本生《ほんなま》 寫樂

純米酒／1.8ℓ ¥2520 720mℓ ¥1260／ともに会津産夢の香60%／17.8度

冬季限定。搾りたてのフレッシュさ、新酒独特の甘さがいい。食前酒に最適。冷。

日本酒度+2.3　酸度1.4			爽酒
吟醸香	■■□□□	コク	■■□□□
原料香	■■□□□	キレ	■■□□□

國權《こっけん》

北海道・東北 福島県

国権酒造株式会社
℡0241-62-0036　直接注文 可
南会津郡南会津町田島字上町甲4037
明治10年（1877）創業

代表酒名	純米大吟醸 國權
特定名称	純米大吟醸酒
希望小売価格	1.8ℓ ¥5250 720mℓ ¥2625

原料米と精米歩合…麹米 山田錦40%/掛米 美山錦40%
アルコール度数……16度

福島県オリジナルの煌酵母が醸す華やかな香り、厳選酒米の持ち味を生かしたやわらかな口当たりとソフトな味わい。引き味もさらりと心地よい辛口。冷～常温。

日本酒度+2　酸度1.3			薫酒
吟醸香	■■■■□	コク	■■□□□
原料香	■□□□□	キレ	■■■□□

山深く雪深い南会津で特定名称酒のみを手造り・少量生産する、南東北を代表する蔵の一つ。どの酒も穏やかな香り、ほのかな甘さと酸味のバランス、のど切れにすぐれ、近年は首都圏での人気がとみに高い。酒名は明治時代、修行の途中に蔵元に逗留した僧の命名によるという。

おもなラインナップ

純米吟醸 國權 銅《どう》ラベル

純米吟醸酒/1.8ℓ ¥2993 720mℓ ¥1490/山田錦40% 美山錦60%/15度
華やいだ吟醸香、きりりと締まった味にのど切れもすっきり。冷～常温、温燗も。

日本酒度+3　酸度1.4			薫酒
吟醸香	■■■□□	コク	■■□□□
原料香	■□□□□	キレ	■■■□□

特別純米 國權 夢《ゆめ》の香《かおり》

特別純米酒/1.8ℓ ¥2415 720mℓ ¥1260/ともに夢の香60%/15度
地元素材だけで造った、穏やかな含み香とやさしい口当たりの食中酒。冷～常温。

日本酒度+3　酸度1.4			醇酒
吟醸香	■□□□□	コク	■■□□□
原料香	■■■□□	キレ	■■■■□

特別純米 山廃仕込《やまはいじこ》み 國權

特別純米酒/1.8ℓ ¥3098 720mℓ ¥1500/ともに五百万石50%/15度
吟醸酒なみに磨いた米で醸し、2年以上熟成させた口当たりのいい純米酒。燗。

日本酒度+3　酸度1.6			醇酒
吟醸香	■□□□□	コク	■■■■□
原料香	■■■■□	キレ	■■■□□

口万《ろまん》

花泉酒造合名会社
☎0241-73-2029　直接注文 不可
南会津郡南会津町界字中田646-1
大正9年（1920）創業

代表酒名	口万 無《む》濾《ろ》過《か》一回《いっかい》火《ひ》入《い》れ
特定名称	非公開（基本は純米酒）
希望小売価格	1.8ℓ ¥2850

原料米と精米歩合…麹米 五百万石 非公開／掛米 たかねみのり・四段米=ひめのもち 非公開

アルコール度数……16度

品のいい立ち香と華やぎのある含み香、濃醇な味わいと、独自の四段仕込みの特性が際立っている。通年販売。冷または温燗。

日本酒度 非公開	酸度 非公開	醇酒	
吟醸香	■□□□□	コク	■■■□□
原料香	■■■□□	キレ	■■■■□

全商品四段仕込み、しかも4回目の仕込みにもち米を用いるのが当蔵の特徴だ。主銘柄の「花泉」は、地元で長く親しまれてきた食中酒。新銘柄の「ロ万」は純米酒にこだわり、地元農家が育てる酒米、水源の森百選の名水高清水、県が開発した「うつくしま夢酵母」で仕込んでいる。

おもなラインナップ

口万 かすみ生原酒《なまげんしゅ》

非公開（基本は純米酒）／1.8ℓ ¥2950／夢の香 非公開 夢の香・四段米=ひめのもち 非公開／18度
上澄みの澄んだ甘さと鮮烈な含み香、滓を舞わせた濁りなら舌への刺激が楽しい。

日本酒度 非公開	酸度 非公開	醇酒	
吟醸香	■□□□□	コク	■■■□□
原料香	■■■□□	キレ	■■■■□

一《ひと》口万 初《はつ》しぼり 無濾過生原酒

非公開（基本は純米酒）／1.8ℓ ¥4650 720mℓ ¥2650／五百万石 非公開 たかねみのり・四段米=ひめのもち 非公開／18度
味わい濃醇、引き味も豊か。12月末出荷。

日本酒度 非公開	酸度 非公開	醇酒	
吟醸香	■□□□□	コク	■■■□□
原料香	■■■□□	キレ	■■■□□

瑞祥《ずいしょう》 花泉《はないずみ》 純米酒 四《よ》段《だん》仕《し》込《こ》み

純米酒／1.8ℓ ¥2750 720mℓ ¥1370／五百万石 65% たかねみのり・四段米=ひめのもち65%／16度
「花泉」の定番商品。料理によく合う晩酌向き。常温をメインに冷でも燗でも。

日本酒度±0	酸度2.3	醇酒	
吟醸香	■□□□□	コク	■■■□□
原料香	■■■□□	キレ	■■■■□

※品質向上のため原料米が今後変更されることもある。

えいせん

榮川

北海道・東北　福島県

榮川酒造株式会社
☎0242-73-2300　直接注文 可
耶麻郡磐梯町大字更科字中曽根平6841-11
明治2年（1869）創業

代表酒名	榮川 特醸酒《とくじょうしゅ》
特定名称	普通酒
希望小売価格	1.8ℓ ¥1747　720mℓ ¥725

原料米と精米歩合…麹米 山田錦70%／掛米 一般掛米70%
アルコール度数……15.2度

普通酒ながら糖類・酸味料を使用せず、アルコール添加量も抑えた、味わいのある晩酌酒。口当たりやわらかく、ほのかな甘さと酸味が舌に漂う。冷～燗。

日本酒度±0～+1.0　酸度1.2~1.3　爽酒

吟醸香	■□□□□	コク	■■□□□
原料香	■■□□□	キレ	■■■■□

おもなラインナップ

榮川 大吟醸 榮四郎《えいしろう》
大吟醸酒／1.8ℓ ¥10500 720mℓ ¥5250／ともに山田錦40%／16.3度
創業者名を冠した最上位の大吟醸。豊麗な吟醸香、円く切れのいい口当たり。冷。

日本酒度+4.0～+5.0　酸度1.1~1.2　薫酒

吟醸香	■■■■□	コク	■□□□□
原料香	■□□□□	キレ	■■■□□

榮川 純米吟醸
純米吟醸酒／1.8ℓ ¥3000 720mℓ ¥1500／ともに山田錦55%／15.5度
山田錦100%使用。落ち着いた香り、がっちりと腰のある飲みごたえ。冷～温燗。

日本酒度+3～+4　酸度1.2~1.3　爽酒

吟醸香	■■□□□	コク	■■□□□
原料香	■■□□□	キレ	■■■□□

榮川 特別純米酒
特別純米酒／1.8ℓ ¥2600 720mℓ ¥1300／美山錦60% 同55%／15.3度
原料のすべてが会津産。ナッツ風の香り、びしっと芯の通った味わい。冷～温燗。

日本酒度+2～+3　酸度1.3~1.4　醇酒

吟醸香	■□□□□	コク	■■■□□
原料香	■■■□□	キレ	■■■□□

中国の故事「穎川《えいせん》に耳を洗う」にちなむ酒名どおり「飲む人に安らぎを与える清らかな酒造り」を心がける。蔵は森と泉に囲まれた磐梯西山麓。開放タンクと泡あり酵母を使用し、醪《もろみ》の泡の様子や香り・味わいを確認しつつ発酵を管理するなど、昔ながらの五感を生かした酒造りを行っている。

大七《だいしち》

大七酒造株式会社
☎0243-23-0007　直接注文 可
二本松市竹田1-66
宝暦2年（1752）創業

代表酒名　純米大吟醸雫原酒《しずくげんしゅ》 妙花闌曲《みょうからんぎょく》

特定名称　純米大吟醸酒

希望小売価格　720mℓ ¥12600

原料米と精米歩合…麹米・掛米ともに 山田錦超扁平精米50%

アルコール度数……16度

生酛造り・長期低温熟成による、当蔵最高位の酒。華麗に広がる含み香と精妙複雑な味わいは、洞爺湖サミット晩餐会の乾杯酒にも選ばれた。10～13℃の冷で。

日本酒度 非公開	酸度 非公開	薫酒
吟醸香 ■■■■□	コク ■■■□□	
原料香 ■■□□□	キレ ■■■□□	

日本三井の一つ「日影の井戸」など名水に恵まれた安達太良山麓にあり、創業以来250年余、生酛《きもと》造りを頑なに守りつづける蔵として知られる。生酛造りに特有の作業・山卸《やまおろ》しによって造られる酒は、より澄み切った切れのよい味が特徴といい、当蔵の酒もすべて、この特性を備えている。

おもなラインナップ

大七 純米生酛《きもと》

純米酒／1.8ℓ ¥2580 720mℓ ¥1290／五百万石扁平精米65% チヨニシキほか扁平精米69%／15度～16度

「生酛造りの大七」を象徴する、こくと酸味が見事に溶け合った一品。常温、燗。

日本酒度+3	酸度1.6	醇酒
吟醸香 ■□□□□	コク ■■■□□	
原料香 ■■■■□	キレ ■■■□□	

純米大吟醸 箕輪門《みのわもん》

純米大吟醸酒／1.8ℓ ¥8400 720mℓ ¥3675／ともに山田錦超扁平精米50%／15度～16度

落ち着いて上品な立ち香、透明感のあるやわらかな味わいの生酛造り。やや冷。

日本酒度+2	酸度1.3	薫酒
吟醸香 ■■■■□	コク ■■□□□	
原料香 ■■□□□	キレ ■■■□□	

純米吟醸 大七皆伝《かいでん》

純米吟醸酒／1.8ℓ ¥5250 720mℓ ¥2625／ともに五百万石超扁平精米58%／15度～16度

生酛造り。含み香は床しく、ふっくら円く艶やかな味わい。やや冷または温燗。

日本酒度+2	酸度1.4	薫醇酒
吟醸香 ■■■□□	コク ■■■□□	
原料香 ■■■□□	キレ ■■■□□	

奥の松《おくのまつ》

奥の松酒造株式会社
☎0243-22-2153　直接注文 可
二本松市長命69
享保元年（1716）創業

代表酒名　純米大吟醸 プレミアムスパークリング

特定名称　純米大吟醸酒

希望小売価格　1.8ℓ ¥10500　720mℓ ¥5250

原料米と精米歩合…麹米・掛米ともに 五百万石50%

アルコール度数……11度

いわばシャンパンの日本酒版。醪が瓶の中で炭酸ガスを含んで並行複発酵した、泡の清涼感と淡い甘さがいかにもぜいたく。もちろんキンキンに冷やして。

日本酒度 -25　酸度 2.5　**発泡性**

おもなラインナップ

奥の松 特別純米

特別純米酒／1.8ℓ ¥2272　720mℓ ¥1035／ともにチヨニシキ・夢の香60%／15度

穏やかな香り、酸味を秘めた飲み飽きしない味わい。常温をメインに冷、温燗で。

日本酒度±0　酸度 1.4　**醇酒**

吟醸香	■□□□□	コク	■■■□□
原料香	■■■□□	キレ	■■■□□

大吟醸雫酒 十八代伊兵衛

大吟醸酒／1.8ℓ ¥10500　720mℓ ¥5250／ともに 山田錦40%／17度

先代社長ゆかりの名を戴いた、繊細な味のふくらみと芳醇な吟醸香の雫酒。冷。

日本酒度+3　酸度 1.3　**薫酒**

吟醸香	■■■■□	コク	■■□□□
原料香	■□□□□	キレ	■■■□□

奥の松 純米大吟醸

純米大吟醸酒／1.8ℓ ¥5212　720mℓ ¥2610／ともに山田錦40%／15度

磨き込んだ山田錦の艶のある豊饒な吟醸香と、心地よい辛さがしみる。冷〜常温。

日本酒度+1　酸度 1.4　**薫酒**

吟醸香	■■■■□	コク	■■■□□
原料香	■□□□□	キレ	■■■□□

酒造りに最適の伏流水が豊富な安達太良山麓に蔵を構える。明治維新後は「千石酒屋」として繁盛し、昭和初期には酒質の高さから当時の主の名を冠して「伊兵衛の吟醸蔵」と称された。伝統の技に加え、全国で初めてパストライザー（瓶詰め後に火入れする設備）を導入するなどの革新性も。

株式会社檜物屋《ひものや》酒造店
☎0243-23-0164　直接注文 可
二本松市松岡173
明治7年（1874）創業

千功成《せんこうなり》

代表酒名	千功成 大吟醸袋《ふくろ》吊《つ》り
特定名称	大吟醸酒
希望小売価格	720mℓ ¥3150

原料米と精米歩合…麹米・掛米ともに 山田錦40%

アルコール度数……17度以上18度未満

低温でじっくり発酵させた醪を袋に詰め、竿に吊るして一滴一滴搾ったぜいたくな大吟醸。豊かな果実香、なめらかな舌ざわりはさすが。冷、やや冷。

日本酒度+4　酸度1.4　薫酒

吟醸香	■■■■□	コク	■■□□□
原料香	■□□□□	キレ	■■■□□

旧二本松藩主・丹羽家が仕えた豊臣秀吉の旗印「千成瓢箪」にあやかって、当初は酒名を「千成」、昭和初期に現在の「千功成」―千の功が成る―としたという。安達太良山系伏流水と地元産酒米をメインに、普通酒でさえ袋に詰めて槽《ふね》で搾るなど、昔ながらの手造りで丁寧に酒を醸《かも》す。

おもなラインナップ

千功成 純米吟醸

純米大吟醸酒／1.8ℓ ¥3568 720mℓ ¥1733／ともに五百万石50%／17度以上18度未満

清爽な果実香、気品ある味わいは、低温熟成の純米大吟醸ならでは。冷、やや冷。

日本酒度+4　酸度1.4　薫酒

吟醸香	■■■□□	コク	■■□□□
原料香	■□□□□	キレ	■■■□□

千功成 純米

純米酒／1.8ℓ ¥2243 720mℓ ¥1020／ともにチヨニシキ60%／16度以上17度未満

ふくらみのある味を常温、温燗で。ラベルの字は日本画家・大山忠作の筆による。

日本酒度+3　酸度1.6　醇酒

吟醸香	■□□□□	コク	■■■■□
原料香	■■■□□	キレ	■■■□□

千功成 吟醸酒

大吟醸酒／1.8ℓ ¥5607 720mℓ ¥2243／ともに山田錦40%／17度以上18度未満

果実香と口当たりのよさが特徴的な、これも低温発酵の大吟醸。冷、やや冷。

日本酒度+4　酸度1.4　薫酒

吟醸香	■■■■□	コク	■■□□□
原料香	■□□□□	キレ	■■■□□

関東・甲信越
Kanto・Koshinetsu

郷乃譽《さとのほまれ》

茨城県　関東・甲信越

須藤本家株式会社
☎0296-77-0152　直接注文 可
笠間市小原2125
永治元年（1141）創業

代表酒名	純米吟醸 郷乃譽
特定名称	純米吟醸酒
希望小売価格	1.8ℓ ¥2600 720mℓ ¥1300

原料米と精米歩合…麹米・掛米ともに ゆめひたち58%
アルコール度数……15度以上16度未満

International Wine Challenge2007金賞受賞酒。口当たりものど越しもきりりと締まった辛口は、料理との相性の幅が広く合わせやすい。冷、常温、燗。

日本酒度+5　酸度1.3			爽酒
吟醸香	■■□□□	コク	■■□□□
原料香	■■□□□	キレ	■■■■□

創業870年になんなんとする、日本最古の蔵元。緑濃い敷地に平城の土塁が残る蔵で、独自の伝承古法仕込により純米吟醸と純米大吟醸のみを醸《かも》し、アルコール添加の酒は一切造らない。酒米も銘柄に頼らず、契約農家が栽培する、収穫後5カ月以内の国産新米のみを使用している。

おもなラインナップ

郷乃譽 山桜桃《ゆすら》 無濾過《むろか》生々《なまなま》

純米大吟醸酒/1.8ℓ ¥4500 720mℓ ¥2250/ともに、ゆめひたち48%/15度以上16度未満
クオリティの高い、きりっとした辛口。魚や肉料理から、チーズにもよく合う。

日本酒度+5　酸度1.3			薫酒
吟醸香	■■■■□	コク	■□□□□
原料香	■□□□□	キレ	■■■□□

郷乃譽 霞山《かざん》 無濾過生々

純米吟醸酒/1.8ℓ ¥3000 720mℓ ¥1500/ともに、ゆめひたち58%/15度以上16度未満
IWC2008金賞受賞酒。かなり生酛系の味を感じさせる飲みごたえのある食中酒。

日本酒度+3　酸度1.4			醇酒
吟醸香	■■□□□	コク	■■■□□
原料香	■■■□□	キレ	■■■□□

郷乃譽 生酛《きもと》純米吟醸酒

純米吟醸酒/1.8ℓ ¥6000 720mℓ ¥3000/ともに、ゆめひたち48%/15度以上16度未満
従来のイメージを覆す、目からウロコの生酛造り。しっかりした味と切れが秀逸。

日本酒度+4　酸度1.4			醇酒
吟醸香	■■□□□	コク	■■■□□
原料香	■■■□□	キレ	■■■□□

筑波《つくば》

関東・甲信越　茨城県

石岡酒造株式会社
☎0299-26-3331　直接注文 可
石岡市東大橋2972
昭和48年（1973）創業

代表酒名	大吟醸 筑波 紫《むらさき》の峰《みね》
特定名称	大吟醸酒
希望小売価格	1.8ℓ ¥10500 720mℓ ¥5250

原料米と精米歩合…麹米・掛米ともに 山田錦35%
アルコール度数……17度

酒名に筑波山の美称「紫峰」と「石岡酒造の至宝」を重ねた、鑑評会出品用斗瓶取り原酒。バランスの取れたフルーティな香味がいい。常温、やや冷。

日本酒度+5　酸度1.1			薫酒
吟醸香	■■■■□	コク	■■□□□
原料香	■□□□□	キレ	■■■□□

筑波山系の湧水と同山麓の良質米に恵まれた石岡は、古くから関東有数の銘醸地として知られる。石岡酒造は履歴のはっきりした検査合格米だけを使用し、全量自家精米・自家醸造にこだわる。昭和63年から酒米の契約栽培を始め、平成22年には社員の手による米作りを開始した。

おもなラインナップ

大吟醸 筑波 天平《てんぴょう》の峰《みね》

大吟醸酒／1.8ℓ ¥5250 720mℓ ¥2625／ともに山田錦35%／15度
控えめな香り、まろやかな味が、舌にも心にも静かにしみてくるスグレもの。

日本酒度+4　酸度1.1			薫酒
吟醸香	■■■■□	コク	■■□□□
原料香	■□□□□	キレ	■■■□□

純米大吟醸 筑波 豊穣《ほうじょう》の峰《みね》

純米大吟醸酒／1.8ℓ ¥6132 720mℓ ¥3066／ともに山田錦35%／15度
2年間貯蔵熟成した、力強くかつふくよかな味わい。和食全般に向く食中酒。

日本酒度+1　酸度1.4			薫酒
吟醸香	■■■■□	コク	■■■□□
原料香	■■□□□	キレ	■■■□□

特別純米 筑波

特別純米酒／1.8ℓ ¥2646 720mℓ ¥1323／山田錦・雄町58% 五百万石・美山錦58%／15度
甘さと酸味がよく釣り合い、味に幅がありながら飲み口すっきり。冷、特に温燗。

日本酒度+3　酸度1.1			醇酒
吟醸香	■□□□□	コク	■■■□□
原料香	■■■□□	キレ	■■■□□

大那《だいな》

菊の里酒造株式会社
☎0287-98-3477　直接注文 不可
大田原市片府田302-2
慶応2年（1866）創業

代表酒名	大那 純米吟醸 那須五百万石《なすごひゃくまんごく》
特定名称	純米吟醸酒
希望小売価格	1.8ℓ ¥2940 720mℓ ¥1470

原料米と精米歩合…麹米 那須産五百万石50%／
掛米 那須産五百万石55%

アルコール度数……16.3度

契約栽培米使用。吟醸香が匂い立ち、柑橘系の含み香もフレッシュに、米の味に上品な酸味が加わってふくよか。人肌〜温燗。

日本酒度+2　酸度1.7			薫醇酒
吟醸香	■■■□□	コク	■■□□□
原料香	■■■□□	キレ	■■■□□

年間生産量300石、3世代の家族と従業員一人の小さな蔵が造る「大那」は、大いなる那須の豊饒の大地の恵みを酒に—との思いから名付けられた。那須山系伏流水と地場の契約農家が作る五百万石をメインに、米の味とそれを包み込む酸味、そしてのど切れのよい究極の食中酒を目指す。

おもなラインナップ

大那 純米吟醸 那須美山錦《なすみやまにしき》

純米吟醸酒／1.8ℓ ¥3000 720mℓ ¥1500／ともに那須産美山錦53%／16.3度

有機減農薬栽培の那須産美山錦を使用。美山錦らしい、凜とした味。人肌〜温燗。

日本酒度+2　酸度1.7			薫醇酒
吟醸香	■■■□□	コク	■■■□□
原料香	■■■□□	キレ	■■■□□

大那 純米大吟醸 那須五百万石 特等米《とくとうまい》2008

純米大吟醸酒／1.8ℓ ¥3780 720mℓ ¥2100／ともに那須産五百万石45%／16.8度

春は生、秋は火入れで出荷する限定品。選ばれた田で育てた特等米を100%使用。

日本酒度+3　酸度1.7			薫醇酒
吟醸香	■■■□□	コク	■■■□□
原料香	■■■□□	キレ	■■■□□

大那 本醸造 あかまる

本醸造酒／1.8ℓ ¥1785／五百万石65% 日本晴65%／15.6度

当蔵の定番商品。さらりと過不足ない味、のど切れも潔い。冷〜燗、特に温燗。

日本酒度+5　酸度1.5			爽酒
吟醸香	■□□□□	コク	■■□□□
原料香	■■□□□	キレ	■■■■□

松の寿《まつのことぶき》

株式会社松井酒造店
☎0287-47-0008　直接注文 不可
塩谷郡塩谷町船生3683
慶応元年（1865）創業

代表酒名	松の寿 純米吟醸 雄町《おまち》
特定名称	純米吟醸酒
希望小売価格	1.8ℓ ¥3150 720mℓ ¥1575

原料米と精米歩合…麹米・掛米ともに 雄町55%

アルコール度数……16.4度

果実を思わせる穏やかな立ち香、甘さ・酸味の釣り合いが取れてやわらかく、しかも透明感のある味わい。少し冷やして、でも冷やしすぎぬよう。

日本酒度+3.5　酸度1.3			薫酒
吟醸香	■■■□□	コク	■■■□□
原料香	■■□□□	キレ	■■■□□

越後杜氏の流れを汲む初代は、良水を求めて新潟からこの地に移住したという。五代目の現当主は、修業を積んで平成18年に第1期下野《しもつけ》杜氏に認定された、まだ若い蔵元杜氏。当主が蔵の裏手の杉林に湧く超軟水で仕込む酒は、どれも洗練度が高く、雑味のないキレイな味がすばらしい。

おもなラインナップ

松の寿 純米吟醸 山田錦《やまだにしき》

純米吟醸酒／1.8ℓ ¥3360 720mℓ ¥1680／ともに山田錦55%／16.4度

あえかな立ち香に品があり、落ち着いた味わいに安心感がある。少し冷やして。

日本酒度+2.5　酸度1.5			薫酒
吟醸香	■■■□□	コク	■■□□□
原料香	■■□□□	キレ	■■■□□

松の寿 吟醸 山田錦《やまだにしき》

吟醸酒／1.8ℓ ¥3045 720mℓ ¥1522／ともに山田錦55%／16.4度

ランを思わせるほのかな含み香と、切れのいい味に頬もほころぶ。少し冷やして。

日本酒度+5.5　酸度1.35			薫酒
吟醸香	■■■□□	コク	■■□□□
原料香	■□□□□	キレ	■■■□□

松の寿 特別純米 美山錦《みやまにしき》

特別純米酒／1.8ℓ ¥2835 720mℓ ¥1417／ともに美山錦58%／16.4度

メリハリの利いた味。かすかな酸味が引き味を締める。やや冷、常温、温燗。

日本酒度+3.5　酸度1.35			醇酒
吟醸香	■■□□□	コク	■■□□□
原料香	■■■□□	キレ	■■■□□

仙禽《せんきん》

栃木県　関東・甲信越

株式会社せんきん
℡028-681-0011　直接注文 不可
さくら市馬場106
文化3年（1806）創業

代表酒名　木桶《きおけ》仕込《しこ》み 純米大吟醸 亀ノ尾《かめのお》19% 出品酒

特定名称　純米大吟醸酒

希望小売価格　1.8ℓ ¥オープン 720mℓ ¥オープン

原料米と精米歩合…麹米・掛米ともに 亀の尾19%

アルコール度数……17度

蔵元が自ら「世界一変態でじゃじゃ馬な、常識を覆す究極の一品」と称する、袋搾り瓶囲いの無濾過生原酒。精米歩合の高さも驚き。5～10℃の冷で。

日本酒度±0　酸度1.5	薫醇酒		
吟醸香	■■■■□	コク	■■■■□
原料香	■■■■□	キレ	■□□□□

元ソムリエの兄、日本酒造りの修業を積んだ弟の兄弟蔵元が醸《かも》すのは、純米・木桶造り・袋搾り・無濾過生と、伝統の仕込法に回帰した個性あふれる酒だ。酒質は多くが日本酒度はマイナス、酸度は2・0以上と、強い甘さときつい酸味を特徴とする。平成19年に登場した型破りのブランド。

おもなラインナップ

木桶仕込み 生酛《きもと》純米吟醸 無濾過生原酒《むろかなまげんしゅ》 雄町《おまち》
純米吟醸酒／1.8ℓ ¥3100 720mℓ ¥1550／ともに雄町55%／17度
極度のマイナス日本酒度と、極度の酸味が響きあうフルボディタイプ。冷～燗。

日本酒度-5　酸度2.4	薫醇酒		
吟醸香	■■■□□	コク	■■■□□
原料香	■■■□□	キレ	■□□□□

木桶仕込み 山廃《やまはい》純米 無濾過生原酒 亀ノ尾
純米酒／1.8ℓ ¥3000 720mℓ ¥1500／ともに亀の尾80%／17度
強烈なパンチの利いた、芳醇なニュータイプのスーパーフルボディ。常温～燗。

日本酒度-3　酸度2.6	醇酒		
吟醸香	■□□□□	コク	■■■■□
原料香	■■■■□	キレ	■□□□□

純米吟醸 中取《なかど》り無濾過生原酒 亀ノ尾
純米吟醸酒／1.8ℓ ¥3000 720mℓ ¥1500／ともに亀の尾55%／17度
デリシャスで濃醇なタッチが、最も「仙禽」らしさを感じさせる。8～15℃の冷で。

日本酒度-5　酸度2.5	薫醇酒		
吟醸香	■■■□□	コク	■■■□□
原料香	■■■□□	キレ	■□□□□

辻善兵衛《つじぜんべえ》

株式会社辻善兵衛商店
☎0285-82-2059 直接注文 不可
真岡市田町1041-1
宝暦4年（1754）創業

代表酒名 辻善兵衛 純米吟醸 五百万石《ごひゃくまんごく》

特定名称 純米吟醸酒

希望小売価格 1.8ℓ ¥2900 720mℓ ¥1450

原料米と精米歩合…麹米・掛米ともに 栃木県産五百万石53%

アルコール度数……15.5度

米・水・技すべて地元にこだわって醸す、いわば栃木の真の地酒。香りと味のバランスがよくて飲みやすい、下野杜氏おすすめの一本。

日本酒度+2 酸度1.6		爽酒	
吟醸香	■■□□□	コク	■■□□□
原料香	■■□□□	キレ	■■■□□

主銘柄「桜川」で知られる、県内有数の歴史ある酒蔵。地元の米・水・技を駆使して、一六代目に当たる蔵元杜氏はじめ若い蔵人たちが「小さいからできる手づくりの味」をモットーに、特色ある栃木の酒を醸《かも》す。「辻善兵衛」は平成11年、初代の名を冠して立ち上げた少量生産の限定銘柄。

おもなラインナップ

辻善兵衛 純米大吟醸 山田錦《やまだにしき》

純米大吟醸酒／1.8ℓ ¥3800 720mℓ ¥1900／ともに山田錦50%／17.5度

「最高の食中酒」がコンセプト。落ち着きある香り、やさしくしっかりした味。

日本酒度+2 酸度1.7		薫酒	
吟醸香	■■■□□	コク	■■□□□
原料香	■□□□□	キレ	■■■□□

辻善兵衛 純米吟醸 雄町《おまち》 槽口《ふなくち》直汲《じかぐ》み生《なま》

純米吟醸酒／1.8ℓ ¥3300 720mℓ ¥1650／ともに岡山県産雄町56%／17.5度

3月発売の季節限定。濾過・火入れをしない、搾りたての濃厚でフルーティな味。

日本酒度+1 酸度1.7		薫醇酒	
吟醸香	■■■□□	コク	■■■□□
原料香	■■■□□	キレ	■■■□□

辻善兵衛 純米酒 五百万石《ごひゃくまんごく》

純米酒／1.8ℓ ¥2650 720mℓ ¥1350／ともに栃木県産五百万石53%／16.5度

香り控えめ、落ち着いたタイプの辛口。冷から燗まで、幅広く対応できる食中酒。

日本酒度+4 酸度1.8		醇酒	
吟醸香	■□□□□	コク	■■□□□
原料香	■■■□□	キレ	■■■■□

ほうおうびでん

鳳凰美田

栃木県　関東・甲信越

小林酒造株式会社
☎0285-37-0005　直接注文 不可
小山市卒島743-1
明治5年（1872）創業

代表酒名	鳳凰美田 芳《かんばし》
特定名称	純米吟醸酒
希望小売価格	1.8ℓ ¥3000 720mℓ ¥1800

原料米と精米歩合…麹米・掛米ともに JAS 規格若水55%

アルコール度数……16.8度

有機無農薬米・若水を100%使用。軽く冷やしてゆっくり飲むうち、常温に近づくにつれて吟醸酒独特の香りと甘さ、米のやさしさと質感が増してくる。

日本酒度+1　酸度1.5　薫酒

吟醸香	■■■□□	コク	■■□□□
原料香	■■□□□	キレ	■■■□□

おもなラインナップ

鳳凰美田 Phoenix《フェニックス》

純米大吟醸酒/1.5ℓ ¥8000/ともに愛山45%/17度以上18度未満

南国の果実風の含み香と、しっかりした酸味が織りなす肉厚の味わい。冷～常温。

日本酒度+2　酸度1.4　薫酒

吟醸香	■■■■□	コク	■■■□□
原料香	■■□□□	キレ	■■■□□

鳳凰美田 髭判《ひげばん》

純米吟醸酒/1.8ℓ ¥2800/ともに亀粋50%/16.8度

亀の尾系の幻の酒米・亀粋を100%使用。力強くエレガント。冷～常温。

日本酒度+2　酸度1.5　薫酒

吟醸香	■■■□□	コク	■■□□□
原料香	■■□□□	キレ	■■■□□

鳳凰美田 剱《つるぎ》

純米酒/1.8ℓ ¥2500/山田錦45% 五百万石55%/16度以上17度未満

辛口純米にしては甘めの口当たりと、素早くスムーズなのど切れが特徴的。常温。

日本酒度+6　酸度1.4　爽酒

吟醸香	■■□□□	コク	■■□□□
原料香	■■□□□	キレ	■■■■□

創業銘柄の「鳳凰金賞」「美田鶴」から名前をもらった「鳳凰美田」は、今や栃木県を代表する全国区ブランド。米は自社、また契約農家が育てる若水や亀粋など。水は日光山系伏流水。地場の米と水の特性を生かした酒を醸《かも》すこの小さな蔵は、全量が吟醸酒に特化した吟醸蔵だ。

結人《むすびと》

関東・甲信越 群馬県

柳澤酒造株式会社
027-285-2005 直接注文 不可
前橋市粕川町深津104-2
明治10年（1877）創業

代表酒名	純米吟醸 中取《なかど》り生酒《なまざけ》 結人
特定名称	純米吟醸酒
希望小売価格	1.8ℓ ¥2730 720mℓ ¥1420

原料米と精米歩合…麹米・掛米ともに 五百万石55%

アルコール度数……16.8度

香り淡く、含めばほんのりとろり、やわらかな甘さとやさしいこく、軽いのど越しに食が進む。冷から常温に進むにつれ、むしろさらっとしてくる。冷。

日本酒度+2	酸度1.5	薫酒	
吟醸香	■■■□□	コク	■■□□□
原料香	■■□□□	キレ	■■■□□

もち米を用いた四段仕込みの「桂川」が主銘柄。四代目現当主の長男と次男が純米吟醸の開発に着手、数年の試行錯誤を経て「結人」として結実した。販売は平成16年から。生酒と火入れでは酵母を変え、できたてを詰めた生は香り高く、火入れはふくよかな落ち着いた味に仕上がっている。

おもなラインナップ

あらばしり 純米吟醸 結人

純米吟醸酒／1.8ℓ ¥2835／ともに五百万石55%／16.8度

瓶内で二次発酵させた微炭酸の酒。冬季は新酒、5月からは夏のあらばしり。冷。

日本酒度+2	酸度1.5	爽酒	
吟醸香	■■□□□	コク	■■□□□
原料香	■■□□□	キレ	■■■■□

特別純米 結人

特別純米酒／1.8ℓ ¥2290／五百万石55%同58%／16.8度

瓶燗火入れの無濾過原酒。ほのかな香りと幅のある味、のど切れのよさ。冷、燗。

日本酒度+2	酸度1.7	醇酒	
吟醸香	■■□□□	コク	■■■□□
原料香	■■■□□	キレ	■■■■□

純米吟醸 火入《ひいれ》 結人

純米吟醸酒／1.8ℓ ¥2625 720mℓ ¥1365／ともに五百万石55%／15.8度

無濾過瓶燗火入れ。落ち着いた含み香と、切れのいい飲み口。冷～燗、特に温燗。

日本酒度+2	酸度1.5	爽酒	
吟醸香	■■□□□	コク	■■□□□
原料香	■■□□□	キレ	■■■■□

柴崎酒造株式会社
☎0279-54-1141　直接注文 可
北群馬郡吉岡町大字下野田649-1
大正4年（1915）創業

船尾瀧《ふなおたき》

群馬県　関東・甲信越

代表酒名	船尾瀧 本醸造辛口《からくち》
特定名称	本醸造酒
希望小売価格	1.8ℓ ¥1770

原料米と精米歩合…麹米 群馬若水70%／掛米 群馬加工70%

アルコール度数……15.3度

定番の晩酌酒、当銘柄を代表する辛口。口当たりさっくりと引き味も切れて飲み飽きない。10～15℃の花冷えから55℃の飛び切り燗までOK。

日本酒度+5　酸度1.5　爽酒

吟醸香	■□□□□	コク	■■□□□
原料香	■■□□□	キレ	■■■■□

「群馬に名滝と銘酒あり」―名滝とは船尾山の北西麓、榛名山系の湧水を集めて落ちる落差60メートルの船尾滝のこと。この滝の名を戴いた酒は、下流に広がる美田の米と榛名山系伏流水で仕込む。酒質は全体に雑味のないやや辛口、口当たりも飲み心地もすっきりさわやかですがすがしい。

おもなラインナップ

船尾瀧 特別本醸造酒

特別本醸造酒／1.8ℓ ¥1825 720mℓ ¥820／ともに美山錦60%／15.5度

飲み口はやわらかくのど切れもよく、どんな料理とも相性がいい。やや冷～熱燗。

日本酒度+4　酸度1.4　爽酒

吟醸香	■■□□□	コク	■■□□□
原料香	■■□□□	キレ	■■■■□

船尾瀧 吟醸酒

吟醸酒／720mℓ ¥1300／ともに美山錦55%／15.5度

ボトルのシャレたデザインを裏切らず、上品な上立ち香と芳醇な味わい。冷。

日本酒度+5　酸度1.5　薫酒

吟醸香	■■■□□	コク	■■□□□
原料香	■□□□□	キレ	■■■□□

船尾瀧 特別本醸造デラックス

特別本醸造酒／1.8ℓ ¥2045 720mℓ ¥1000／ともに美山錦60%／16.3度

やわらかく厚みのある口当たりと、後を引かないのど越しのよさ。冷～熱燗。

日本酒度+4　酸度1.4　爽酒

吟醸香	■■□□□	コク	■■□□□
原料香	■■□□□	キレ	■■■■□

ぐんまいずみ

群馬泉

関東・甲信越　群馬県

島岡酒造株式会社
☎0276-31-2432　直接注文 不可
太田市由良町375-2
文久3年（1863）創業

代表酒名	群馬泉 山廃本醸造
特定名称	本醸造酒
希望小売価格	1.8ℓ ¥1900 720mℓ ¥950

原料米と精米歩合…麹米 若水60%／掛米 若水・あさひの夢60%
アルコール度数……15.2度

当蔵を代表する看板酒。本醸造とは思えないフルボディの酒が、この値段で飲めるのは驚き。山廃らしい豊かな熟成感がすっぽりと舌を包む。熱めの燗で。燗冷ましも。

日本酒度+3　酸度1.6　醇酒
吟醸香 ■□□□□　コク ■■■□□
原料香 ■■■■□　キレ ■■■■□

おもなラインナップ

群馬泉 超特選《ちょうとくせん》純米

純米酒／1.8ℓ ¥2880 720mℓ ¥1440／ともに若水50%／15.2度
爽快な酸味と米の味わいがコラボした、熟成味たっぷりの山廃純米。常温～燗。

日本酒度+3　酸度1.7　醇酒
吟醸香 ■□□□□　コク ■■■□□
原料香 ■■■□□　キレ ■■■■□

群馬泉 淡緑《うすみどり》

純米吟醸酒／1.8ℓ ¥3500 720mℓ ¥1700／ともに若水50%／15.2度
若水らしいふくよかさとやわらかな酸味の、温雅な酒質。冷～常温、特に冷。

日本酒度+3　酸度1.5　薫酒
吟醸香 ■■■□□　コク ■■□□□
原料香 ■■□□□　キレ ■■■□□

群馬泉 山廃酛《もと》純米

純米酒／1.8ℓ ¥2380 720mℓ ¥1190／若水60% 若水・あさひの夢60%／15.2度
山廃特有の力強さを、熟成させて円く落ち着いた味に仕上げた食中酒。冷～温燗。

日本酒度+3　酸度1.7　醇酒
吟醸香 ■□□□□　コク ■■■□□
原料香 ■■■■□　キレ ■■■■□

蔵のある一帯は、新田荘宝泉郷の旧地名どおり、新田義貞など新田一族発祥の地として知られる。硬水の赤城山系伏流水と、地元契約農家が栽培する若水で仕込む「群馬泉」は、その大部分が硬水の特性を生かした昔ながらの生酛《きもと》系山廃《やまはい》造り。爽快な酸味と艶のある深い味わいを楽しめる。

きっこうはなびし

亀甲花菱

埼玉県　関東・甲信越

清水酒造株式会社
0480-73-1311　直接注文 不可
加須市戸室1006
明治7年（1874）創業

代表酒名	亀甲花菱 純米無濾過《むろか》生原酒《なまげんしゅ》 美山錦《みやまにしき》
特定名称	純米酒
希望小売価格	1.8ℓ ¥2625 720mℓ ¥1312

原料米と精米歩合…麹米・掛米ともに 美山錦60%

アルコール度数……17度

かぐわしい立ち香に、期待がふくらむ。味はぴしっと決まって、澄んだ酸味が舌に快い。ふくよかさと凛々しさを併せ持った、純かつ粋な酒。CP 高し。冷。

日本酒度+3　酸度2　**醇酒**

吟醸香 ■■□□□　コク ■■■□□
原料香 ■■■□□　キレ ■■■□□

おもなラインナップ

亀甲花菱 純米吟醸無濾過生原酒 山田錦
純米吟醸酒／1.8ℓ ¥3486 720mℓ ¥1743／ともに山田錦50%／17度
含んだ瞬間の甘さを酸味がさらりと洗い、一杯一杯がいつも新鮮。CP 高し。冷。

日本酒度+3　酸度2.1　**薫酒**

吟醸香 ■■■□□　コク ■■■□□
原料香 ■■□□□　キレ ■■■□□

亀甲花菱 純米吟醸無濾過生原酒 美山錦
純米吟醸酒／1.8ℓ ¥2940 720mℓ ¥1470／ともに美山錦50%／17度
過不足ない吟醸香、ふっくらと繊細な味、引きのよさの三拍子。CP 高し。冷。

日本酒度+3　酸度1.7　**薫酒**

吟醸香 ■■■□□　コク ■■□□□
原料香 ■■□□□　キレ ■■■□□

亀甲花菱 吟造り《ぎんづく》本醸造 上槽即日瓶詰《じょうそうそくじつびんづめ》
特別本醸造酒／1.8ℓ ¥2380／美山錦60%
日本晴60%／18度
立ち香、含み香はやわらかく、厚みのある味だがのどすべりはいい。CP 高し。冷。

日本酒度+3　酸度1.7　**爽酒**

吟醸香 ■■□□□　コク ■■□□□
原料香 ■■□□□　キレ ■■■■□

埼玉県北東部、広い田んぼのただ中に防風林に囲まれて立つ、年間生産量２００石ほどのごく小さな蔵。商品の多くを無濾過生原酒―衒《てら》いも飾りもない素のままの酒が占める。伝統の小仕込み・寒仕込みで醸《かも》す酒はどれもぴしりと背筋がとおり、香りにも味にも凛とした力があってうれしい。

神亀《しんかめ》

神亀酒造株式会社
☎048-768-0115 直接注文 酒店を紹介
蓮田市馬込1978
嘉永元年（1848）創業

代表酒名	神亀 純米辛口《からくち》
特定名称	純米酒
希望小売価格	1.8ℓ ¥2855 720mℓ ¥1430

原料米と精米歩合…麹米・掛米ともに 酒造好適米60%
アルコール度数……15度～15.9度

燗で本領を発揮する2年間熟成酒。ほんのり甘く感じられる熟成味と米の濃醇な味わいがふわりと広がり、飲めば清爽な酸味と辛さがのどをすべってゆく。

日本酒度+6 酸度1.6 醇酒
吟醸香 ■□□□□ コク ■■■■□
原料香 ■■■■□ キレ ■■■■□

酒名の「神亀」は、蔵の裏手の天神池に棲んだという「神の使いの亀」にちなむ。造るのは純米酒のみ。硬水の秩父山系荒川の伏流水と「酒は米から」の一念で選ぶ良米で、ボディのしっかりした辛口の酒を醸《かも》す。商品の多くが、米本来のこくと濃醇な味わいにあふれた熟成酒だ。

おもなラインナップ

神亀 上槽中汲《じょうそうなかぐみ》純米

純米酒／1.8ℓ ¥4350 720mℓ ¥2175／ともに山田錦55%～60%／17度～17.9度
みずみずしさと米由来の濃い味わいを楽しめる、いいとこ取りの酒。冷～常温。

日本酒度+7 酸度1.5 醇酒
吟醸香 ■□□□□ コク ■■■□□
原料香 ■■■■□ キレ ■■■■□

神亀 活性《かっせい》にごり

純米酒／1.8ℓ ¥3300 720mℓ ¥1650／ともに酒造好適米60%／17度～17.9度
濁りで飲むのはもちろん、静かに開栓して上澄みだけを味わうのも楽しい。冷。

日本酒度 — 酸度 — 発泡性

神亀 搾《しぼ》りたて生酒《なまざけ》

純米酒／1.8ℓ ¥3380 720mℓ ¥1690／ともに酒造好適米55%～60%／18度～18.9度
骨太な味わいは通向きだが、オンザロックなら初心者にも。冷。冷やしすぎに注意。

日本酒度+6 酸度1.7 醇酒
吟醸香 ■■□□□ コク ■■■□□
原料香 ■■■□□ キレ ■■■□□

横田酒造株式会社
048-556-6111　直接注文 可
行田市桜町2-29-3
文化2年（1805）創業

日本橋《にほんばし》

埼玉県　関東・甲信越

代表酒名	日本橋 大吟醸
特定名称	大吟醸酒
希望小売価格	1.8ℓ ¥10500 720mℓ ¥5250

原料米と精米歩合…麹米・掛米ともに 山田錦40%
アルコール度数……17度以上18度未満

過去12年の全国新酒鑑評会で、11回の金賞受賞歴を誇る南部杜氏が手造りで醸す。山田錦の持ち味を余すところなく引き出した芳醇辛口。常温～温燗。

日本酒度+5　酸度1.3	薫酒
吟醸香 ■■■■□	コク ■■□□□
原料香 ■□□□□	キレ ■■■□□

秩父山系荒川伏流水の忍《おし》の名水が湧く自家井戸・福寿泉は弱軟水。緩やかな発酵を促し、円く味わい深い酒を醸《かも》すのに向いている。初代は創業時、五街道の起点・日本橋にあやかって、近江商人の信条「三方よし」「初心忘るべからず」の思いを込めて、酒名を「日本橋」と名付けたという。

おもなラインナップ

日本橋 純米大吟醸
純米大吟醸酒/1.8ℓ ¥5250 720mℓ ¥3150/ともに美山錦40%/17.5度
香りは控え目に、米由来の豊かな味わいときっちりした引き味。常温～温燗。

日本酒度+3　酸度1.8	薫酒
吟醸香 ■■■■□	コク ■■□□□
原料香 ■□□□□	キレ ■■■□□

日本橋 純米酒 江戸《えど》の宴《うたげ》
純米酒/720mℓ ¥1575/ともに朝の光70%/15.5度
日本最古の酵母を用いた、江戸時代の酒の復刻版。甘さと酸味の調和がいい。

日本酒度 -6　酸度2.5	醇酒
吟醸香 ■□□□□	コク ■■■□□
原料香 ■■■■□	キレ ■■□□□

浮城《うきしろ》さきたま古代酒《こだいしゅ》
—/300mℓ ¥1050/朝の光70% 古代赤米85%/17.5度
古代種の赤米で仕込んだ、澄んだ赤が美しいワイン風、やや甘口の食前酒。冷。

日本酒度 -6　酸度1.6	醇酒
吟醸香 ■□□□□	コク ■■■□□
原料香 ■■■■□	キレ ■■□□□

関東・甲信越　埼玉県

琵琶のさゝ浪《びわのさざなみ》

麻原酒造株式会社
☎049-298-6010　直接注文 可
入間郡毛呂山町毛呂本郷94
明治15年（1882）創業

代表酒名	純米酒 琵琶のさゝ浪
特定名称	純米酒
希望小売価格	1.8ℓ ¥2100 720mℓ ¥1050

原料米と精米歩合…麹米・掛米ともに 八反錦70%
アルコール度数……15度〜16度

広がる果実香、舌にしみ入る米の味わい、一切の雑味を感じさせずにすべるのど越し。無濾過の中取りを手詰めした、当蔵純米酒の看板。冷、常温。

日本酒度+6　酸度1.6　**醇酒**

吟醸香	■□□□□	コク	■■□□□
原料香	■■■□□	キレ	■■■■□

おもなラインナップ

純米吟醸 琵琶のさゝ浪

純米吟醸酒/1.8ℓ ¥2625 720mℓ ¥1312/ともに八反錦60%/15度〜16度
果実系の含み香と酸味が快く、引き味もいい。冷から室温に戻る間が飲みごろ。

日本酒度+6〜+7　酸度1.7　**爽酒**

吟醸香	■■□□□	コク	■■□□□
原料香	■■□□□	キレ	■■■■□

純米酒 武蔵野《むさしの》

純米酒/1.8ℓ ¥2100 720mℓ ¥1050/ともに八反錦60%/15度〜16度
完熟したバナナを連想させる、甘く芳醇な立ち香に心奪われる。常温以下。

日本酒度+5　酸度1.7　**爽酒**

吟醸香	■■□□□	コク	■■□□□
原料香	■■□□□	キレ	■■■■□

純米吟醸 武蔵野

純米吟醸酒/1.8ℓ ¥2625 720mℓ ¥1312/ともに美山錦50%/15度〜16度
香りにはボディがあるが、さわやかな果実酸が味をきりりと締める。冷〜常温。

日本酒度+5　酸度1.6　**薫酒**

吟醸香	■■■□□	コク	■■□□□
原料香	■□□□□	キレ	■■■□□

初代は琵琶湖のほとりの生まれ。東京・青梅の酒蔵で20年余の修業後、現在地に蔵を開いた。心を込めて造る酒は、人から人へさざ波のように広がっていく――酒名には、そんな思いと望郷の念とを込めたという。写真の酒のラベルは当時のデザイン。創業時の気概を伝えてどこか懐かしい。

天覧山《てんらんざん》

埼玉県　関東・甲信越

五十嵐酒造株式会社
☎050-3785-5680　直接注文 可
飯能市川寺667-1
明治30年（1897）創業

代表酒名	天覧山 大吟醸
特定名称	大吟醸酒
希望小売価格	1.8ℓ ¥5250 720mℓ ¥2625

原料米と精米歩合…麹米 山田錦40%／掛米 山田錦50%

アルコール度数……16度〜17度

兵庫県産山田錦を磨き、蔵元いわく「飯能の緑と清流で醸した」大吟醸。果実系の立ち香は高く、なめらかで調和の取れた口当たりは白ワインのよう。冷。

日本酒度+3　酸度1.6	薫酒
吟醸香 ■■■□□	コク ■■□□□
原料香 ■□□□□	キレ ■■■□□

おもなラインナップ

天覧山 純米吟醸

純米吟醸酒／1.8ℓ ¥2782 720mℓ ¥1333／美山錦55% 吟ぎんが55%／15度〜16度

酒米の特性を生かし、米の味わいを隅々まで感じさせる落ち着いた酒。冷〜常温。

日本酒度+2　酸度1.6	爽酒
吟醸香 ■■□□□	コク ■■■□□
原料香 ■■□□□	キレ ■■■■□

天覧山 純米酒

純米酒／1.8ℓ ¥2205 720mℓ ¥1102／ともに美山錦65%／15度〜16度

美山錦特有の香り・味が引き立つ、すっきり軽快な口当たり。冷〜温燗。

日本酒度+1　酸度1.7	醇酒
吟醸香 ■□□□□	コク ■■■□□
原料香 ■■■■□	キレ ■■■□□

DOVE《ダブ》

純米酒／1ℓ ¥2000／ともに吟ぎんが65%／15度〜16度

吹きこぼれを防ぐため、正味1ℓを1.8ℓ瓶に詰めた甘酸っぱいどぶろく。期間限定。

日本酒度+2　酸度1.6	醇酒
吟醸香 ■□□□□	コク ■■■□□
原料香 ■■■□□	キレ ■■□□□

創業者は新潟県出身。東京・青梅の小澤酒造（106頁）に杜氏として勤め、独立後、名栗川と成木川が合流し、秩父山系伏流水の清澄な井戸水が得られる当地に蔵を開いた。近くの羅漢山は、明治天皇が演習閲兵のために登ってのち、天覧山と呼ばれるようになった。酒名はこの山から。

福祝《ふくいわい》

藤平《とうへい》酒造合資会社
📞0439-27-2043　直接注文 可
君津市久留里市場147
享保年間（1716～36）創業

代表酒名　福祝 山田錦《やまだにしき》50純米吟醸

特定名称　純米吟醸酒

希望小売価格　1.8ℓ ¥3360 720mℓ ¥1680

原料米と精米歩合…麹米・掛米ともに 兵庫県産山田錦50%
アルコール度数……15度～16度

山田錦特有のやや甘い立ち香、香味よく洗練された奥深い味わい、辛さの後に淡い甘さを感じさせつつ引いてゆくのど切れがいい。冷○、常温◎、温燗◎。

日本酒度+1　酸度1.4　薫酒
吟醸香 ■■■□□　コク ■■□□□
原料香 ■□□□□　キレ ■■■□□

兄弟3人とその母で、年間300石ほどの酒を造っている。選び抜き、すべて手洗い、浸漬《しんせき》も秒単位で計るほど丹精込める酒米を、「久留里の名水」として知られる清澄山系伏流水の井戸水で仕込む。酒質は酸味を抑え、香り・味の調和が取れて、長く清爽な余韻を引く淡麗辛口がメインだ。

おもなラインナップ

福祝 渡舟《わたしぶね》70超辛《ちょうから》純米
純米酒／1.8ℓ ¥2940 720mℓ ¥1470／ともに滋賀県産渡舟70%／16度～17度
立ち香、含み香とも穏やかで、味わいは濃醇な食中酒。冷○、常温◎、温燗◎。

日本酒度+10　酸度1.1　醇酒
吟醸香 ■□□□□　コク ■■■□□
原料香 ■■■■□　キレ ■■■■□

福祝 特別純米酒
特別純米酒／1.8ℓ ¥2570 720mℓ ¥1417／兵庫県産山田錦55% 滋賀県産玉栄55%／15度～16度
香りすがすがしく、味に米のこくがあり、キレイな余韻を引く。冷◎、常温◎。

日本酒度+1　酸度1.5　爽酒
吟醸香 ■□□□□　コク ■■□□□
原料香 ■■□□□　キレ ■■■■□

福祝 雄町《おまち》50純米大吟醸
純米大吟醸酒／1.8ℓ ¥3990 720mℓ ¥2050／ともに岡山県産雄町50%／15度～16度
優美な香り、米の甘さがしっとり立って、かつ後口の切れのよさ。冷◎、常温◎。

日本酒度 -1　酸度1.4　薫酒
吟醸香 ■■■□□　コク ■■□□□
原料香 ■□□□□　キレ ■■■□□

澤乃井《さわのい》

東京都　関東・甲信越

小澤酒造株式会社
℡0428-78-8215　直接注文 可
青梅市沢井2-770
元禄15年（1702）創業

代表酒名	澤乃井 純米大辛口《だいからくち》
特定名称	純米酒
希望小売価格	1.8ℓ ¥2352 720mℓ ¥1176

原料米と精米歩合…麹米 アケボノ65%／掛米 アキヒカリ65%

アルコール度数……15度以上16度未満

きりりと締まった口当たりは、シャンと背筋の伸びた若侍のよう。酸味と米の味をたたえた豊かなこくが、この飲み口ゆえにいっそう引き立つ。冷～燗。

日本酒度+9~+11　酸度1.6~1.8	醇酒		
吟醸香	■□□□□	コク	■■■□□
原料香	■■■□□	キレ	■■■■■

おもなラインナップ

澤乃井 大吟醸 梵《ぼん》

大吟醸酒／1.8ℓ ¥10500 720mℓ ¥5250／ともに山田錦35%／16度以上17度未満

至純の酒を求めて醸した、なめらかな味、絹のような飲み口の特別限定酒。冷。

日本酒度+4~+6　酸度1.2~1.4	薫酒		
吟醸香	■■■■□	コク	■□□□□
原料香	■□□□□	キレ	■■■□□

澤乃井 純米吟醸 蒼天《そうてん》

純米吟醸酒／1.8ℓ ¥3150 720mℓ ¥1575／五百万石55% ―／15度以上16度未満

蔵が「純米吟醸の結論」と豪語する、香りと味わいが見事に調和した自信作。冷。

日本酒度±0~+2　酸度1.6~1.8	薫酒		
吟醸香	■■■□□	コク	■■■□□
原料香	■■□□□	キレ	■■■□□

澤乃井 木《き》桶《おけ》仕《し》込《こみ》 彩《いろ》は

純米酒／720mℓ ¥1733／ともに野条穂65%／15度以上16度未満

生酛造り・木桶仕込みと伝統の技の純米酒は、おおらかで懐かしい味わい。温燗。

日本酒度−2~±0　酸度2.0~2.2	醇酒		
吟醸香	■□□□□	コク	■■■■□
原料香	■■■■□	キレ	■■■□□

緑濃い奥多摩に蔵がある、東京を代表する銘柄の一つ。創業が赤穂浪士の吉良邸討ち入りと同年というのも江戸っぽい。酒名は、一帯の旧村名「沢井」から。名前どおり豊かな水が流れる土地で、秩父古生層の岩盤を掘り抜いた洞窟の奥に湧く水を、昔も今も仕込み水に用いている。

喜正《きしょう》

野崎酒造株式会社
℡042-596-0123　直接注文 可
あきる野市戸倉63
明治17年（1884）創業

代表酒名	喜正 純米酒
特定名称	特別純米酒
希望小売価格	1.8ℓ ¥2310 720mℓ ¥1155

原料米と精米歩合…麹米・掛米ともに 美山錦60%
アルコール度数……15度～16度

華やぎのある香り、やさしい含み香など、さすが手造り蔵ならでは。米本来の味わいをじっくり楽しめる、通好みの濃醇な純米酒。冷～燗、特に温燗。

日本酒度+4　酸度1.5			醇酒
吟醸香	■■□□□	コク	■■□□□
原料香	■■■□□	キレ	■■■■□

おもなラインナップ

喜正 大吟醸
大吟醸酒/1.8ℓ ¥5607 720mℓ ¥3056/ともに山田錦35%/16度～17度
華やいだ香り、繊細な味。南部杜氏が持てる技の粋を凝らした自信の大吟醸。冷。

日本酒度+7　酸度1.4			薫酒
吟醸香	■■■■□	コク	■□□□□
原料香	■□□□□	キレ	■■■□□

喜正 純米吟醸
純米吟醸酒/1.8ℓ ¥3056 720mℓ ¥1533/ともに五百万石50%/15度～16度
小さなタンクで手をかけて醸した、香り・味の調和が取れた穏やかな酒。冷、温燗。

日本酒度+3　酸度1.5			爽酒
吟醸香	■■□□□	コク	■■□□□
原料香	■□□□□	キレ	■■■■□

喜正 しろやま桜《さくら》
吟醸酒/1.8ℓ ¥2646 720mℓ ¥1323/ともに五百万石50%/15度～16度
奥多摩の緑風を思わせる、ぴしっと締まった辛口の吟醸酒。地元で人気。冷。

日本酒度+3　酸度1.4			爽酒
吟醸香	■■□□□	コク	■■□□□
原料香	■□□□□	キレ	■■■■■

「『喜正』は東京というより秋川の地酒」と蔵元が語るように、生産量の95%が地元消費だ。蔵の正面、戸倉城山の伏流水は中軟水で鉄・マンガンの含有量が少なく、仕込み水に最適。この水が蔵の宝という。今も甑《こしき》で米を蒸し、瓶燗火入れ・低温熟成など上槽《じょうそう》後の管理も行き届いている。

丸眞正宗《まるしんまさむね》

東京都　関東・甲信越

小山酒造株式会社
03-3902-3451　直接注文 可
北区岩淵町26-10
明治11年（1878）創業

代表酒名	丸眞正宗 大吟醸
特定名称	大吟醸酒
希望小売価格	1.8ℓ ¥9000 500mℓ ¥3000

原料米と精米歩合…麹米・掛米ともに 山田錦40%

アルコール度数……16度

高精白の山田錦を寒期に仕込み、低温発酵によって丁寧に手造りした最上級酒。あでやかな立ち香、繊細な含み香、のど越しのやわらかさが際立つ。冷。

日本酒度+5　酸度1.1		薫酒	
吟醸香	■■■■□	コク	■■□□□
原料香	■□□□□	キレ	■■■□□

東京23区内唯一の酒蔵。「すっきり淡麗な味・のど越しのよさ・寒造り」を三本柱に「江戸の蔵人が江戸の心意気で造る江戸の地酒」を醸《かも》してきた。「大吟醸や吟醸は江戸切子で、そのほかは枡で」飲《や》るのが粋という。地元北区の酒販店がプロデュースした「田端文士村」「王子」「滝野川」もある。

おもなラインナップ

丸眞正宗 純米大吟醸

純米大吟醸酒／1.8ℓ ¥8000 500mℓ ¥2600／ともに五百万石50%／15度

豪奢な大吟醸香と純米特有の香味のアンサンブル。口当たりもいい。冷、温燗。

日本酒度+2　酸度1.5		薫酒	
吟醸香	■■■□□	コク	■■□□□
原料香	■□□□□	キレ	■■■□□

丸眞正宗 吟醸辛口《からくち》

吟醸酒／1.8ℓ ¥2730 720mℓ ¥1370／ともにアケボノ60%／15度

吟醸香と自然のままの米の味わい、それぞれが共存して過不足がない。冷、温燗。

日本酒度+5　酸度1.5		爽酒	
吟醸香	■■□□□	コク	■■□□□
原料香	■□□□□	キレ	■■■■□

丸眞正宗 純米吟醸

純米吟醸酒／1.8ℓ ¥2600 720mℓ ¥1350／ともにアケボノ60%／14度

伝統の技法で米の香りと味をひき出し、口当たりもさらりと爽快。冷、温燗。

日本酒度±0　酸度1.5		爽酒	
吟醸香	■■□□□	コク	■■□□□
原料香	■□□□□	キレ	■■■□□

天青《てんせい》

関東・甲信越　神奈川県

熊澤酒造株式会社
℡0467-52-6118　直接注文 不可
茅ヶ崎市香川7-10-7
明治5年（1872）創業

代表酒名	天青 千峰《せんぽう》
特定名称	純米吟醸酒
希望小売価格	1.8ℓ ¥2993 720mℓ ¥1575

原料米と精米歩合…麹米・掛米ともに 山田錦50%
アルコール度数……15度～16度

山田錦特有の、米の香りと味のバランスを大切にした中口。甘くさらりとした香りが長く余韻を引く。ラベルの文字は作家・陳舜臣による。冷～常温。

日本酒度+2　酸度1.2　**薫酒**
吟醸香 ■■■□□　コク ■■□□□
原料香 ■□□□□　キレ ■■■□□

おもなラインナップ

天青 雨過《うか》
純米大吟醸酒/1.8ℓ ¥8400 720mℓ ¥4200/ともに山田錦35%/16度～17度
600キロの小仕込みで長期発酵、さらに熟成12カ月と、手間をかけた食中酒の逸品。

日本酒度+2.5　酸度1.3　**薫酒**
吟醸香 ■■■■□　コク ■□□□□
原料香 ■■□□□　キレ ■■■□□

天青 吟望《ぎんぼう》
特別純米酒/1.8ℓ ¥2520 720mℓ ¥1313/ともに五百万石60%/14度～15度
純米酒らしくしっかり造り込んだ、円みと潤いのある味と香り。常温～燗。

日本酒度+3　酸度1.4　**醇酒**
吟醸香 ■□□□□　コク ■■□□□
原料香 ■■■□□　キレ ■■■□□

天青 風露《ふうろ》
特別本醸造酒/1.8ℓ ¥1995 720mℓ ¥1050/ともに五百万石60%/15度～16度
冷から燗までをカバーし、和・洋・中と多くの料理に合うオールマイティな一本。

日本酒度+2.5　酸度1.3　**爽酒**
吟醸香 ■□□□□　コク ■■□□□
原料香 ■■□□□　キレ ■■■■□

湘南唯一の酒蔵。限定流通の「天青」ブランドは掲出の4品のみ。酒名は、中国・五代十国時代の後周皇帝・世宗が、理想の青磁を喩えた詩の一節「雨過天青雲破処」にちなむ。丹沢山系伏流水で醸《かも》す酒は、潤いに満ちた味わいと、雨後の青空のような突き抜けるほどの涼やかさが特徴だ。

相模灘《さがみなだ》

神奈川県　関東・甲信越

久保田酒造株式会社
℡042-784-0045　直接注文 可
相模原市緑区根小屋702
弘化元年（1844）創業

代表酒名	相模灘 純米吟醸 無《む》濾《ろ》過《か》瓶《びん》囲《がこ》い
特定名称	純米吟醸酒
希望小売価格	1.8ℓ ¥2900 720mℓ ¥1450

原料米と精米歩合…麹米・掛米ともに 美山錦50%

アルコール度数……16.9度

「相模灘」無濾過瓶囲いシリーズの中心的存在。美山錦らしいさわやかさを表現するのが狙いという。ふところ深く、冷・燗いずれにも対応できる。

日本酒度+2　酸度1.6		薫酒	
吟醸香	■■■□□	コク	■■□□□
原料香	■■□□□	キレ	■■■□□

若い兄弟蔵元以下合わせて4人の蔵人が「搾った時点で濾過の必要のない酒造り」を基本に、米の持ち味を生かし、甘さと酸味のバランスが取れた、切れのいい食中酒を醸《かも》す。全量酒造好適米・限定吸水の手間をかけた造り方で年間生産量250石と少なく、品数も増やすつもりはないという。

おもなラインナップ

相模灘 純米吟醸 無濾過瓶囲い 雄町《おまち》

純米吟醸酒／1.8ℓ ¥3400 720mℓ ¥1700／ともに雄町50%／16.9度

50%まで磨いて雄町の特性を引き出した酒。甘さと酸味の主張が強くかつ華やか。

日本酒度+2　酸度1.6		薫酒	
吟醸香	■■■□□	コク	■■□□□
原料香	■□□□□	キレ	■■■□□

相模灘 特別純米 無濾過瓶囲い

特別純米酒／1.8ℓ ¥2700 720mℓ ¥1350／ともに美山錦55%／16.7度

白いご飯をイメージして醸したという。バランスよく、飲み飽きしない。冷、燗。

日本酒度+2　酸度1.6		爽酒	
吟醸香	■■□□□	コク	■■□□□
原料香	■■□□□	キレ	■■■■□

相模灘 特別本醸造 無濾過瓶囲い

特別本醸造酒／1.8ℓ ¥2200 720mℓ ¥1100／ともに美山錦60%／16.3度

本シリーズでは数少ないアル添酒。本醸造の枠を超えた上品さに驚かされる。冷。

日本酒度+2　酸度1.5		爽酒	
吟醸香	■□□□□	コク	■■□□□
原料香	■■□□□	キレ	■■■■□

隆

合資会社川西屋酒造店
☎0465-75-0009　直接注文 不可
足柄上郡山北町山北250
明治30年（1897）創業

代表酒名	隆 白《しろ》ラベル 生酒《なまざけ》
特定名称	純米吟醸酒
希望小売価格	1.8ℓ ¥2993 720mℓ ¥1491

原料米と精米歩合…麹米・掛米ともに 足柄産若水55%

アルコール度数……16.8度

地元足柄産の米・若水を使用した、蔵を代表する酒。魚料理全般によく合う食中酒で生酒だが、冷やすよりむしろ常温のほうが、やや辛めのフレッシュな味が生きる。

日本酒度+4　酸度1.6　爽酒

吟醸香 ■■□□□　コク ■■□□□
原料香 ■■□□□　キレ ■■■■□

「丹沢山」の姉妹ブランド。「酒と料理が互いを引き立て合う最高の食中酒」をコンセプトに商品化された、特約店向けの限定バージョン。高精白ながら吟醸香を抑え、繊細な米の味を生かした酒は食事に最適で飲み飽きせず、しかも品がいい。常温をメインに、冷・温燗ともいけてうれしい。

おもなラインナップ

隆 美《み》山錦《やまにしき》55% 火《ひ》入《い》れ

純米吟醸酒/1.8ℓ ¥2940 720mℓ ¥1470/ともに美山錦55%/15.8度

米の芯からの味を引き出してほんのり甘く、しかも筋が通って切れがいい。常温、燗。

日本酒度+4　酸度1.6　薫酒

吟醸香 ■■■□□　コク ■■□□□
原料香 ■■□□□　キレ ■■■■■

隆 赤紫《あかむらさき》ラベル 火入れ

純米吟醸酒/1.8ℓ ¥3150 720mℓ ¥1575/ともに五百万石50%/15.8度

五百万石らしい切れがあって雑味はない、食事のジャマをしない酒。常温、燗。

日本酒度+4　酸度1.8　爽酒

吟醸香 ■■□□□　コク ■■□□□
原料香 ■■□□□　キレ ■■■■□

隆 黒《くろ》ラベル 火入れ

純米大吟醸酒/1.8ℓ ¥10500 720mℓ ¥5250/ともに徳島産山田錦40%/16度〜17度

2年間瓶熟成した、食中酒によい純米大吟醸。常温はワイングラスで、燗は人肌で。

日本酒度+9　酸度1.3　薫酒

吟醸香 ■■■□□　コク ■■□□□
原料香 ■■□□□　キレ ■■■□□

武《たけ》の井《い》酒造株式会社
☎0551-47-2277　直接注文 不可
北杜市高根町箕輪1450
慶応元年（1865）創業

青煌《せいこう》

山梨県　関東・甲信越

代表酒名　青煌 純米吟醸 雄町《おまち》 つるばら酵母《こうぼ》仕込《しこ》み

特定名称　純米吟醸酒

希望小売価格　1.8ℓ ¥3300 720mℓ ¥1680

原料米と精米歩合…麹米・掛米ともに 雄町50%

アルコール度数……15度以上16度未満

花酵母独特の華麗な立ち香、ふくよかな甘さ。雄町が醸すこくと穏やかな飲み口。冷やすと味を感じにくくなりがちだが、この酒だけは別。ぜひ冷で。

日本酒度+5　酸度1.6	薫酒
吟醸香 ■■■□□	コク ■■□□□
原料香 ■■□□□	キレ ■■■□□

※日本酒度、酸度は年により変動あり

若い蔵元杜氏が平成18年に独力で立ち上げた「青煌」は純米・純米吟醸のみ。全品に花酵母を使用し、洗米から仕込み、貯蔵までほぼ杜氏一人でこなす。見た目も飲み口もみずみずしく青く煌めく酒は、花酵母由来のさわやかな甘さ、凛とした酸味、やさしい余韻と引き味の切れがすばらしい。

おもなラインナップ

青煌 純米酒 美山錦《みやまにしき》 つるばら酵母仕込み
純米酒/1.8ℓ ¥2400 720mℓ ¥1280/ともに長野県産美山錦60%/15度以上16度未満
冷よし、温燗よしの定番商品。しっかりしたボディと酸味は肉系の料理にも合う。

日本酒度+4　酸度1.6	醇酒
吟醸香 ■■□□□	コク ■■□□□
原料香 ■■■□□	キレ ■■■□□

青煌 純米酒 五百万石《ごひゃくまんごく》 つるばら酵母仕込み
純米酒/1.8ℓ ¥2600 720mℓ ¥1300/ともに新潟県産五百万石60%/15度以上16度未満
五百万石らしいすっきりタイプながら、まろやかな味とやさしい余韻がいい。冷。

日本酒度+2　酸度1.5	爽酒
吟醸香 ■■□□□	コク ■■□□□
原料香 ■■□□□	キレ ■■■■□

青煌 純米吟醸袋《ふくろ》吊《づ》り 雄町 つるばら酵母仕込み
純米吟醸酒/1.8ℓ ¥3600 720mℓ ¥1800/ともに岡山県産雄町50%/17度
雫酒を斗瓶取りした数量限定の生原酒。搾りたての新鮮な香味を満喫したい。

日本酒度+2　酸度1.8	薫酒
吟醸香 ■■■□□	コク ■■□□□
原料香 ■■□□□	キレ ■■■□□

しゅんのうてん

春鶯囀

関東・甲信越　山梨県

株式会社萬《よろず》屋《や》醸造店
☎0556-22-2103　直接注文 可
南巨摩郡富士川町青柳町1202-1
寛政2年（1790）創業

代表酒名　春鶯囀 大吟醸 春鶯囀のかもさるゝ蔵《くら》

特定名称　大吟醸酒

希望小売価格　1.8ℓ ¥6516 720mℓ ¥3258

原料米と精米歩合…麹米・掛米ともに 山田錦40%

アルコール度数……15.5度

南アルプス最南端・櫛形山の伏流水を仕込み水に、低温発酵でじっくり醸した大吟醸酒。香りを抑えてすっきりした飲み口、ふくよかな味。やや冷。

日本酒度+4　酸度1.3　爽酒
吟醸香 ■■■□□　コク ■■□□□
原料香 ■□□□□　キレ ■■■□□

おもなラインナップ

春鶯囀 純米吟醸 富《ふ》嶽《がく》
純米吟醸酒/1.8ℓ ¥2809 720mℓ ¥1573/ともに美山錦60%/16.4度
バナジウムが豊富な富士山系の湧水で仕込む。心地よいこくと酸味。常温、温燗。

日本酒度+3　酸度1.7　爽酒
吟醸香 ■■□□□　コク ■■□□□
原料香 ■□□□□　キレ ■■■□□

春鶯囀 純米酒
純米酒/1.8ℓ ¥2378 900mℓ ¥1236/玉栄63% あさひの夢63%/15.5度
飲み口は歯当たりやさしくこくがあり、引き味もさっくり切れる食中酒。冷、温燗。

日本酒度+3　酸度1.6　爽酒
吟醸香 ■■□□□　コク ■■□□□
原料香 ■□□□□　キレ ■■■■□

春鶯囀 純米酒 鷹《たか》座《ざ》巣《す》
純米酒/1.8ℓ ¥2539 720mℓ ¥1224/ともに玉栄60%/15.5度
地元青柳町産の玉栄を使用した、腰のある辛口、すぱっと切れのいい男酒。温燗。

日本酒度+5　酸度1.6　醇酒
吟醸香 ■□□□□　コク ■■■□□
原料香 ■■■□□　キレ ■■■■□

昭和8年、夫・鉄幹とともに当蔵を訪れた与謝野晶子が「法隆寺などゆく如し甲斐の御《み》酒《き》春鶯囀のかもさるゝ蔵」と詠んだのを機に、酒名を従来の「一力正宗」から「春鶯囀」に改めたという。「純米酒こそ日本酒」と考える蔵だけに、全生産量に占める純米酒の割合は69%と高い。

明鏡止水《めいきょうしすい》

長野県　関東・甲信越

大澤酒造株式会社
☎0267-53-3100　直接注文 不可
佐久市茂田井2206
元禄2年（1689）創業

代表酒名	純米吟醸 明鏡止水
特定名称	純米吟醸酒
希望小売価格	1.8ℓ ¥2752 720mℓ ¥1375

原料米と精米歩合…麹米 長野県産美山錦50%／掛米 長野県産美山錦55%

アルコール度数……16度以上17度未満

「明鏡止水」の定番。吟醸香、含み香、米の持ち味ともバランスのよい仕上がり。春～夏は冷～常温、秋～冬は常温、温燗で。

日本酒度+4　酸度1.5			薫酒
吟醸香	■■■□□	コク	■■□□□
原料香	■■□□□	キレ	■■■□□

北に浅間山、南に蓼科山を望む旧中山道の間《あい》の宿《しゅく》・茂田井《もたい》に320年余りつづく蔵元。経営に携わる兄、杜氏を務める弟と、若い兄弟二人が切り盛りする。酒名どおりよく磨かれて清澄な酒質は、さわやかな果実香と低めの酸味が調和して、日本酒初心者にも好評。旬の味覚に合う酒がそろう。

おもなラインナップ

本醸造 明鏡止水 お燗《かん》にしよっ。

本醸造酒／1.8ℓ ¥1995／ともに長野県産美山錦59%／15度以上16度未満

燗が苦手な人にもいける、穏やかな口当たりとさらりとした味わい。温燗～熱燗。

日本酒度+5　酸度1.3			爽酒
吟醸香	■□□□□	コク	■■□□□
原料香	■■□□□	キレ	■■■■□

純米 槽《ふね》しぼり 明鏡止水 垂氷《たるひ》

純米酒／1.8ℓ ¥2520 720mℓ ¥1134／兵庫県産山田錦60%同65%／16度以上17度未満

垂氷＝氷柱の名どおり厳寒期に搾った酒。バランスよく透明感がある。冷～燗。

日本酒度+4　酸度1.6			醇酒
吟醸香	■□□□□	コク	■■■□□
原料香	■■■□□	キレ	■■■□□

純米大吟醸 明鏡止水 m'09《エムゼロきゅー》 酒門《しゅもん》の会《かい》

純米大吟醸酒／1.8ℓ ¥3500 720mℓ ¥1575／兵庫県産山田錦40% 同45%／16度以上17度未満

酒門の会会員限定酒。華やぎのある香りと味わいが酒席の楽しさを演出する。冷。

日本酒度+4　酸度1.5			薫酒
吟醸香	■■■■□	コク	■■□□□
原料香	■□□□□	キレ	■■■□□

御湖鶴《みこつる》

御湖鶴

関東・甲信越　**長野県**

菱友《ひしとも》醸造株式会社
☎0266-27-8109　直接注文 不可
諏訪郡下諏訪町3205-17
大正元年（1912）創業

代表酒名　御湖鶴 純米大吟醸 山田錦《やまだにしき》45%

特定名称　純米大吟醸酒

希望小売価格　1.8ℓ ¥4620 900mℓ ¥2783

原料米と精米歩合…麹米・掛米ともに 山田錦45%

アルコール度数……16.5度

高精白によって繊細さを増した山田錦ならではのやわらかなふくらみ、みずみずしい酸味との調和がすばらしい。含み香は巨峰のよう。冷、常温。

日本酒度±0　酸度2			薫酒
吟醸香	■■■■□	コク	■■□□□
原料香	■□□□□	キレ	■■■□□

蔵は諏訪湖のほとり、諏訪大社下社のお膝元にあり、酒名は諏訪湖で羽を休める鶴のイメージから。黒曜石の産地・和田峠に湧く軟水の黒曜天然水で、酸味を基調に甘さやふくらみに変化を持たせた酒を醸《かも》す。酒米に由来する味の違いを、ラベルの色を変えることで表現する遊び心が楽しい。

おもなラインナップ

御湖鶴 純米吟醸 Girasole《ジラソーレ》
純米吟醸酒/1.8ℓ ¥3150 900mℓ ¥1890/ともに山田錦55%/16.5度
ジラソーレはヒマワリ。透明感のある酸味と甘さのバランスが涼やか。冷〜燗。

日本酒度+2　酸度1.9			爽酒
吟醸香	■■□□□	コク	■■□□□
原料香	■■□□□	キレ	■■■□□

御湖鶴 純米吟醸 La Terra《ラ・テッラ》
純米吟醸酒/1.8ℓ ¥3200 900mℓ ¥1920/ともに金紋錦55%/16.5度
ラ・テッラは大地。長野の大地が育んだ金紋錦特有の酸の風味がいい。冷〜燗。

日本酒度±0　酸度1.9			爽酒
吟醸香	■■□□□	コク	■■□□□
原料香	■■□□□	キレ	■■■□□

御湖鶴 山田錦 純米酒
純米酒/1.8ℓ ¥2300 720mℓ ¥1250/ともに山田錦65%/15.5度
芳醇なこくとまろやかな酸味、山田錦本来の幅のある味わいはさすが。冷〜燗。

日本酒度+4　酸度1.9			醇酒
吟醸香	■□□□□	コク	■■■□□
原料香	■■■□□	キレ	■■■□□

真澄《ますみ》

長野県　関東・甲信越

宮坂醸造株式会社
☎0266-52-6161　直接注文 可
諏訪市元町1-16

寛文2年（1662）創業

代表酒名　真澄 純米大吟醸 七號《ななごう》

特定名称　純米大吟醸酒

希望小売価格　720mℓ ¥3045

原料米と精米歩合…麹米・掛米ともに 長野県産美山錦45%

アルコール度数……16度

当蔵発祥の七号酵母を用いて、県産の美山錦を伝統の山廃造りで醸した一品。山廃らしく上質な酸が利いて味に締まりがあり、飲み飽きない。冷。

日本酒度−1前後	酸度1.8前後	薫酒
吟醸香 ■■■■□	コク ■■□□□	
原料香 ■■□□□	キレ ■■■■□	

香りと味のバランスが取れた酒を醸《かも》す、七号酵母の発祥蔵。全量自家精米する酒米は、産地の確かな新米の美山錦・ひとごこち・山田錦の3種のみ。「微生物に関与してほしくない工程は機械で、微生物がかかわる工程は手作業で」をポリシーに、土地柄にふさわしい清澄な酒を仕込んでいる。

おもなラインナップ

真澄 吟醸 あらばしり

吟醸酒/720mℓ ¥1313/ひとごこち55% 美山錦55%/18度

割水や加熱処理をせずに瓶詰めした、生まれたて・搾りたての生原酒。冷。

日本酒度−3前後	酸度1.6前後	爽酒
吟醸香 ■■■□□	コク ■■□□□	
原料香 ■□□□□	キレ ■■■□□	

真澄 吟醸 生酒《なまざけ》

吟醸酒/720mℓ ¥1313/ともに美山錦55%/15度

寒仕込みの新酒を低温熟成させた夏向きの酒。香りフレッシュなあっさり味。冷。

日本酒度±0前後	酸度1.2前後	爽酒
吟醸香 ■■□□□	コク ■■□□□	
原料香 ■□□□□	キレ ■■■□□	

真澄 純米吟醸 辛口生一本《からくちきいっぽん》

純米吟醸酒/1.8ℓ ¥2699 720mℓ ¥1365/ともに美山錦55%/15度

日本酒度に比して甘く感じられる。透明感があって、後味は残らない。冷〜常温。

日本酒度+5前後	酸度1.4前後	爽酒
吟醸香 ■□□□□	コク ■■□□□	
原料香 ■□□□□	キレ ■■■□□	

豊香《ほうか》

関東・甲信越　長野県

株式会社豊島屋
☎0266-23-1123　直接注文 不可
岡谷市本町3-9-1
慶応3年（1867）創業

代表酒名	豊香 純米原酒《げんしゅ》 生《き》一本《いっぽん》
特定名称	純米酒
希望小売価格	1.8ℓ ¥2100 720mℓ ¥1155

原料米と精米歩合…麹米 長野県産しらかば錦65%／
掛米 長野県産ヨネシロ70%

アルコール度数……17度

豊かな香りと、八ヶ岳山麓で契約栽培するヨネシロ本来の広がりのある味わい。酸味との調和も取れて、透明感のある仕上がり。

日本酒度+4　酸度1.4	醇酒		
吟醸香	■□□□□	コク	■■■□□
原料香	■■■□□	キレ	■■■□□

ラインナップ豊富な主銘柄「神渡《みわたり》」のセカンドブランドとして立ち上げた限定流通商品。30代の若い杜氏・蔵人を中心に長野県産米にこだわり、酒名に恥じない豊かな香りと原料米由来の深い味わい、切れのよい酒質に仕上がっている。個性的でCPの高い、魅力の一本。

おもなラインナップ

豊香 秋《あき》あがり 別囲《べつかこ》い純米生《き》一本《いっぽん》

純米酒／1.8ℓ ¥2310／長野県産しらかば錦65% 長野県産ヨネシロ65%／17度

低温で静かにひと夏を過ごし、穏やかな酸味と切れを増して落ち着いた大人酒に。

日本酒度+4.5　酸度1.5	醇酒		
吟醸香	■□□□□	コク	■■□□□
原料香	■■■□□	キレ	■■■□□

豊香 辛口《からくち》吟醸

吟醸酒／1.8ℓ ¥2520／ともに長野県産美山錦・ひとごこち59%／15度

美山錦・ひとごこちを半々に県産米100%使用。切れよく、辛口ながら香り高い。

日本酒度+6　酸度1.4	爽酒		
吟醸香	■■□□□	コク	■■□□□
原料香	■□□□□	キレ	■■■■□

豊香 純米吟醸原酒

純米吟醸酒／1.8ℓ ¥2730／ともに長野県産しらかば錦59%／17度

しらかば錦の特性を引き出して、豊かな立ち香と米の味、透明感がくっきり。冷。

日本酒度+6　酸度1.6	薫酒		
吟醸香	■■■□□	コク	■■□□□
原料香	■□□□□	キレ	■■■□□

七笑《ななわらい》

長野県　関東・甲信越

七笑酒造株式会社
☎0264-22-2073　直接注文 可
木曽郡木曽町福島5135
明治25年（1892）創業

代表酒名	七笑 純米吟醸
特定名称	純米吟醸酒
希望小売価格	1.8ℓ ¥3055 720mℓ ¥1528

原料米と精米歩合…麹米・掛米ともに 美山錦55%

アルコール度数……15.8度

美山錦固有の味わいとこくを、当蔵独自の技で引き出した一品。素材を磨くことで生まれる果実香が、すばらしいバランスで味にからむ。冷◎、常温○。

日本酒度+2～+3　酸度1.4	薫酒
吟醸香 ■■■□□	コク ■■□□□
原料香 ■□□□□	キレ ■■■□□

おもなラインナップ

七笑 辛口《からくち》純米酒

純米酒/1.8ℓ ¥2400/ともに美山錦59%/15.8度

冷なら切れのよさが際立ち、燗をつければぐっとこくと味わいを増すおトクな酒。

日本酒度+7～+8　酸度1.5	醇酒
吟醸香 ■□□□□	コク ■■□□□
原料香 ■■■□□	キレ ■■■■□

七笑 純米酒

純米酒/1.8ℓ ¥2344 720mℓ ¥1121/美山錦60% 一般米60%/15.3度

米のこくと味を感じさせ、しかも引き味はさらりと切れる。冷・常温◎、温燗○。

日本酒度+2　酸度1.4	醇酒
吟醸香 ■□□□□	コク ■■□□□
原料香 ■■■□□	キレ ■■■■□

七笑 辛口本醸造

本醸造酒/1.8ℓ ¥1987 720mℓ ¥1050/美山錦60% 一般米60%/15.8度

やや辛口ながら甘さと酸味がマッチして口当たりほどよく、切れもある。冷～温燗。

日本酒度+3　酸度1.4	爽酒
吟醸香 ■□□□□	コク ■■□□□
原料香 ■■□□□	キレ ■■■■□

木曽路―旧中山道の、両岸に河岸段丘が迫る深い谷あい。かつての宿場町・木曽福島で、指もちぎれそうなほど清冽な木曽山系伏流水で醸《かも》す「七笑」は、淡麗旨口の酒だ。酒名は、郷土の英雄・木曽義仲が幼少期を過ごした、木曽川源流域・木曽駒高原に今もある七笑の地名にちなむ。

〆張鶴《しめはりつる》

宮尾酒造株式会社
☎0254-52-5181　直接注文 可
村上市上片町5-15
文政2年（1819）創業

代表酒名	〆張鶴 純《じゅん》
特定名称	純米吟醸酒
希望小売価格	1.8ℓ ¥3024 720mℓ ¥1512

原料米と精米歩合…麹米・掛米ともに 五百万石50%
アルコール度数……15度

当蔵の人気商品。地場産五百万石を50%まで磨いてじっくり低温発酵させた、ふくよかで後口のキレイな酒。冷、特にやわらかさが引き立つ温燗。

日本酒度+3　酸度1.5　**爽酒**

吟醸香	■■□□□	コク	■■□□□
原料香	■■□□□	キレ	■■■■□

蔵のある村上は、五百万石など良質の酒造好適米を産する米どころ。全国的にも早い昭和40年代初めから純米酒造りに取り組み、看板の「〆張鶴 純」はその先駆け的存在。創業のころは廻船問屋も兼ねていた蔵が醸《かも》す酒は、武家文化が脈々と生きる村上らしく、淡麗にして凛々しい辛口だ。

おもなラインナップ

〆張鶴 金《きん》ラベル

大吟醸酒/1.8ℓ ¥8660 720mℓ ¥3880/ともに山田錦35%/16度

毎年11月発売の数量限定品。華やかな果実香、ふくらみのある味はさすが。冷。

日本酒度+5　酸度1.2　**薫酒**

吟醸香	■■■■□	コク	■■□□□
原料香	■□□□□	キレ	■■■□□

〆張鶴 吟撰《ぎんせん》

吟醸酒/1.8ℓ ¥3549 720mℓ ¥1774/ともに山田錦50%/16度

当蔵の定番吟醸酒は、昇り立つ吟醸香とクセのないまろやかな口当たり。冷。

日本酒度+4.5　酸度1.2　**薫酒**

吟醸香	■■■□□	コク	■■□□□
原料香	■□□□□	キレ	■■■□□

〆張鶴 雪《ゆき》

特別本醸造酒/1.8ℓ ¥2320 720mℓ ¥1060/ともに五百万石55%/15度

穏やかな香り、奥行を感じさせる淡麗な飲み口。料理により常温または温燗で。

日本酒度+4　酸度1.3　**爽酒**

吟醸香	■■□□□	コク	■■□□□
原料香	■■□□□	キレ	■■■■□

大洋酒造株式会社
℡0254-53-3154　直接注文 可
村上市飯野1-4-31
昭和20年（1945）創業

大洋盛《たいようざかり》

新潟県　関東・甲信越

代表酒名	大吟醸 大洋盛
特定名称	大吟醸酒
希望小売価格	1.8ℓ ¥8400 720mℓ ¥3990

原料米と精米歩合…麹米・掛米ともに 越淡麗40%

アルコール度数……15度

新潟県が開発し、当蔵の蔵人が自ら栽培した越淡麗を使用。多くの鑑評会で受賞歴のある出品酒をベースにした、「大洋盛」の旗艦酒。冷。

日本酒度+2　酸度1.2			薫酒
吟醸香	■■■□□	コク	■■□□□
原料香	■□□□□	キレ	■■■■□

14の蔵元が合併して誕生。個々の歴史は古く、なかには寛永12年（1635）創業の蔵も。昭和47年「大吟醸 大洋盛」を発売、吟醸酒ブームの先鞭をつけた。酒米の研究栽培に注力し、蔵人自ら越淡麗を栽培するほか、原料米はすべて県内産を用いるなど、米にはとことんこだわる。

おもなラインナップ

純米大吟醸 大洋盛

純米大吟醸酒/1.8ℓ ¥10500 720mℓ ¥5250/ともに越淡麗40%/15度

大吟醸と同じ越淡麗を使用。ほどよい吟醸香、楚々とした余韻を楽しめる。冷。

日本酒度±0　酸度1.6			薫酒
吟醸香	■■■□□	コク	■■□□□
原料香	■■□□□	キレ	■■■□□

特別本醸造 大洋盛

特別本醸造酒/1.8ℓ ¥1953 720mℓ ¥871/五百万石60% 五百万石ほか60%/15度

本醸造ながら造りは吟醸酒に匹敵する。ほのかな香り、やさしい口当たり。冷～燗。

日本酒度+4　酸度1.2			爽酒
吟醸香	■■□□□	コク	■■□□□
原料香	■■□□□	キレ	■■■■□

金乃穂《きんのほ》 大洋盛

普通酒/1.8ℓ ¥1722 720mℓ ¥724/五百万石60% 五百万石ほか60%/15度

吟醸酒と同等に磨いた米で丹念に醸した、淡麗辛口で飲み飽きしない味。冷～燗。

日本酒度+4　酸度1.3			爽酒
吟醸香	■□□□□	コク	■■□□□
原料香	■■□□□	キレ	■■■■■

菊水《きくすい》

関東・甲信越　新潟県

菊水酒造株式会社
☎0254-24-5111　直接注文 可
新発田市島潟750
明治14年（1881）創業

代表酒名	菊水 無冠帝《むかんてい》 吟醸
特定名称	吟醸酒
希望小売価格	1.8ℓ ¥2954 720mℓ ¥1250

原料米と精米歩合…麹米 五百万石・うるち米55%／
掛米 うるち米55%

アルコール度数……15度

華やかさを控えた淡い果実香、軽い口当たり、スムーズな飲み心地。特に繊細な味の料理によく合う。冷◎、常温○。

日本酒度+4　酸度1.4	爽酒
吟醸香 ■■□□□	コク ■■□□□
原料香 ■□□□□	キレ ■■■■□

杜氏制を廃止した昭和47年、日本初の缶入り原酒「ふなぐち菊水一番しぼり」を発表。以後、食文化の多様化に応えて「菊水の辛口」、吟醸酒を気軽にと「無冠帝」を世に問い、近年は少量消費傾向に合わせて小瓶ラインを増設するなど、常に時代を先取りした酒造りに取り組んでいる。

おもなラインナップ

ふなぐち菊水一番《いちばん》しぼり

本醸造酒／200mℓ ¥278／五百万石・うるち米70% うるち米70%／19度

搾りたての生原酒をそのまま缶に。果実香とこくのある味わい。オンザロック、冷。

日本酒度 -3　酸度1.8	醇酒
吟醸香 ■■□□□	コク ■■■□□
原料香 ■■■□□	キレ ■■□□□

熟成《じゅくせい》 ふなぐち菊水一番しぼり

吟醸酒／200mℓ ¥324／五百万石・うるち米55% うるち米55%／19度

搾りたての生の吟醸酒を1年間低温熟成。甘やかな口当たり。オンザロック、冷。

日本酒度 -4　酸度1.7	醇酒
吟醸香 ■■□□□	コク ■■■□□
原料香 ■■■□□	キレ ■■□□□

薫香《くんこう》 ふなぐち菊水一番しぼり

普通酒／200mℓ ¥480／五百万石・うるち米70% うるち米70%／19度

搾りたて生原酒に菊水の酒粕焼酎を加えて醸した濃厚な一缶。オンザロック、冷。

日本酒度 -3　酸度1.8	薫酒
吟醸香 ■■■□□	コク ■■■□□
原料香 ■■■□□	キレ ■■■□□

村祐酒造株式会社
0250-38-2028　直接注文 不可
新潟市秋葉区舟戸1-1-1
昭和23年（1948）創業

村祐《むらゆう》

新潟県　関東・甲信越

代表酒名　村祐 常盤《ときわ》ラベル 純米大吟醸無濾過《むろか》本生《ほんなま》

特定名称　純米大吟醸酒

希望小売価格　1.8ℓ ¥3150 720mℓ ¥1575

原料米と精米歩合…麹米・掛米ともに 非公開

アルコール度数……15度

「和三盆糖のイメージ」と語るとおり、当銘柄の真髄ともいうべき清涼感のある上品な甘さは比類ない。酸味が隠し味のように利いて、余韻も格別。冷。

日本酒度 非公開	酸度 非公開	薫酒	
吟醸香	■■■■□	コク	■■□□□
原料香	■■□□□	キレ	■■■□□

平成14年、現当主が自ら立ち上げた銘柄。年間40石弱と生産量は小さいが、従来の淡麗辛口と一線を画す味が「新潟清酒の新しい風」と評されて、人気はいよいよ高い。和三盆糖をイメージした独特の上品な甘さがすばらしい。数字にとらわれずに飲んでほしいからと、データは非公開。

おもなラインナップ

村祐 紺瑠璃《こんるり》ラベル 純米吟醸無濾過本生

純米吟醸酒/1.8ℓ ¥2835 720mℓ ¥1417/ともに非公開/16度

口当たりはやわらかく、香りは切れよくでしゃばらず、しかも味わいは深い。冷。

日本酒度 非公開	酸度 非公開	薫酒	
吟醸香	■■■□□	コク	■■□□□
原料香	■■□□□	キレ	■■■□□

村祐 茜《あかね》ラベル 特別純米酒無濾過本生

特別純米酒/1.8ℓ ¥2520 720mℓ ¥1260/ともに非公開/16度

さわやかに切れる酸味と適度な甘さ、かすかな苦味も利いたすっきりボディ。冷。

日本酒度 非公開	酸度 非公開	爽酒	
吟醸香	■■□□□	コク	■■□□□
原料香	■■■□□	キレ	■■■□□

村祐 和《なごみ》

吟醸酒/1.8ℓ ¥2520 720mℓ ¥1260/ともに非公開/15度

口当たりのやわらかい、地元で愛される本醸造タイプ。晩酌向き。常温◎、燗○。

日本酒度 非公開	酸度 非公開	爽酒	
吟醸香	■■□□□	コク	■■□□□
原料香	■□□□□	キレ	■■■■□

こしのかんばい

越乃寒梅

石本酒造株式会社
☎025-276-2028　直接注文 不可
新潟市江南区北山847-1
明治40年（1907）創業

代表酒名	越乃寒梅 特撰《とくせん》
特定名称	吟醸酒
希望小売価格	1.8ℓ ¥3350 720mℓ ¥1675

原料米と精米歩合…麹米・掛米ともに 山田錦50%
アルコール度数……16.6度

造りは一般の大吟醸に負けない、吟醸酒中の代表格。山田錦の持ち味を十二分に引き出し、味はキレイできめが細かい。冷やし過ぎず、常温か温燗で。

日本酒度+7　酸度1.2　爽酒
吟醸香 ■■□□□　コク ■■□□□
原料香 ■■□□□　キレ ■■■■□

頑なに極める—酒造りへの姿勢は、戦時中の日本酒受難時代にも変わらなかった。昭和38年、雑誌『酒』の名物編集長だった佐々木久子が称賛したことで名を上げ、地酒ブームの扉を開くことに。「気軽に晩酌で楽しんでほしい」と蔵元がいうようにもいかず、手に入りにくい銘柄の代表格。

おもなラインナップ

越乃寒梅 超《ちょう》特撰
大吟醸酒/500mℓ ¥3670/山田錦30% —/16.6度
淡い吟醸香、口当たりのよさとしっかりした味に高級感があふれる。常温、温燗。

日本酒度+6　酸度1.1　爽酒
吟醸香 ■■■□□　コク ■□□□□
原料香 ■□□□□　キレ ■■■■□

越乃寒梅 金無垢《きんむく》
純米吟醸酒/720mℓ ¥3560/山田錦40% —/16.3度
山田錦を磨いてじっくり低温発酵。濃厚ながら洗練された味わい。常温、温燗。

日本酒度+3　酸度1.3　爽酒
吟醸香 ■■□□□　コク ■■□□□
原料香 ■■□□□　キレ ■■■■□

越乃寒梅 無垢
特別純米酒/1.8ℓ ¥3050 720mℓ ¥1530/山田錦55% —/16.3度
純米酒特有の幅と厚み。凝縮された米の味わいが余韻を引いて豊か。常温、温燗。

日本酒度+3　酸度1.4　爽酒
吟醸香 ■■□□□　コク ■■■□□
原料香 ■■□□□　キレ ■■■■□

久須美《くすみ》酒造株式会社
℡0258-74-3101　直接注文 不可
長岡市小島谷1537-2
天保4年（1833）創業

清泉

代表酒名	清泉
特定名称	特別純米酒
希望小売価格	1.8ℓ ¥2700 720mℓ ¥1350

原料米と精米歩合…麹米 五百万石55%／掛米 ゆきの精ほか55%
※全量自家精米
アルコール度数……15度以上16度未満

自慢の自家湧水と伝統の越後杜氏の技で仕込んだ、きめ細かくやわらかい味わいが舌をくるむ。冷。温燗ならいっそうのまろやかさ、奥深さを楽しめる。

日本酒度 非公開　酸度 非公開　爽酒
吟醸香 ■□□□□　コク ■■□□□
原料香 ■■□□□　キレ ■■■■□

「草深い片田舎の小さな造り酒屋」が、雪国新潟の良質米と県名水指定の自家湧水、人情や自然の豊かさまで加えて、手造りの技を守りつつ酒を仕込む。この蔵はまた、戦前に途絶えた酒米・亀の尾を1500粒の種籾から復活・自家栽培し、吟醸酒「亀の翁」を醸《かも》したことで知られる。

おもなラインナップ

七代目《ななだいめ》 純米吟醸・生貯蔵酒《なまちょぞうしゅ》
純米吟醸酒／1.8ℓ ¥3000 720mℓ ¥1500／全量自家精米=ともに山田錦55%／14度以上15度未満
蔵の7代目と若い蔵人が「野に咲く花」をモチーフに醸した酒。麹も手造り。冷。

日本酒度 非公開　酸度 非公開　爽酒
吟醸香 ■■□□□　コク ■■■□□
原料香 ■■□□□　キレ ■■■■□

夏子物語《なつこものがたり》 純米吟醸・生貯蔵酒
純米吟醸酒／1.8ℓ ¥3000 720mℓ ¥1650／全量自家精米=五百万石55% こしいぶきほか55%／14度以上15度未満
口に含めば澄んだ清水のよう。涼やかな酸味と米の甘さが調和してやさしい。冷。

日本酒度 非公開　酸度 非公開　爽酒
吟醸香 ■■□□□　コク ■■□□□
原料香 ■■□□□　キレ ■■■■□

清泉 雪《ゆき》
普通酒／1.8ℓ ¥1740 720mℓ ¥850／全量自家精米=五百万石55% ゆきの精ほか60%／15度以上16度未満
普通酒ながら原料米を高精白し、じっくり低温で仕込むぜいたくさ。冷、温燗。

日本酒度 非公開　酸度 非公開　爽酒
吟醸香 ■□□□□　コク ■■□□□
原料香 ■■□□□　キレ ■■■■□

越乃景虎《こしのかげとら》

関東・甲信越　新潟県

諸橋《もろはし》酒造株式会社
℡0258-52-1151　直接注文 不可
長岡市北荷頃408
弘化4年（1847）創業

代表酒名	酒座景虎《しゅざかげとら》
特定名称	本醸造酒
希望小売価格	1.8ℓ ¥2290 720mℓ ¥1145

原料米と精米歩合…麹米・掛米ともに 非公開
アルコール度数……15度以上16度未満

「料理のジャマをせず、のどをすっと落ちてゆく酒」がコンセプトの限定流通商品。「酒は脇役」に徹した、料理を引き立てる淡麗な酒。冷～温燗。

日本酒度 非公開　酸度 非公開			爽酒
吟醸香	■□□□□	コク	■■□□□
原料香	■■□□□	キレ	■■■■□

蔵は日本有数の豪雪地帯・栃尾盆地の一隅にあり、寒冷な気候だからこその伝統技法を生かして酒を仕込む。「酒は食事をおいしく楽しむための黒衣《くろご》でいい」との考えから、やたら自己主張しない、淡麗辛口の酒を追い求めている。酒名の「景虎」は、郷土の英雄・上杉謙信公の元服名から。

おもなラインナップ

越乃景虎 名水仕込《めいすいじこみ》 特別純米酒

特別純米酒/1.8ℓ ¥2870 720mℓ ¥1430/五百万石55% ゆきの精55%/15.5度
超軟水「杜々の森湧水」で仕込んだ、澄んだ口当たりと軽快さが特徴。冷、燗。

日本酒度+3　酸度1.6			爽酒
吟醸香	■□□□□	コク	■■□□□
原料香	■■□□□	キレ	■■■■□

越乃景虎 超辛口《ちょうからくち》 本醸造

本醸造酒/1.8ℓ ¥2120 720mℓ ¥1020/五百万石55% ゆきの精55%/15.5度
高い日本酒度からは想像しにくい、しっかりした味を持ち合わせた酒。冷～温燗。

日本酒度+12　酸度1.4			爽酒
吟醸香	■□□□□	コク	■■□□□
原料香	■■□□□	キレ	■■■■■

越乃景虎 龍《りゅう》

普通酒/1.8ℓ ¥1800 720mℓ ¥755/五百万石65% こしいぶき65%/15.5度
当銘柄の定番商品。さらりとした味に、飲むほどに飲みたくなる晩酌酒。冷、燗。

日本酒度+6　酸度1.2			爽酒
吟醸香	■□□□□	コク	■■□□□
原料香	■■□□□	キレ	■■■■□

朝日山《あさひやま》

朝日酒造株式会社
☎0258-92-3181　直接注文 不可
長岡市朝日880-1
天保元年（1830）創業

新潟県　関東・甲信越

代表酒名	朝日山 純米酒
特定名称	純米酒
希望小売価格	1.8ℓ ¥1995 720mℓ ¥980

原料米と精米歩合…麹米・掛米ともに 新潟県産米65%

アルコール度数……15度

新潟県産米を100%使用した、こくと切れ味、飲みごたえに地元で好評の一本。冷ですっきり、常温で味わい深く、温燗で切れのよさが際立つ。

日本酒度+1　酸度1.5　**醇酒**

吟醸香	■□□□□	コク	■■■□□
原料香	■■■□□	キレ	■■■■□

定番人気の「久保田」の姉妹ブランド。朝日神社の境内に湧く、無垢の宝水で醸《かも》す酒だ。酒は原料の質を超えられない――この考えから、実験田を設けて理想の酒米の研究・栽培に邁進する。また酒は水と土と太陽のたまものだからと、自然を守り、環境への負荷を低減する取り組みにも熱心だ。

おもなラインナップ

朝日山 萬寿盃《まんじゅはい》

大吟醸酒/1.8ℓ ¥4725 720mℓ ¥2152/ともに新潟県産米50%/14度

淡麗辛口な新潟清酒の本流を行く当銘柄の最高峰。香り、味ともふっくら。冷。

日本酒度+5　酸度1　**薫酒**

吟醸香	■■■□□	コク	■■□□□
原料香	■□□□□	キレ	■■■■□

朝日山 千寿盃《せんじゅはい》

本醸造酒/1.8ℓ ¥1898 720mℓ ¥840/ともに新潟県産米60%/15度

当銘柄を代表する上級定番商品。期待を裏切らない、安心の淡麗辛口。冷～温燗。

日本酒度+5　酸度1.1　**爽酒**

吟醸香	■■□□□	コク	■■□□□
原料香	■■□□□	キレ	■■■■□

朝日山 生酒《なまざけ》

特別本醸造酒/300mℓ ¥493/ともに新潟県産米60%/14度

火入れせず、生まれたままのすがすがしさを瓶詰め。口当たりのいいこと。冷。

日本酒度+5　酸度1.1　**爽酒**

吟醸香	■■□□□	コク	■■□□□
原料香	■■□□□	キレ	■■■□□

みどりかわ

緑川《みどりかわ》

関東・甲信越　新潟県

緑川酒造株式会社
☎025-792-2117　直接注文 不可
魚沼市青島4015-1
明治17年（1884）創業

代表酒名	本醸 緑川
特定名称	本醸造酒
希望小売価格	1.8ℓ ¥2310 720mℓ ¥1103

原料米と精米歩合…麹米・掛米ともに 北陸12号ほか60%
アルコール度数……15.5度

淡麗ながら米の味わいをきちんと残した、当銘柄の代表商品。醸造用アルコールの添加量を極力抑えて、淡麗な酒質とこくとのバランスが見事。冷、燗。

日本酒度+4　酸度1.6			爽酒
吟醸香	■□□□□	コク	■■□□□
原料香	■■□□□	キレ	■■■■□

米どころ・魚沼産の、代表的な新潟清酒の一つ。手造りの基本を押さえつつ、綿密な温度管理による低温発酵や低温長期貯蔵など、気候の変化に影響されない、品質の安定した酒を造っている。おとなしく繊細な、新潟の酒らしい淡麗な酒質ながら、ほのかな香りと味のふくらみを感じさせる。

おもなラインナップ

吟醸 緑川

吟醸酒/1.8ℓ ¥2940 720mℓ ¥1418/五百万石55% 五百万石ほか55%/16.5度
低温でじっくり熟成した、上品ほのかな吟醸香となめらかな口当たり。冷、温燗。

日本酒度+5　酸度1.6			爽酒
吟醸香	■■□□□	コク	■■□□□
原料香	■□□□□	キレ	■■■■□

純米 緑川

純米酒/1.8ℓ ¥2625 720mℓ ¥1260/五百万石60% 五百万石ほか60%/15.5度
深く豊かな味わいに、上品な香りがからむ飲みやすい酒。冷・常温◎、温燗○。

日本酒度+4　酸度1.7			醇酒
吟醸香	■□□□□	コク	■■■□□
原料香	■■■□□	キレ	■■■■□

雪洞貯蔵酒《せつどうちょぞうしゅ》 緑《みどり》

純米吟醸酒/1.8ℓ ¥3360 720mℓ ¥1680/美山錦55% 美山錦ほか55%/15.5度
約0℃の雪洞でやさしく貯蔵した、若々しくマイルドな味わいを楽しめる。冷。

日本酒度+3.5　酸度1.5			薫酒
吟醸香	■■■□□	コク	■■□□□
原料香	■□□□□	キレ	■■■□□

鶴齢《かくれい》

新潟県　関東・甲信越

青木酒造株式会社
025-782-0012　直接注文 不可
南魚沼市塩沢1214
享保2年（1717）創業

代表酒名	鶴齢 純米吟醸
特定名称	純米吟醸酒
希望小売価格	1.8ℓ ¥2900 720mℓ ¥1450

原料米と精米歩合…麹米・掛米ともに 越淡麗 55%

アルコール度数……15.6度

米本来のこくや味わいを重視しつつ、軽くソフトに仕上げた飲み飽きしない酒。ほのかな香りとふくらみが口にやさしい。冷から40℃程度の温燗まで。

日本酒度+1	酸度 1.3		爽 酒
吟醸香	■■□□□	コク	■■□□□
原料香	■□□□□	キレ	■■■■□

昔から魚沼地方では豊かな米と水、豪雪地帯ならではの寒冷で澄んだ空気も手伝って、良酒が造られてきた。当蔵もすべての酒を越後杜氏伝統の技と寒造りで仕込み、米本来の味が薫る酒を醸《かも》している。酒名は雪国の生活を描いた『北越雪譜《ほくえつせっぷ》』（天保年間刊）の著者・鈴木牧之《ぼくし》の命名という。

おもなラインナップ

鶴齢 純米大吟醸
純米大吟醸酒／1.8ℓ ¥6600 720mℓ ¥3300／ともに山田錦40%／15.6度
兵庫県特A地区産山田錦100%使用。香りも味も見事な、当銘柄の最高級酒。冷。

日本酒度+1	酸度 1.3		薫 酒
吟醸香	■■■■□	コク	■■□□□
原料香	■□□□□	キレ	■■■□□

鶴齢 特別純米 山田錦《やまだにしき》55%精米《せいまい》
特別純米酒／1.8ℓ ¥3200 720mℓ ¥1600／ともに山田錦55%／17.4度
山田錦の持ち味が生きて、円い口当たりとほどよい甘さの余韻がいい。冷～常温。

日本酒度 -4	酸度 1.7		醇 酒
吟醸香	■□□□□	コク	■■■□□
原料香	■■■□□	キレ	■■□□□

鶴齢 特別純米 越淡麗《こしたんれい》55%精米
特別純米酒／1.8ℓ ¥3200 720mℓ ¥1600／ともに越淡麗55%／17.9度
含んだときの濃厚な味わいが、飲むと同時に驚くほどすっきり切れてゆく。冷。

日本酒度 -2	酸度 1.8		醇 酒
吟醸香	■□□□□	コク	■■□□□
原料香	■■■□□	キレ	■■■□□

八海山《はっかいさん》

八海《はっかい》醸造株式会社
025-775-3121　直接注文 不可
南魚沼市長森1051
大正11年（1922）創業

代表酒名	本醸造 八海山
特定名称	本醸造酒
希望小売価格	1.8ℓ ¥2408 720mℓ ¥1157

原料米と精米歩合…麹米 五百万石55%／
掛米 五百万石・トドロキワセ55%

アルコール度数……15.4度

やわらかな口当たりと淡麗な味が、飲みやすく飽きない当銘柄の代表酒。燗をつけたときのほのかな麹の香りも楽しみの一つ。

日本酒度+5　酸度1.1	爽酒
吟醸香 ■■□□□	コク ■■□□□
原料香 ■■□□□	キレ ■■■■□

要所は手造りを貫き、小ロット低温長期発酵で生まれる「端正にしてさわやかな飲み口」の典型的な淡麗辛口は、いかにも新潟県の酒にふさわしい。早くから大吟醸酒造りに挑み、そこで培った技を他の酒に惜しみなく応用するため、本醸造酒、普通酒などの品質も抜きん出て高い。

おもなラインナップ

純米吟醸 八海山

純米吟醸酒／1.8ℓ ¥3775 720mℓ ¥1877／山田錦50% 山田錦・美山錦ほか50%／15.6度
米の味とまろやかなのど越しに、静けさと穏やかさが感じられる酒。冷◎、常温○。

日本酒度+5　酸度1.2	爽酒
吟醸香 ■■□□□	コク ■■□□□
原料香 ■■□□□	キレ ■■■□□

吟醸 八海山

吟醸酒／1.8ℓ ¥3469 720mℓ ¥1724／山田錦50% 山田錦・五百万石ほか50%／15.6度
冬の空気そのままに凛と張りつめた、品位のある香りと味はさすが。冷◎、常温○。

日本酒度+6　酸度1.0	爽酒
吟醸香 ■■□□□	コク ■□□□□
原料香 ■□□□□	キレ ■■■■□

清酒《せいしゅ》 八海山

普通酒／1.8ℓ ¥2000 720mℓ ¥952／五百万石60% ゆきの精60%／15.4度
普通酒ながら高精白・低温発酵、当銘柄の真髄というべきか。燗◎、冷・常温○。

日本酒度+5　酸度1.0	爽酒
吟醸香 ■□□□□	コク ■□□□□
原料香 ■□□□□	キレ ■■■■□

じょうぜんみずのごとし

上善如水

白瀧《しらたき》酒造株式会社
025-784-3443　直接注文 可
南魚沼郡湯沢町大字湯沢2640
安政2年（1855）創業

新潟県　関東・甲信越

代表酒名	上善如水 純米吟醸
特定名称	純米吟醸酒
希望小売価格	1.8ℓ ¥2730 720mℓ ¥1370

原料米と精米歩合…麹米 五百万石60%／掛米 越路早生60%

アルコール度数……14度以上15度未満

品のいい吟醸香はもぎたての果実のように立ち昇り、やわらかな飲み口の軽快な味わいが気持ちよくのどをすべる。初心者にすすめたい一本。よく冷やして。

日本酒度+5　酸度1.3	爽酒
吟醸香 ■■□□□	コク ■■□□□
原料香 ■■□□□	キレ ■■■■□

創業者・湊屋藤助の代から「水を守る」を酒造りの心としてきた蔵。「最良の日本酒は限りなく水に近い」との考えから醸《かも》されたのが、老子の言葉「上善如水」―最も理想的な生き方（上善）は水のようだ―を名に冠したこの酒だ。澄みきった水を思わせる酒に、確かにこの名前はふさわしい。

おもなラインナップ

淡麗《たんれい》 魚沼《うおぬま》

純米酒／1.8ℓ ¥2150 720mℓ ¥1050／五百万石60% 越路早生60%／14度以上15度未満

ほのかな甘さと涼やかな酸味のバランスがよく、軽い口当たりもやさしい。温燗。

日本酒度+4　酸度1.6	爽酒
吟醸香 ■□□□□	コク ■■□□□
原料香 ■■□□□	キレ ■■■■□

湊《みなと》屋《や》藤助《とうすけ》

純米大吟醸酒／1.8ℓ ¥3680 720mℓ ¥1500／山田錦50% たかね錦50%／15度以上16度未満

酸味が少なく含み香は高く、熟成されてしかも軽快な味わい。やや冷やして。

日本酒度+3　酸度1.4	薫酒
吟醸香 ■■■□□	コク ■■□□□
原料香 ■□□□□	キレ ■■■■□

真吾《しんご》の一本《いっぽん》

純米大吟醸酒／1.8ℓ ¥10500 720mℓ ¥5250／ともに山田錦35%／15度以上16度未満

杜氏の名を冠した一本。深みとふくらみのある香味がすばらしい。やや冷やして。

日本酒度 -1　酸度1.3	薫酒
吟醸香 ■■■■□	コク ■■□□□
原料香 ■□□□□	キレ ■■■□□

こしのほまれ

越の誉

原酒造株式会社
☎0257-23-6221　直接注文 可
柏崎市新橋5-12
文化11年（1814）創業

代表酒名　越の誉 純米大吟醸 秘蔵酒《ひぞうしゅ》もろはく

特定名称　純米大吟醸酒

希望小売価格　720mℓ ¥5250

原料米と精米歩合…麹米・掛米ともに 山田錦35%

アルコール度数……15.6度

蔵内で8年間も常温熟成させた、黄金色にきらめく秘蔵古酒。まろやかな香りと口当たり、エレガントな飲み口と、味わいも見た目を裏切らない。冷。

日本酒度 -1　酸度1.55　**熟酒**

吟醸香 ■■□□□　コク ■■■■□
原料香 ■■■■■　キレ ■■■□□

おもなラインナップ

越の誉 特別純米酒

特別純米酒/1.8ℓ ¥2715 720mℓ ¥1362/たかね錦50% 同60%/15.5度

特別契約栽培するたかね錦の持ち味を引き出した、余韻あふれる辛口。冷～温燗。

日本酒度+1.8　酸度1.3　**爽酒**

吟醸香 ■□□□□　コク ■■□□□
原料香 ■■□□□　キレ ■■■■□

越の誉 上撰《じょうせん》本醸造

本醸造酒/1.8ℓ ¥1900 720mℓ ¥811/五百万石65% ゆきの精65%/15.5度

飲み飽きせず、いかにも新潟清酒らしく燗上がりするマイルドな辛口。冷もいい。

日本酒度+4.8　酸度1.25　**爽酒**

吟醸香 ■□□□□　コク ■□□□□
原料香 ■■□□□　キレ ■■■■□

越の誉 純米大吟醸 槽搾《ふなしぼ》り

純米大吟醸酒/720mℓ ¥3675/たかね錦50% 同45%/16.5度

2月の大寒のころに仕込み、槽搾りの中走りだけを詰めた、ぜいたくな一本。冷。

日本酒度±0　酸度1.55　**薫酒**

吟醸香 ■■■■□　コク ■■□□□
原料香 ■□□□□　キレ ■■■□□

日本海に面した寒冷な柏崎市は、県内に数ある酒造好適地の一つ。北前船の港として栄えた歴史もあり、酒の水準は高い。この地に生まれ育った「越の誉」は、新潟清酒本流のきめ細かくすっきりした淡麗辛口に加えて、米本来のこくと味わいをふっくらと感じさせてくれるのがうれしい。

せっちゅうばい

雪中梅《せっちゅうばい》

新潟県　関東・甲信越

株式会社丸山酒造場
☎025-532-2603　直接注文 可
上越市三和区塔之輪617
明治30年（1897）創業

代表酒名	雪中梅 純米
特定名称	純米酒
希望小売価格	720㎖ ¥2940

原料米と精米歩合…麹米 五百万石55%／掛米 山田錦55%

アルコール度数……15.6度

夏季限定販売。やわらかな米の味にほのかな甘さと酸味がからむ、少しぜいたくな純米酒。オンザロック、冷。多少熟成させてからの温燗もおすすめ。

日本酒度 -4.5　酸度 1.3　爽酒
吟醸香 ■□□□□　コク ■■□□□
原料香 ■■■□□　キレ ■■□□□

蔵は頸城《くびき》平野東部にあり、里山を背に、風の渡る美田が目の前に広がる。甘口の酒を主に造っているのが、新潟の蔵には珍しい。とはいえそこは淡麗王国新潟のこと。ベタつきとはおよそ無縁な、さわやかな含み香をつれて広がる甘さは涼やかで、キレイな余韻とともにのどに消えてゆく。

おもなラインナップ

雪中梅 特別本醸造

特別本醸造酒／720㎖ ¥2100／ともに五百万石60%／16.2度

冬季限定販売の、小仕込みで醸した特別な酒。奥深い味を温燗で。

日本酒度 -3.5　酸度 1.2　爽酒
吟醸香 ■□□□□　コク ■■□□□
原料香 ■■□□□　キレ ■■□□□

雪中梅 本醸造

本醸造酒／1.8ℓ ¥2415 720㎖ ¥1260／五百万石63% 五百万石または山田錦63%／15.7度

昔ながらの蓋麹法で麹を造るふくらみのある香りと味は、温燗◎、冷・常温○。

日本酒度 -3.5　酸度 1.2　爽酒
吟醸香 ■□□□□　コク ■■□□□
原料香 ■■□□□　キレ ■■□□□

雪中梅

普通酒／1.8ℓ ¥1890 720㎖ ¥945／五百万石68% こしいぶきまたは五百万石68%／15.4度

キレイな甘口、やわらかなのど越しが進物にも重宝された晩酌酒。冷～燗を好みで。

日本酒度 -3　酸度 1.1　爽酒
吟醸香 ■□□□□　コク ■■□□□
原料香 ■□□□□　キレ ■■□□□

根知男山《ねちおとこやま》

合名会社渡辺酒造店
℡025-558-2006　直接注文 不可
糸魚川市根小屋1197-1
明治元年（1868）創業

代表酒名	根知男山 純米吟醸
特定名称	純米吟醸酒
希望小売価格	1.8ℓ ¥3045 720mℓ ¥1575

原料米と精米歩合…麹米・掛米ともに 根知谷産五百万石55%
アルコール度数……15.6度

当銘柄の代表酒。雑味のない素直な味は、陽光があふれるように明朗で若々しく、舌にも心にもしみる。心楽しく、くつろぎを誘う酒。やや冷、常温。

日本酒度+1	酸度1.4	爽酒	
吟醸香	■■□□□	コク	■■□□□
原料香	■■□□□	キレ	■■■■□

おもなラインナップ

根知男山 吟醸酒

吟醸酒/1.8ℓ ¥2835 720mℓ ¥1417/根知谷産五百万石55% 根知谷産ゆきの精57%/16.5度
ゆきの精の持ち味がよくわかる一本。生酒は1～7月、火入れは通年販売。やや冷。

日本酒度+4	酸度1.3	爽酒	
吟醸香	■■□□□	コク	■■□□□
原料香	■□□□□	キレ	■■■■□

根知男山 純米酒

純米酒/1.8ℓ ¥2520 720mℓ ¥1260/ともに根知谷産五百万石60%/15.6度
当銘柄の定番。根知谷のすべてを感じさせる、いわば普段着の酒。常温、温燗。

日本酒度+4	酸度1.5	爽酒	
吟醸香	■□□□□	コク	■■□□□
原料香	■■□□□	キレ	■■■■□

根知男山 本醸造

本醸造酒/1.8ℓ ¥2100 720mℓ ¥1050/五百万石60% こしいぶき65%/15.6度
本醸造に純米酒をブレンド。何気なく飲めて、飲めばほっとする一杯。常温、温燗。

日本酒度+2	酸度1.3	爽酒	
吟醸香	■□□□□	コク	■■□□□
原料香	■■□□□	キレ	■■■■□

やわらかく豊富な地下水、自社田や契約田で栽培する米、この土地の人・風土―隅から隅まで純根知谷産の酒、それが根知男山だ。冬は豪雪に埋もれる小さな谷で、蔵人たちは契約農家の人ともども4～9月は米を作り、10～3月は酒を造る。酒を造ることで田を守る、これぞ地酒の真骨頂。

株式会社北雪酒造
📞0259-87-3105　直接注文 可
佐渡市徳和2377-2
明治5年（1872）創業

北雪《ほくせつ》

代表酒名	北雪 純米大吟醸 越淡麗《こしたんれい》
特定名称	純米大吟醸酒
希望小売価格	1.8ℓ ¥5000 720mℓ ¥2500

原料米と精米歩合…麹米・掛米ともに 越淡麗40%

アルコール度数……16度

蔵人が自ら栽培した新潟県生まれの酒米・越淡麗を100%使用し、寒造りで醸した純米大吟醸。味のふくらみと引き味の切れのよさが際立つ。冷。

日本酒度+3　酸度1.3　薫酒
吟醸香 ■■■□□　コク ■■□□□
原料香 ■□□□□　キレ ■■■■□

世界進出にも力を入れる、佐渡を代表する酒蔵。地下氷温貯蔵庫で熟成中の古酒に24時間音楽を聴かせたり、あるいは超音波によって熟成を促したりと、進取性は抜群。一方で甑《こしき》や麹蓋《こうじぶた》を使用し、袋吊り雫搾り、長期低温発酵で大吟醸を醸《かも》すなど、伝来の技法もきっちりと守っている。

おもなラインナップ

北雪 大吟醸 YK35《ワイケイ》

大吟醸酒/1.8ℓ ¥9000 720mℓ ¥4500/ともに山田錦35%/16度

山田錦を磨き上げ、長期低温発酵。豊醇な香りと濃厚な味わいを冷で楽しみたい。

日本酒度+3　酸度1.2　薫酒
吟醸香 ■■■■■　コク ■□□□□
原料香 ■□□□□　キレ ■■■■□

北雪 純米酒

純米酒/1.8ℓ ¥2350 720mℓ ¥1150/五百万石55% 同65%/15度

ほのかな酸味と切れのいい軽いボディ、辛口の王道を行く清涼さ。冷〜燗を好みで。

日本酒度+5　酸度1.6　爽酒
吟醸香 ■□□□□　コク ■■□□□
原料香 ■■□□□　キレ ■■■■□

北雪 大吟醸

大吟醸酒/1.8ℓ ¥3400 720mℓ ¥1700/五百万石45% 同50%/15度

佐渡産の五百万石を使用。そっと立ち昇る吟醸香、さらりとした味わいを冷で。

日本酒度+5　酸度1.3　薫酒
吟醸香 ■■■□□　コク ■■□□□
原料香 ■□□□□　キレ ■■■■□

北陸・東海

Hokuriku・Tokai

株式会社桝田酒造店
℃076-437-9916　直接注文 不可
富山市東岩瀬町269
明治26年（1893）創業

満寿泉

代表酒名	満寿泉 純米大吟醸
特定名称	純米大吟醸酒
希望小売価格	1.8ℓ ¥8400 720mℓ ¥3885

原料米と精米歩合…麹米・掛米ともに 非公開

アルコール度数……非公開

ほどよく落ち着いた吟醸香、ボディのしっかりした、しかもスムーズな味わい。米の力を軽やかに切れよくまとめた一品。やや冷◎、常温・温燗○。

日本酒度 非公開	酸度 非公開	薫酒
吟醸香 ■■■■□	コク ■■□□□	
原料香 ■■□□□	キレ ■■■□□	

おもなラインナップ

満寿泉 大吟醸

大吟醸酒/1.8ℓ ¥5250 720mℓ ¥2835/ともに非公開/非公開

静かな吟醸香とやわらかい口当たり、味わいも豊かな、蔵元の自信作。やや冷。

日本酒度 非公開	酸度 非公開	薫酒
吟醸香 ■■■■□	コク ■■□□□	
原料香 ■■□□□	キレ ■■■■□	

満寿泉 純米

純米酒/1.8ℓ ¥2310 720mℓ ¥1365/ともに非公開/非公開

香りふくよかに、キレイで艶やかな味わいには幅とこくもある。やや冷～温燗。

日本酒度 非公開	酸度 非公開	醇酒
吟醸香 ■□□□□	コク ■■■□□	
原料香 ■■■□□	キレ ■■■■□	

満寿泉 純米吟醸

純米吟醸酒/1.8ℓ ¥2992 720mℓ ¥1785/ともに非公開/非公開

するするっとのどをすべりながら、米の味もしっかり感じさせる。常温、温燗。

日本酒度 非公開	酸度 非公開	薫酒
吟醸香 ■■■□□	コク ■■□□□	
原料香 ■■□□□	キレ ■■■□□	

かつて北前船の寄港地として賑わった町の蔵だけに、この酒には独特の華やぎがある。昭和40年代の半ば、まだ一般的ではなかった吟醸酒造りに挑戦、現在は生産量の大半が大吟醸酒だ。富山の豊かな海山の幸にただの淡麗辛口では役不足だからと、キレイでかつ味のしっかりした酒を醸《かも》す。

勝駒《かちこま》

北陸・東海 富山県

有限会社清都《きよと》酒造場
℡0766-22-0557 直接注文 不可
高岡市京町12-12
明治39年（1906）創業

代表酒名 勝駒 純米酒

特定名称 純米酒

希望小売価格 1.8ℓ ¥2940 720mℓ ¥1575

原料米と精米歩合…麹米 —／掛米 富山県産五百万石50%

アルコール度数……15.8度

よく冷やしても含み香はふっくら豊かで、甘・辛・酸味のバランスがほどよい。常温に近づくにつれ腰がしっかり定まって飲みやすく、食中酒に最適。

日本酒度 — 酸度 — 醇酒
吟醸香 ■□□□□ コク ■■■□□
原料香 ■■■□□ キレ ■■■■□

「勝駒」の酒名は、日露戦争における騎兵の活躍と、戦勝を記念して名づけたという。「毎日の家庭料理に合う酒、生活に根ざした正統派の酒」を目指して、県内一、二の小さな蔵が、やさしい香りと口当たり、米のよさを生かした味わいの酒を醸《かも》す。ラベルの文字は池田満寿夫の揮毫。

おもなラインナップ

勝駒 大吟醸
大吟醸酒／1.8ℓ ¥5250 720mℓ ¥2835／—
兵庫県産山田錦40%／16.8度
山田錦を磨いた自信作。抑えた吟醸香、ふくらみのある味は食中酒にも。冷。

日本酒度 — 酸度 — 薫酒
吟醸香 ■■■□□ コク ■■□□□
原料香 ■□□□□ キレ ■■■■□

勝駒 純米吟醸
純米吟醸酒／1.8ℓ ¥3990 720mℓ ¥2100／—
兵庫県産山田錦50%／15.8度
米の香がさらりと立ち、深い香味がしんしんと舌をくるむ。冷◎、常温・温燗○。

日本酒度 — 酸度 — 薫酒
吟醸香 ■■■□□ コク ■■□□□
原料香 ■□□□□ キレ ■■■■□

勝駒 本仕込《ほんじこみ》
特別本醸造酒／1.8ℓ ¥2100 720mℓ ¥1155／— 富山県産五百万石55%／15.6度
県産米を吟醸酒なみに磨き上げた、飲み飽きしない普段酒。CP高し。冷～熱燗。

日本酒度 — 酸度 — 爽酒
吟醸香 ■■□□□ コク ■■□□□
原料香 ■■□□□ キレ ■■■■□

御祖《みおや》酒造株式会社
☎0767-77-1110　直接注文 不可
鹿島郡中能登町藤井ホ10
明治30年（1897）創業

遊穂《ゆうほ》

石川県　北陸・東海

代表酒名	遊穂 純米吟醸 山田錦《やまだにしき》・美山錦《みやまにしき》55
特定名称	純米吟醸酒
希望小売価格	1.8ℓ ¥2750 720mℓ ¥1380

原料米と精米歩合…麹米 兵庫県産山田錦55%／掛米 美山錦55%

アルコール度数……16.5度

麹由来のしっかりした香味と米由来のほのぼのした甘さ、やさしい酸味。三味の混じり具合がすばらしい、こってり料理系向きの一本。やや冷～常温。

日本酒度+3　酸度1.6			薫酒
吟醸香	■■■□□	コク	■■□□□
原料香	■■□□□	キレ	■■■■□

おもなラインナップ

遊穂 純米酒

純米酒／1.8ℓ ¥2250 720mℓ ¥1130／五百万石60% 能登ひかり55%／16度

温度帯によって幅広い料理に対応できる、最強の晩酌酒。常温～燗、燗冷ましも。

日本酒度+6　酸度1.8			醇酒
吟醸香	■□□□□	コク	■■■□□
原料香	■■■□□	キレ	■■■■□

遊穂 山《やま》おろし純米酒

純米酒／1.8ℓ ¥2520 720mℓ ¥1260／五百万石60% 能登ひかり55%／16度

生酛系の仕込みらしく、味にしっかりした腰と幅がある。常温～燗、燗冷まし。

日本酒度+5.5　酸度2			醇酒
吟醸香	■□□□□	コク	■■■■□
原料香	■■■□□	キレ	■■■■□

遊穂 純米吟醸 山田錦

純米吟醸酒／1.8ℓ ¥3600 720mℓ ¥1800／ともに山田錦50%／16.5度

飾らない米本来の味と酸味のバランスがよく、刺身など淡泊な料理向き。やや冷。

日本酒度+3　酸度1.6			薫酒
吟醸香	■■■□□	コク	■■□□□
原料香	■□□□□	キレ	■■■□□

もともとは、地元消費の普通酒を中心に造っていた蔵。一念発起した蔵元と杜氏が「ゼロからの酒造り」に挑み、平成18年に「遊穂」が誕生した。以後着実に名を広め、現在は食中酒の中の食中酒として注目を集めている。酒名は、蔵のある町がUFO目撃の名所であることからという。

加賀鳶《かがとび》

北陸・東海　石川県

株式会社福光屋《ふくみつや》
℡0120-293-285　直接注文 可
金沢市石引2-8-3
寛永2年（1625）創業

代表酒名	加賀鳶 純米大吟醸 藍《あい》
特定名称	純米大吟醸酒
希望小売価格	1.8ℓ ¥4200 720mℓ ¥2100

原料米と精米歩合…麹米・掛米ともに 兵庫県産山田錦50%

アルコール度数……16度

純米蔵として技術の粋を尽くして醸した、当蔵自慢の一品。ふくらみのある味わいを保ちつつ、きめ細かくシャープな辛口。5～10℃によく冷やして。

日本酒度+4　酸度1.4			薫酒
吟醸香	■■■□□	コク	■■□□□
原料香	■□□□□	キレ	■■■■□

昭和61年に全商品を特定名称酒、平成13年には全商品を純米造りに。以後は米の持ち味を存分に引き出し、かつ軽みときめ細かな舌ざわりの酒造りにまっしぐら。切れのよい粋な酒質は、江戸時代、加賀前田藩が江戸藩邸のために抱えた火消し・加賀鳶の心意気そのものといえようか。

おもなラインナップ

加賀鳶 極寒《ごくかん》純米 辛口《からくち》

純米酒/1.8ℓ ¥2100 720mℓ ¥1050/山田錦・五百万石65% ―/16度

低温発酵させた、味わいの広がる辛口。こくのある料理と。オンザロック～熱燗。

日本酒度+4　酸度1.8			爽酒
吟醸香	■□□□□	コク	■■□□□
原料香	■■■□□	キレ	■■■■□

加賀鳶 山廃《やまはい》純米 超《ちょう》辛口

純米酒/1.8ℓ ¥2730 720mℓ ¥1365/山田錦・五百万石65% ―/16度

2年以上熟成させた、濃醇かつスパイシーな超辛口。オンザロック～熱燗。

日本酒度+12　酸度2			醇酒
吟醸香	■□□□□	コク	■■■■□
原料香	■■■■□	キレ	■■■■□

加賀鳶 純米吟醸

純米吟醸酒/1.8ℓ ¥2940 720mℓ ¥1470/山田錦・金紋錦60% ―/16度

豊かな吟醸香、ふっくらやわらかい米の味わい、切れのよさを、冷か常温で。

日本酒度+4　酸度1.4			薫酒
吟醸香	■■■□□	コク	■■□□□
原料香	■■□□□	キレ	■■■□□

手取川《てどりがわ》

石川県　北陸・東海

株式会社吉田酒造店
☎076-276-3311　直接注文 不可
白山市安吉町41
明治3年（1870）創業

代表酒名　吟醸生酒《なまざけ》 あらばしり 手取川

特定名称　大吟醸酒

希望小売価格　1.8ℓ ¥3150 720mℓ ¥1575

原料米と精米歩合… 麹米 山田錦45%／掛米 五百万石45%

アルコール度数……16.5度

通年販売の搾りたて本生酒。貴腐ワインを思わせるフルーティな香味がやさしく、はんなりした気分になれると女性に人気がある。10～15℃のやや冷で。

日本酒度+6～+7　酸度1.2～1.3	薫酒
吟醸香 ■■■□□	コク ■■□□□
原料香 ■□□□□	キレ ■■■□□

地元の風土に密着し、地元の水と地元の米で酒を醸《かも》す、いわば「テロワール重視の日本酒」を目指す蔵元。たとえば大吟醸は７５０キロの小仕込みで、急冷瓶火入れ・低温貯蔵により過度の熟成を防ぐなど、創業以来の手造りの技と、必要最小限に抑えた現代の技術とがしっくりと共存している。

おもなラインナップ

山廃仕込《やまはいじこみ》 純米酒 手取川

純米酒／1.8ℓ ¥2651 720mℓ ¥1326／ともに五百万石60%／15.8度

山廃らしいこくがあって切れもよく、のど越しの華やかな香味もいい。冷、温燗。

日本酒度+5　酸度1.8	醇酒
吟醸香 ■□□□□	コク ■■■■□
原料香 ■■■■□	キレ ■■■□□

純米大吟醸 吉田蔵《よしだぐら》 45%

純米大吟醸酒／1.8ℓ ¥3150 720mℓ ¥1575／山田錦45% 五百万石45%／16.2度

金沢酵母で醸した、料理のジャマをしない控えめな吟醸香と奥の深い味わい。冷。

日本酒度+3　酸度1.4	薫酒
吟醸香 ■■■■□	コク ■■□□□
原料香 ■□□□□	キレ ■■■□□

大吟醸 名流《めいりゅう》 手取川

大吟醸酒／1.8ℓ ¥5250 720mℓ ¥2625／ともに山田錦40%／16.2度

低温貯蔵で半年以上熟成させた、当蔵で最も香り高い一本。10～15℃のやや冷で。

日本酒度+4　酸度1.2	薫酒
吟醸香 ■■■■□	コク ■■□□□
原料香 ■□□□□	キレ ■■■□□

天狗舞《てんぐまい》

北陸・東海　石川県

株式会社車多《しゃた》酒造
☎076-275-1165　直接注文 不可
白山市坊丸町60-1
文政6年（1823）創業

代表酒名　山廃《やまはい》純米吟醸 天狗舞

特定名称　純米大吟醸酒

希望小売価格　1.8ℓ ¥5250 720mℓ ¥3000

原料米と精米歩合…麹米・掛米ともに 特A地区産山田錦45%

アルコール度数……15.9度

兵庫県産山田錦100%、全量自家精米。山廃仕込みによる芳醇さ・さばけのよさが特徴的な、食事によく合う吟醸酒。熟成による色も美しい。冷～温燗。

日本酒度+4　酸度1.6	醇酒
吟醸香 ■■□□□	コク ■■■□□
原料香 ■■■□□	キレ ■■■□□

創業時、蔵を囲む木々の葉ずれが「天狗の舞う音のよう」だったことから、この酒名が生まれた。昭和40年代、大量生産・大量消費の風潮に背いて、山廃《やまはい》仕込みに着手。従来の技に工夫を加えた独自の手法は「天狗舞の山廃」と称される。琥珀色に澄んだ山廃の酒、これが「天狗舞」の顔だ。

おもなラインナップ

山廃仕込《じこみ》純米酒 天狗舞
純米酒/1.8ℓ ¥2861 720mℓ ¥1384/ともに五百万石60%/15.9度
山廃特有の、濃厚な香味と酸味の調和が見事。冷～熱燗までバランスが崩れない。

日本酒度+4　酸度1.9	醇酒
吟醸香 ■□□□□	コク ■■■■□
原料香 ■■■■□	キレ ■■■□□

古古酒《こここしゅ》純米大吟醸 天狗舞
純米大吟醸酒/1.8ℓ ¥10500 720mℓ ¥5250/ともに特A地区産山田錦40%/16.1度
さすが長期貯蔵の純米大吟醸。穏やかかつ馥郁たる香味こそ熟成の妙。冷～常温。

日本酒度+3　酸度1.3	熟酒
吟醸香 ■■□□□	コク ■■■■■
原料香 ■■■■■	キレ ■■■□□

天狗舞純米 文政六年《ぶんせいろくねん》
特別純米酒/1.8ℓ ¥3426 720mℓ ¥1664/ともに五百万石55%/15.9度
ほどよい熟成香と良米の味わいがマッチした、吟醸仕込みの特別純米。冷～温燗。

日本酒度+3　酸度1.4	醇酒
吟醸香 ■□□□□	コク ■■■■□
原料香 ■■■□□	キレ ■■■□□

菊姫《きくひめ》

石川県　北陸・東海

菊姫合資会社
☎076-272-1234　直接注文 可
白山市鶴来新町タ8
天正年間（1573～92）創業

代表酒名	金劔《きんけん》
特定名称	純米酒
希望小売価格	1.8ℓ ¥2900　720mℓ ¥1400

原料米と精米歩合…麹米・掛米ともに 山田錦65%
アルコール度数……15度以上16度未満

米が本来持っているやわらかな味わいと甘さを生かした、口当たり・のど越しのやさしい女酒。飲みやすさと芳醇さのバランスがいい。常温・人肌～燗。

日本酒度 -3　酸度 1.7	醇酒
吟醸香 ■□□□□	コク ■■■■□
原料香 ■■■■□	キレ ■■■□□

おもなラインナップ

菊姫 山廃仕込《やまはいしこみ》純米酒
純米酒/1.8ℓ ¥2900 720mℓ ¥1400/ともに山田錦70%/16度以上17度未満
米の味が濃縮され、酸味もぴしりと利いた男酒。飲み手を選ぶ。常温・人肌～燗。

日本酒度 -2　酸度 2.4	醇酒
吟醸香 ■□□□□	コク ■■■■■
原料香 ■■■■■	キレ ■■■■□

菊姫 菊《きく》
普通酒/1.8ℓ ¥2100 720mℓ ¥1000/山田錦70% 五百万石70%/15度以上16度未満
菊姫らしい濃醇な味を気軽に楽しめる定番酒。カップもある。常温・温燗～熱燗。

日本酒度 -4　酸度 1.6	醇酒
吟醸香 ■□□□□	コク ■■■□□
原料香 ■■■■□	キレ ■■■□□

菊姫 大吟醸
大吟醸酒/1.8ℓ ¥12000 720mℓ ¥6000/ともに山田錦50%/17度以上18度未満
長期熟成して独自の深い味を引き出した、洗練の大吟醸。冷・常温・人肌～温燗。

日本酒度+5　酸度 1.2	薫酒
吟醸香 ■■■■□	コク ■■■□□
原料香 ■■□□□	キレ ■■■■□

伝統の加賀菊酒の流れを汲む蔵の一つ。昭和43年に大吟醸を、淡麗が主流の同58年に山廃《やまはい》仕込純米酒を発表するなど、時代にとらわれない酒造りの姿勢は一貫している。一方で近年の杜氏の後継者不足に対しては、「酒マイスター」として酒造技術者を育てる柔軟な対応も怠りない。

萬歳樂《まんざいらく》

株式会社小堀酒造店
℡076-273-1171　直接注文 可
白山市鶴来本町1ヮ47
享保年間（1716～36）創業

代表酒名	萬歳樂 白山《はくさん》 大吟醸古酒《こしゅ》
特定名称	大吟醸酒
希望小売価格	1.8ℓ ¥10500 720mℓ ¥5250

原料米と精米歩合…麹米・掛米ともに 特A-A 地区産山田錦 —
アルコール度数……17度

品評会用の造りの大吟醸を瓶詰めして、3年間じっくりと低温熟成させた古酒。気高くも穏やかな香りと味わいが、まことに豪奢な一本。冷、常温。

日本酒度+4　酸度 —		薫酒
吟醸香 ■■■□□	コク ■■■□□	
原料香 ■■■□□	キレ ■■■□□	

「菊水」と美称される手取川の伏流水と、加賀平野産の良米で幻の美酒・加賀菊酒を醸《かも》してきた蔵。伝統と名声を保つ一方で、蔵独自の酒米・北陸12号を復活させるなど、根はしっかり地元に張っている。酒名は明治時代に、当蔵の一二代当主が謡曲『高砂』の一節から取ったという。

おもなラインナップ

萬歳樂 白山 純米大吟醸

純米大吟醸酒/1.8ℓ ¥6300 720mℓ ¥3150/ともに特A-A地区産山田錦 —/15度
超優良酒米と当蔵独自の酵母が醸す、特徴ある香りと味、切れのよさ。冷、常温。

日本酒度+2　酸度 —		薫酒
吟醸香 ■■■■□	コク ■■□□□	
原料香 ■□□□□	キレ ■■■□□	

萬歳樂 白山 特別純米酒

特別純米酒/1.8ℓ ¥3990 720mℓ ¥2100/ともに特A-A地区産山田錦 —/16度
極上の酒米の美質を生のまま引き出した、骨太で凛と締まった味わい。冷、常温。

日本酒度+2　酸度 —		醇酒
吟醸香 ■□□□□	コク ■■■□□	
原料香 ■■■■□	キレ ■■■□□	

萬歳樂 甚《じん》 純米

純米酒/1.8ℓ ¥2100 720mℓ ¥1000/ともに北陸12号 —/16度
当蔵が守り育てた復活酒米で造る、昔懐かしい味わいの地酒中の地酒。冷、温燗。

日本酒度+6　酸度 —		醇酒
吟醸香 ■□□□□	コク ■■■□□	
原料香 ■■■□□	キレ ■■■□□	

鹿野酒造株式会社
☎0761-74-1551　直接注文 可
加賀市八日市町イ6
文政2年（1819）創業

常きげん《じょうきげん》

石川県　北陸・東海

代表酒名　常きげん 大吟醸 中汲《なかぐ》み斗《と》びん囲《がこ》い

特定名称　大吟醸酒

希望小売価格　1.8ℓ ¥8400 720mℓ ¥4200

原料米と精米歩合…麹米・掛米ともに 山田錦40%

アルコール度数……16.5度

搾りのうちで一番上質な酒―中汲み―を斗瓶に取り、そのまま低温熟成した大吟醸。華やかな吟醸香とまろやかな味に、大吟醸の美質がくっきり。冷。

日本酒度+3　酸度1.2		薫酒	
吟醸香	■■■■□	コク	■■□□□
原料香	■□□□□	キレ	■■■□□

一帯はかつて「額田《ぬかた》の庄」と呼ばれた由緒ある土地柄。代々の地主だった蔵元が、地場の米と蓮如上人ゆかりの井戸水で酒を造ってきた。得意とするのは「山廃《やまはい》のことなら農口に聞け」といわれるほどの名工・農口尚彦杜氏が醸《かも》す山廃仕込みだ。強い腰と鋭い切れの琥珀色の一杯を味わいたい。

おもなラインナップ

常きげん 山廃《やまはい》純米吟醸

純米吟醸/1.8ℓ ¥4200 720mℓ ¥2100/ともに山田錦55%/16.5度

米の味わい十分に、また山廃独特の幅の広さも感じさせる、蔵元渾身の造り。冷。

日本酒度+3　酸度1.6		醇酒	
吟醸香	■■□□□	コク	■■■□□
原料香	■■■□□	キレ	■■■□□

常きげん 山廃仕込《じこみ》純米酒

純米酒/1.8ℓ ¥2625 720mℓ ¥1470/ともに五百万石65%/16.5度

どっしりした飲み口、思いがけないほどの鋭い切れ。持ち味は特に温燗で冴える。

日本酒度+3　酸度1.8		醇酒	
吟醸香	■□□□□	コク	■■■■□
原料香	■■■■□	キレ	■■■□□

常きげん 純米酒

純米酒/1.8ℓ ¥2247 720mℓ ¥1123/ともに五百万石60%/15.5度

これぞ純米、とうなずかせる米の味わい、しかも後口のこのさわやかさ。冷、燗。

日本酒度+3　酸度1.4		醇酒	
吟醸香	■□□□□	コク	■■■□□
原料香	■■■□□	キレ	■■■□□

白岳仙《はくがくせん》

北陸・東海　福井県

安本酒造有限会社
0776-41-0011　直接注文 不可
福井市安原町7-4
嘉永6年（1853）創業

代表酒名	白岳仙 純米大吟醸 特仙《とくせん》
特定名称	純米大吟醸酒
希望小売価格	1.8ℓ ¥5250 720mℓ ¥3150

原料米と精米歩合…麹米・掛米ともに 兵庫県産山田錦40%
アルコール度数……15度～16度

兵庫県三木地区産山田錦100%使用。特上の原料米を40%まで磨き上げて丁寧に醸した、やわらかな香りと透明感のある味わいは絶品。冷、常温。

日本酒度+9　酸度1.6			薫酒
吟醸香	■■■■□	コク	■■□□□
原料香	■□□□□	キレ	■■■■□

おもなラインナップ

白岳仙 純米吟醸 奥越《おくえつ》五百万石《ごひゃくまんごく》 中取《なかど》り

純米吟醸酒／1.8ℓ ¥2625 720mℓ ¥1365／ともに福井県産五百万石55%／15度～16度
福井県大野産五百万石100%使用。穏やかな香りとのど越しのよさ。冷、常温。

日本酒度+4　酸度1.7			爽酒
吟醸香	■■□□□	コク	■■□□□
原料香	■□□□□	キレ	■■■■□

白岳仙 純米吟醸 山田錦十六号《やまだにしきじゅうろくごう》

純米吟醸酒／1.8ℓ ¥2940 720mℓ ¥1575／ともに兵庫県産山田錦55%／15度～16度
兵庫県三木地区産山田錦100%使用。淡い香り、米の味と鋭い切れ。冷、常温。

日本酒度+5　酸度1.7			薫酒
吟醸香	■■■□□	コク	■■□□□
原料香	■■■□□	キレ	■■■□□

白岳仙 純米吟醸 備前雄町《びぜんおまち》

純米吟醸酒／1.8ℓ ¥3360 720mℓ ¥1680／ともに岡山県産雄町55%／15度～16度
岡山県産雄町100%使用。ほのかな香り、しっかりした米の味わい。冷、常温。

日本酒度+5　酸度1.77			醇酒
吟醸香	■■□□□	コク	■■■□□
原料香	■■■□□	キレ	■■■■□

戦国時代の勇将・朝倉義景が館を築いた越前一乗谷に蔵がある。酒蔵としての歴史は160年ほどながら、現当主は数えて四六代目に当たる、土地きっての旧家だ。深さ約200メートルの自家井戸から汲む白山水脈伏流水を仕込み水に、昔ながらの槽《ふね》搾《しぼ》りで「理想の食中酒」を醸《かも》している。

梵《ぼん》

合資会社加藤吉平《きちべえ》商店
0778-51-1507　直接注文 酒店を紹介
鯖江市吉江町1-11
万延元年（1860）創業

代表酒名	梵 超吟《ちょうぎん》
特定名称	純米大吟醸酒
希望小売価格	720mℓ ¥12600（漆箱入り）

原料米と精米歩合…麹米・掛米ともに 兵庫県特A地区産山田錦21%
アルコール度数……16.9度

－8℃で5年間熟成させた、高い香りと深い味わいの、珠玉ともいえる皇室献上酒。完全予約限定品で、発売は5月〜、11月〜の年2回。よく冷やして。

日本酒度+2　酸度1.7	薫酒
吟醸香 ■■■■□	コク ■■□□□
原料香 ■■□□□	キレ ■■■□□

皇室献上品であり、首相の米大統領への手みやげであり、政府専用機の正式機内酒であり、わが国初発売の大吟醸であり…と、華麗な実績に事欠かないセレブな銘柄。しかし約50種そろう酒は、すべて無添加純米で長期氷温熟成の限定品ばかり、と聞けば、この晴れがましさもむべなるかな。

おもなラインナップ

梵 夢《ゆめ》は正夢《まさゆめ》（Born:Dreams Come True）

純米大吟醸酒／1.8ℓ ¥10500／兵庫県特A地区産山田錦20% 同35%／16.9度
－8℃5年熟成酒。落ち着いた香りと、なめらかで骨太のボディ。よく冷やして。

日本酒度+3　酸度1.8	薫酒
吟醸香 ■■■■□	コク ■■□□□
原料香 ■■□□□	キレ ■■■■□

梵 日本《にほん》の翼《つばさ》（Born:Wing of Japan）

純米大吟醸酒／720mℓ ¥5250〜（オープン価格）／ともに兵庫県特A地区産山田錦35%／16.9度
0℃2年熟成酒。華やかな吟香、やわらかくのど切れのいい味。よく冷やして。

日本酒度+3　酸度1.6	薫酒
吟醸香 ■■■■□	コク ■■□□□
原料香 ■□□□□	キレ ■■■■□

梵 極秘造《ごくひぞう》大吟醸

純米大吟醸酒／1.8ℓ ¥10500 720mℓ ¥5250／ともに兵庫県特A地区産山田錦35%／16.9度
0℃3年熟成酒。気高くさえある豊満な香り、深々としみ入る味。よく冷やして。

日本酒度+5　酸度1.7	薫酒
吟醸香 ■■■■□	コク ■■□□□
原料香 ■■□□□	キレ ■■■□□

※上記4品に使用されている山田錦は、すべて契約栽培。

黒龍《こくりゅう》

黒龍酒造株式会社
☎0776-61-6110（兼定島酒造りの里）　直接注文 不可
吉田郡永平寺町松岡春日1-38
文化元年（1804）創業

代表酒名	黒龍 大吟醸 龍《りゅう》
特定名称	大吟醸酒
希望小売価格	1.8ℓ ¥8400 720mℓ ¥4200

原料米と精米歩合…麹米・掛米ともに 兵庫県産山田錦40%
アルコール度数……15度

昭和50年、全国に先駆けて発売された熟成大吟醸。上品でなめらかな香味は愛酒家の評価が高く、現在もロングセラーの地位を保つ。冷。

日本酒度+3　酸度0.9		薫酒	
吟醸香	■■■■□	コク	■■□□□
原料香	■□□□□	キレ	■■■■□

曹洞宗大本山永平寺近くの寒冷・森厳な地に蔵を構え、軽くやわらかい白山水系九頭竜川伏流水と、酒米は主に兵庫県特A地区産山田錦、福井県大野産五百万石を用いて、キレイでふくらみのある酒を醸《かも》す。平均精米歩合約50%、造る酒の80%が吟醸酒という、典型的な吟醸蔵だ。

おもなラインナップ

黒龍 特撰《とくせん》吟醸

大吟醸酒／1.8ℓ ¥3364 720mℓ ¥1682／ともに福井県産五百万石50%／15度
低温でゆっくり仕込んだ、気品ある香りと澄んだ味わいを併せ持つ大吟醸。冷。

日本酒度+5　酸度1		薫酒	
吟醸香	■■■■□	コク	■■□□□
原料香	■□□□□	キレ	■■■■□

黒龍 純米吟醸

純米吟醸酒／1.8ℓ ¥2752 720mℓ ¥1377／ともに福井県産五百万石55%／15度
五百万石本来の味を引き出しつつ「黒龍」らしい飲みやすさを追求。冷、温燗。

日本酒度+3.5　酸度1.3		薫酒	
吟醸香	■■■□□	コク	■■□□□
原料香	■□□□□	キレ	■■■■□

黒龍 石田屋《いしだや》

純米大吟醸酒／720mℓ ¥10500／ともに兵庫県産山田錦35%／15度
純米大吟醸酒を長期低温熟成させて、味わいとまろやかさを増した一本。冷。

日本酒度+4.5　酸度0.8		薫酒	
吟醸香	■■■■■	コク	■■■□□
原料香	■■■□□	キレ	■■■■□

小左衛門《こざえもん》

中島醸造株式会社
☎0572-68-3151　直接注文 不可
瑞浪市土岐町7181-1
元禄15年（1702）創業

代表酒名	小左衛門 特別純米 信濃《しなの》美山錦《みやまにしき》
特定名称	特別純米酒
希望小売価格	1.8ℓ ¥2500 720mℓ ¥1250

原料米と精米歩合…麹米・掛米ともに 信濃美山錦55%
アルコール度数……16.1度

落ち着いた香りと、米由来のこくがありながらさらりと澄んだ透明な味わいが特徴。切れのある酸味が味覚を常に清新に保ち、料理を引き立てる。冷、燗。

日本酒度+2　酸度1.7		醇酒	
吟醸香	■□□□□	コク	■■■□□
原料香	■■■□□	キレ	■■■□□

古くからの地元酒「始祿《しろく》」ブランドで知られる、兄が蔵元、弟が杜氏の兄弟蔵。特約店限定の「小左衛門」は、純米や三年古酒を中心に7種類を引っさげて、初代の名前を酒名に平成12年に立ち上げた。同14年には、創業時と同じく瑞浪で育てた酒米で2種の純米吟醸を製造・発売している。

おもなラインナップ

小左衛門 純米吟醸 播州《ばんしゅう》山《やま》田《だ》錦《にしき》
純米吟醸酒/1.8ℓ ¥3000 720mℓ ¥1500/ともに兵庫県産山田錦60%/17.3度
香り、味わいの深さと切れ、いずれもバランスがいい。春先は冷、秋以降は燗も。

日本酒度±0　酸度1.9		薫醇酒	
吟醸香	■■■□□	コク	■■■□□
原料香	■■■□□	キレ	■■■□□

小左衛門 純米大吟醸 生酛《きもと》（生《なま》）
純米大吟醸酒/1.8ℓ ¥6500 720mℓ ¥3250/ともに単一酒造好適米40%/16.2度
香りよく、味の密度濃く、切れもいい酒。酒が若い春〜秋は冷、秋以降は燗も。

日本酒度 -6　酸度2.2		薫醇酒	
吟醸香	■■■■□	コク	■■■□□
原料香	■■■□□	キレ	■■■□□

小左衛門 純米吟醸 仕込《しこみ》38号《ごう》備前《びぜん》雄町《おまち》
純米吟醸酒/1.8ℓ ¥3800 720mℓ ¥1900/ともに備前雄町50%/16.4度
雄町独特のふくよかさと、仕込み水のやわらかさが最もよく出ている酒。冷、燗。

日本酒度+1　酸度1.7		醇酒	
吟醸香	■■□□□	コク	■■■□□
原料香	■■■□□	キレ	■■■□□

三千盛《みちさかり》

株式会社三千盛
☎0572-43-3181　直接注文 可
多治見市笠原町2919
安永年間（1772～81）創業

代表酒名	三千盛 小《こ》仕《じ》込《こみ》純米
特定名称	純米大吟醸酒
希望小売価格	1.8ℓ ¥4700　720mℓ ¥2100

原料米と精米歩合…麹米・掛米ともに 山田錦40%
アルコール度数……15度以上16度未満

飲むほどにこくと深い味わいが湧き、しかも蔵元が自負するとおり、切れ味は名刀のよう。根っからの辛口好きにおすすめ。常温・温燗◎、冷○。

日本酒度+14　酸度1.4		爽酒	
吟醸香	■■□□□	コク	■■□□□
原料香	■□□□□	キレ	■■■■□

辛口の酒の代表格といえる「三千盛」は昭和初年、この蔵の上級酒ブランドとして誕生した。甘口主流の昭和30年代は大いに苦労したが、やがて精米歩合50%・日本酒度プラス10の「三千盛特級酒」が作家・永井龍男の目に留まり、以後「辛口なら三千盛」と全国にその名を広めた。

おもなラインナップ

三千盛 純米
純米大吟醸酒/1.8ℓ ¥3150 720mℓ ¥1400/美山錦45% あさひのゆめ45%/15度以上16度未満
冷ではさらりと軽快な口当たり。燗すれば味にふくらみが増してくる。冷～温燗。

日本酒度+11　酸度1.4		爽酒	
吟醸香	■■□□□	コク	■■□□□
原料香	■□□□□	キレ	■■■■□

三千盛 超特《ちょうとく》
大吟醸酒/1.8ℓ ¥2700 720mℓ ¥1200/美山錦45% あさひのゆめ45%/15度以上16度未満
雑味のない、米と米麹の味だけを感じさせるクリアな酒質。冷～温燗◎、熱燗○。

日本酒度+15　酸度1.2		爽酒	
吟醸香	■■□□□	コク	■■□□□
原料香	■□□□□	キレ	■■■■■

三千盛 まる尾《お》
純米大吟醸酒/1.8ℓ ¥5250 720mℓ ¥2400/ともに山田錦40%/15度以上16度未満
山田錦特有の味を楽しめる辛口。味と香りが調和した食中酒。冷・温燗◎、常温○。

日本酒度+11　酸度1.4		爽酒	
吟醸香	■■□□□	コク	■■□□□
原料香	■□□□□	キレ	■■■■□

房島屋《ぼうじまや》

所《ところ》酒造合資会社
℡0585-22-0002　直接注文 不可
揖斐郡揖斐川町三輪
明治初頭（1868～72ごろ）創業

代表酒名	房島屋 純米無濾過《むろか》生原酒《なまげんしゅ》
特定名称	純米酒
希望小売価格	1.8ℓ ¥2520 720mℓ ¥1260

原料米と精米歩合…麹米 にしほまれ65%／掛米 五百万石65%
アルコール度数……17度～18度

さわやかな酸味がよく利いて、辛さにも芳醇なふくらみがある。背筋の伸びた、きっぱり感のある酒。味のしっかりした和食や肉料理に。冷～温燗。

日本酒度+5 酸度2.2			醇酒
吟醸香	■□□□□	コク	■■■■□
原料香	■■■□□	キレ	■■■■□

おもなラインナップ

房島屋 純米大吟醸 山田錦《やまだにしき》
純米大吟醸酒／1.8ℓ ¥5670 720mℓ ¥2835／山田錦40% 同45%／16度～17度
香り、味ともしっかり自己主張がある、腰の据わった酒。食中によし。冷～温燗。

日本酒度±0 酸度1.7			薫酒
吟醸香	■■■□□	コク	■■□□□
原料香	■□□□□	キレ	■■■□□

房島屋 純米吟醸 五百万石生酒《ごひゃくまんごくなまざけ》
純米吟醸酒／1.8ℓ ¥3150 720mℓ ¥1575／ともに五百万石50%／16度～17度
五百万石の切れを生かした軽い口当たり、辛さが後口を引き締める。冷～温燗。

日本酒度+5 酸度1.8			爽酒
吟醸香	■■□□□	コク	■■□□□
原料香	■□□□□	キレ	■■■■□

房島屋 純米火入熟成酒《ひいれじゅくせいしゅ》
純米酒／1.8ℓ ¥2205 720mℓ ¥1103／にしほまれ65% 五百万石65%／15.3度
蔵内で1年以上常温熟成させた晩酌用純米酒。米の味と酸味が調和する温燗で。

日本酒度+5 酸度1.8			醇酒
吟醸香	■□□□□	コク	■■■□□
原料香	■■■■□	キレ	■■■■□

「房島屋」は、揖斐《いび》川上流の水に恵まれた地で代々酒を醸《かも》してきた、この蔵の屋号。姉妹ブランドに「揖斐の蔵」がある。どの酒も総米６００～１０００キロほどの小仕込みだ。近年までは冬季に杜氏と蔵人を呼んでいたが、今は杜氏を兼ねる若い五代目と地元の社員たちで酒を造っている。

醴泉《れいせん》

北陸・東海　岐阜県

玉泉堂《ぎょくせんどう》酒造株式会社
℡0584-32-1155　直接注文 不可
養老郡養老町高田800-3
文化3年（1806）創業

「養老の滝」伝説の地で醸される酒。「醴泉」とは中国の故事にある泉で、奈良時代からこの地にあった泉を醴泉と呼んだという。「垢《あか》抜けて品位のある酒」を目標に、兵庫県特A地区産山田錦をメインに高精白し、手造り・小仕込み・瓶燗火入れ・低温貯蔵と、丁寧に丁寧に造っている。

代表酒名	醴泉 純米 山田錦《やまだにしき》
特定名称	特別純米酒
希望小売価格	1.8ℓ ¥2993 720mℓ ¥1491

原料米と精米歩合…麹米・掛米ともに 山田錦60%

アルコール度数……15度～15.9度

山田錦特有の味わいを存分に引き出した、こくと気品のある一品。やさしげな味がのどをすべりつつ余韻を引くとき、安らぎさえ感じさせる。冷～燗。

日本酒度+2	酸度1.6		醇酒
吟醸香	■□□□□	コク	■■■□□
原料香	■■■□□	キレ	■■■□□

おもなラインナップ

醴泉 大吟醸 蘭奢待《らんじゃたい》

大吟醸酒／1.8ℓ ¥8295 720mℓ ¥4064／ともに山田錦35%／16度～16.9度

酒名は正倉院御物の国宝の香木から。信長も薫じた香りを再体験できるか。やや冷。

日本酒度+5	酸度1.3		薫酒
吟醸香	■■■■□	コク	■■□□□
原料香	■□□□□	キレ	■■■□□

醴泉 純米大吟醸

純米大吟醸酒／1.8ℓ ¥5250 720mℓ ¥2625／ともに山田錦43%／16度～16.9度

優良な酒米とおとなしい香りの酵母を組み合わせ、品格と余裕の味に。冷～常温。

日本酒度+1	酸度1.4		薫酒
吟醸香	■■■□□	コク	■■□□□
原料香	■□□□□	キレ	■■■□□

醴泉 純吟《じゅんぎん》 山田錦

純米吟醸酒／1.8ℓ ¥3675 720mℓ ¥1838／ともに山田錦50%／15度～15.9度

心地よくほのかな立ち香と、シャープな味わいがマッチした食中酒。常温～燗。

日本酒度+2	酸度1.5		薫酒
吟醸香	■■■□□	コク	■■□□□
原料香	■■□□□	キレ	■■■■□

白隠正宗《はくいんまさむね》

静岡県　北陸・東海

高嶋酒造株式会社
☎055-966-0018　直接注文 不可
沼津市原354-1
文化元年（1804）創業

代表酒名	白隠正宗 誉富士《ほまれふじ》純米酒
特定名称	純米酒
希望小売価格	1.8ℓ ¥2550 720mℓ ¥1430

原料米と精米歩合…麹米・掛米ともに 誉富士60%
アルコール度数……16度

富士山伏流水、静岡酵母、静岡県初の酒造好適米・誉富士と、すべて静岡仕込みの地酒。誉富士のしっかりした味とのど越しの軽さがいい。冷～常温。

日本酒度+3　酸度1.7　**爽酒**
吟醸香 ■□□□□　コク ■■□□□
原料香 ■■□□□　キレ ■■■■□

駿河には過ぎたるものの一つ・富士山の伏流水を仕込み水に、過ぎたるもののもう一つ・白隠禅師ゆかりの松蔭寺のお膝元で、のど越しキレイなすっきりした味の酒を醸《かも》す。全品蓋麹《ふたこうじ》法で槽搾《ふねしぼ》り、低温熟成貯蔵と、酒造りの手間は惜しまない。酒名は山岡鉄舟の命名というからカッコいい。

おもなラインナップ

白隠正宗 純米吟醸
純米吟醸酒／1.8ℓ ¥3300 720mℓ ¥1800／ともに兵庫県産山田錦50%／17度
吟醸香と淡麗な味のミックス、ほのかな苦味と酸味のバランスがいい。冷～常温。

日本酒度+3　酸度1.7　**薫酒**
吟醸香 ■■■□□　コク ■■□□□
原料香 ■□□□□　キレ ■■■■□

白隠正宗 山廃《やまはい》純米酒
純米酒／1.8ℓ ¥2790 720mℓ ¥1392／ともに山田錦65%／16度
静岡型の造りの山廃仕込み。しっかりした味わいプラス切れのよさ。常温～燗。

日本酒度+1　酸度1.8　**醇酒**
吟醸香 ■□□□□　コク ■■■□□
原料香 ■■■□□　キレ ■■■□□

白隠正宗 少汲水《しょうくみみず》純米酒
純米酒／1.8ℓ ¥2310／誉富士60% あいちのかおり65%／15度
汲水歩合を少なくして仕込んだ、切れよく濃醇な味わいが特徴的。常温、燗。

日本酒度±0　酸度1.8　**醇酒**
吟醸香 ■□□□□　コク ■■■□□
原料香 ■■■□□　キレ ■■■□□

がりゅうばい

臥龍梅《がりゅうばい》

北陸・東海　静岡県

三和酒造株式会社
054-366-0839　直接注文 可
静岡市清水区西久保501-10
貞享3年（1686）創業

代表酒名	臥龍梅 純米大吟醸 愛山《あいやま》 無《む》濾《ろ》過《か》原酒《げんしゅ》
特定名称	純米大吟醸酒
希望小売価格	1.8ℓ ¥8400 720mℓ ¥4200

原料米と精米歩合…麹米・掛米ともに 愛山40%

アルコール度数……16度以上17度未満

希少品種・愛山を40%まで磨き、その持ち味を見事に引き出した逸品。臥龍梅独自の芳醇な含み香、奥行のある重層的な味わいを楽しめる。冷、燗。

日本酒度±0　酸度1.3	薫酒
吟醸香 ■■■■□	コク ■■□□□
原料香 ■■□□□	キレ ■■□□□

「臥龍梅」の造り方は、酒米の種類と精米歩合を除けば、鑑評会出品酒と寸分変わらない。多くの静岡型吟醸酒とは趣を異にした、味にも香りにもインパクトのある豊かな酒質が特徴だ。酒名は『三国志』に見られる故事と、龍の寝姿に似た家康手植えの梅「臥龍梅」にちなんで名付けられた。

おもなラインナップ

臥龍梅 純米大吟醸 山《やま》田《だ》錦《にしき》 無濾過原酒
純米大吟醸酒/1.8ℓ ¥6825 720mℓ ¥3360/ともに山田錦40%/16度以上17度未満
味の豊かさ・なめらかさ・切れのよさと、三つのバランスが取れている。冷、燗。

日本酒度+2　酸度1.3	薫酒
吟醸香 ■■■■□	コク ■■□□□
原料香 ■■□□□	キレ ■■■□□

臥龍梅 純米吟醸 備《び》前《ぜん》雄《お》町《まち》 袋吊《ふくろづり》斗《と》壜囲《びんがこい》
純米吟醸酒/1.8ℓ ¥3465 720mℓ ¥1732/ともに備前雄町55%/16度以上17度未満
熟成の度を加えるにつれ、雄町特有の味と香りが力強く、かつ鮮明に。冷、燗。

日本酒度+2　酸度1.5	薫酒
吟醸香 ■■■□□	コク ■■■□□
原料香 ■■□□□	キレ ■■■□□

臥龍梅 純米吟醸 山田錦 袋吊斗壜囲
純米吟醸酒/1.8ℓ ¥3465 720mℓ ¥1732/ともに山田錦55%/16度以上17度未満
芳醇な含み香と切れのよさは、醪を丁寧に袋吊りした手間ひまの賜物。冷、燗。

日本酒度+3　酸度1.4	薫酒
吟醸香 ■■■□□	コク ■■■□□
原料香 ■■□□□	キレ ■■■■□

正雪《しょうせつ》

株式会社神沢川《かんざわがわ》酒造場
054-375-2033　直接注文 不可
静岡市清水区由比181
大正元年（1912）創業

代表酒名　正雪 純米吟醸 山《やま》田《だ》錦《にしき》 別撰《べっせん》 山影純悦《やまかげじゅんえつ》 春《はる》

特定名称　純米吟醸酒

希望小売価格　1.8ℓ ¥3500

原料米と精米歩合…麹米・掛米ともに 山田錦50%

アルコール度数……16.3度

小仕込み、生詰瓶燗火入れ、急冷冷蔵管理と、特別に手間をかけた酒。果実様の立ち香は淡く、たっぷりの米の香とやさしい酸味が口に広がる。冷～常温。

日本酒度+4	酸度1.3	薫酒	
吟醸香	■■■□□	コク	■■□□□
原料香	■■□□□	キレ	■■■■□

おもなラインナップ

正雪 純米大吟醸 備前雄町《びぜんおまち》

純米大吟醸酒／1.8ℓ ¥4200／ともに備前雄町45%／15.8度

雄町特有の円く広がりのある味とこくが、華やかな含み香と見事にマッチ。冷。

日本酒度+2	酸度1.4	薫酒	
吟醸香	■■■□□	コク	■■□□□
原料香	■□□□□	キレ	■■■□□

正雪 大吟醸 山田錦

大吟醸酒／1.8ℓ ¥6300 720mℓ ¥3150／ともに山田錦35%／15.8度

すがすがしい果実香、透きとおった味、するっと切れ上がる余韻が印象的。冷。

日本酒度+7	酸度1.1	薫酒	
吟醸香	■■■■□	コク	■■□□□
原料香	■□□□□	キレ	■■■■□

正雪 純米吟醸 山田錦 別撰 山影純悦 秋《あき》

純米吟醸酒／1.8ℓ ¥3500／ともに山田錦50%／16.3度

生酒で熟成、火入れ後も低温熟成させた、冷やおろしのような味わい。冷～常温。

日本酒度+2	酸度1.2	薫酒	
吟醸香	■■■□□	コク	■■■□□
原料香	■■□□□	キレ	■■■□□

酒名はいうまでもなく、地元由比出身の江戸時代の兵学者・由井正雪から。桜エビで有名な由比海岸に面した蔵で、南部流の名杜氏のもと「軽く、円く、盃の進むキレイな酒」を目標に酒を醸《かも》している。米は和釜で蒸し、麹《こうじ》は手造り、瓶燗火入れに急冷冷蔵保存と、造り方はまじめ一辺倒。

初亀

初亀醸造株式会社
℡054-667-2222　直接注文 不可
藤枝市岡部町岡部744
寛永12年（1635）創業

代表酒名	初亀 本醸造
特定名称	本醸造酒
希望小売価格	1.8ℓ ¥1965 720mℓ ¥1030

原料米と精米歩合…麹米・掛米ともに 雄山錦63%
アルコール度数……15度〜16度

富山県 JA なんと産の雄山錦を丁寧に磨いて醸した、本醸造とは思えないハイレベルな一本。ふくらみのある香りと米の味のバランスがいい。冷、常温。

日本酒度+7　酸度1.25	爽酒		
吟醸香	■□□□□	コク	■■□□□
原料香	■■□□□	キレ	■■■■□

おもなラインナップ

初亀 急冷美酒《きゅうれいびしゅ》

普通酒／1.8ℓ ¥1753 720mℓ ¥724／山田錦（未検査米）64% 同67%／15度〜16度
兵庫県 JA みのり産の未検査山田錦で造るぜいたくで CP の高い普通酒。冷〜燗。

日本酒度+5　酸度1.15	爽酒		
吟醸香	■□□□□	コク	■□□□□
原料香	■■□□□	キレ	■■■■□

初亀 岡部丸《おかべまる》

純米酒／720mℓ ¥1750／ともに誉富士55%／16度〜17度
静岡県産酒造好適米・誉富士の持ち味を生かし、味の幅が広く飲み飽きない。冷。

日本酒度-1　酸度1.2	醇酒		
吟醸香	■□□□□	コク	■■■□□
原料香	■■■□□	キレ	■■■■□

初亀 純米大吟醸 亀《かめ》

純米大吟醸酒／1.8ℓ ¥12500／ともに兵庫県産山田錦35%／16度〜17度
当銘柄を代表する一本。上品な香りと、端正でよくまとまった味わいが魅力。冷。

日本酒度+2　酸度1.5	薫酒		
吟醸香	■■■■□	コク	■■□□□
原料香	■□□□□	キレ	■■■□□

蔵は安倍川と大井川の間、旧東海道の宿場町だった岡部にあり、古くから街道を往来する旅人に親しまれてきた。南アルプス山系伏流水と、兵庫県特A地区産山田錦、富山県南砺《なんと》産雄山錦ほか産地と作り手にこだわった米で醸《かも》す酒は、淡麗上品な香りにきりっとした味わい。女性にも人気だ。

青島酒造株式会社
☎054-641-5533　直接注文 不可
藤枝市上青島246
江戸時代中期（1750前後）創業

喜久醉《きくよい》

静岡県　北陸・東海

代表酒名	喜久醉 松下米《まつしたまい》40
特定名称	純米大吟醸酒
希望小売価格	720mℓ ¥4494

原料米と精米歩合…麹米・掛米ともに 藤枝産山田錦40%

アルコール度数……15度～16度

静岡型の典型。晴朗な若々しさに併せて、まろやかさ・逞しさを感じさせる。地元農家の協力のもとに自家栽培した山田錦のよさがあふれる。やや冷。

日本酒度+5.5　酸度1.1　薫酒
吟醸香 ■■■□□　コク ■■□□□
原料香 ■□□□□　キレ ■■■■□

おもなラインナップ

喜久醉 特別純米
特別純米酒/1.8ℓ ¥2730 720mℓ ¥1365/山田錦60% 日本晴60%/15度～16度
これも静岡型の飲みやすい酒。ふくらみのある味は普段酒に最適。冷～温燗。

日本酒度+6　酸度1.4　爽酒
吟醸香 ■■■□□　コク ■■□□□
原料香 ■■□□□　キレ ■■■■□

喜久醉 純米吟醸
純米吟醸酒/1.8ℓ ¥3970 720mℓ ¥2040/ともに山田錦50%/15度～16度
これも静岡型の、当銘柄を代表する酒。酸味が少なく、女性向き。やや冷～常温。

日本酒度+6　酸度1.2　薫酒
吟醸香 ■■■□□　コク ■■□□□
原料香 ■□□□□　キレ ■■■□□

喜久醉 純米大吟醸
純米大吟醸酒/720mℓ ¥4000/ともに山田錦40%/15度～16度
静岡型大吟醸の王道を行く一本。香りの品のよさ、味の繊細さに頷くばかり。冷。

日本酒度+5.5　酸度1.2　薫酒
吟醸香 ■■■□□　コク ■■□□□
原料香 ■□□□□　キレ ■■■□□

生産量が少なく、普通酒を含め全商品を3～5℃で冷蔵管理するなど、酒造りの細やかさには定評がある。南アルプス山系伏流水で醸《かも》すのは、穏やかな香り・やわらかな口当たり・切れのよいのど越しの、いわゆる静岡型の酒。高級酒はもちろんレギュラー酒の質の高さもすばらしい

しだいずみ

志太泉

北陸・東海　静岡県

株式会社志太泉酒造
℡054-639-0010　直接注文 可
藤枝市宮原423-22-1
明治15年（1882）創業

代表酒名　純米吟醸 志太泉 焼津《やいづ》酒米研究会《さかまいけんきゅうかい》山田錦《やまだにしき》

特定名称　純米吟醸酒

希望小売価格　1.8ℓ ¥2730 720mℓ ¥1365

原料米と精米歩合…麹米・掛米ともに 焼津市産山田錦55%
アルコール度数……15度～16度

焼津酒米研究会が栽培する山田錦を100%使用した、さわやかな味と香りがまっすぐな純米吟醸。地元焼津産のカツオなどで飲りたいところ。やや冷。

日本酒度+5　酸度1.2		薫酒	
吟醸香	■■■□□	コク	■■□□□
原料香	■□□□□	キレ	■■■■□

地元農家11名による焼津酒米研究会が栽培する山田錦をメインに、典型的軟水の瀬戸川伏流水で、人に、環境にやさしい酒を仕込む。濾過の必要もないほど上質のこの水が、「志太泉」のやわらかな酒質のベースだ。酒名は旧地名・志太郡と、泉のように湧き立つ酒を造りたいとの心意気から。

おもなラインナップ

特別本醸造 志太泉
特別本醸造酒／1.8ℓ ¥2572 720mℓ ¥1260／ともに五百万石50%／15度～16度
味わいは清冽、引き味はキレイに切れる。アユの塩焼きがぴったり。冷、常温。

日本酒度+5　酸度1.3		爽酒	
吟醸香	■■□□□	コク	■■□□□
原料香	■■□□□	キレ	■■■■□

純米吟醸原酒《げんしゅ》 志太泉 愛山《あいやま》
純米吟醸酒／1.8ℓ ¥5040 720mℓ ¥2520／ともに愛山50%／17度～18度
希少酒米・愛山独特の香りと味わい。白焼きのウナギとワサビなどよし。やや冷。

日本酒度+2.5　酸度1.5		薫酒	
吟醸香	■■■□□	コク	■■■□□
原料香	■■□□□	キレ	■■■□□

純米大吟醸 志太泉
純米大吟醸酒／1.8ℓ ¥4830 720mℓ ¥2415／ともに山田錦40%／15度～16度
上品な吟醸香、山田錦の洗練された味。酒そのものを味わうのに最適。冷～温燗。

日本酒度+3.5　酸度1.3		薫酒	
吟醸香	■■■■□	コク	■■□□□
原料香	■□□□□	キレ	■■■■□

杉錦《すぎにしき》

杉井酒造（個人商店）
054-641-0606　直接注文 可
藤枝市小石川町4-6-4
天保13年（1842）創業

代表酒名	杉錦 山廃《やまはい》純米 玉栄《たまさかえ》
特定名称	純米酒
希望小売価格	1.8ℓ ¥2520 720mℓ ¥1365

原料米と精米歩合…麹米・掛米ともに 玉栄60%

アルコール度数……15.8度

減農薬栽培の玉栄を山廃酛で仕込み、こくと深みのある米の味わいを求めた純米酒。ほどよい酸味がアクセントとして利いている。燗。

日本酒度+4　酸度1.6			醇酒
吟醸香	■□□□□	コク	■■■□□
原料香	■■■■□	キレ	■■■■□

おもなラインナップ

杉錦 生《き》もと 特別純米酒

特別純米酒/1.8ℓ ¥2625 720mℓ ¥1470/ともに山田錦60%/15.8度

穏やかで円みのある味わいは、さまざまな料理との相性が広い。温燗がいち押し。

日本酒度+4　酸度1.8			醇酒
吟醸香	■□□□□	コク	■■■□□
原料香	■■■■□	キレ	■■■□□

杉錦 山廃純米 天保十三年《てんぽうじゅうさんねん》

純米酒/1.8ℓ ¥1890 720mℓ ¥945/ひとめぼれ70% あいちのかおり78%/15.2度

飲み飽きしない、酸味の利いた男っぽく粗削りな味わいは、ぜひ燗でいきたい。

日本酒度+2　酸度2.3			醇酒
吟醸香	■□□□□	コク	■■■■□
原料香	■■■■□	キレ	■■■□□

杉錦 純米吟醸

純米吟醸酒/1.8ℓ ¥3150 720mℓ ¥1628/ともに山田錦50%/15.8度

9号系静岡酵母独特の穏やかな香りと、山田錦のきめ細かい味わい。冷、温燗。

日本酒度+6　酸度1.4			薫酒
吟醸香	■■■□□	コク	■■□□□
原料香	■□□□□	キレ	■■■■□

酒名は「亀川」「杉正宗」と変遷し、現在の「杉錦」は昭和の初めから。杜氏制を廃し、当主自ら蔵元杜氏として蔵人たちの先頭に立つ。甑《こしき》で米を蒸し、麹《こうじ》造りは蓋《ふた》麹《こうじ》法によるなど丁寧な酒造りだ。静岡型の吟醸造りをベースに、淡麗タイプからしっかりボディまでラインナップはそろう。

いそじまん

磯自慢

磯自慢酒造株式会社
☎054-628-2204　直接注文 不可
焼津市鰯ヶ島307
天保元年（1830）創業

北陸・東海　静岡県

代表酒名	磯自慢 大吟醸
特定名称	大吟醸酒
希望小売価格	1.8ℓ ¥8337 720mℓ ¥3822

原料米と精米歩合…麹米・掛米ともに 兵庫県特A地区産山田錦45%
アルコール度数……16度～17度

当蔵の伝統と革新性が結晶した大吟醸。洞爺湖サミット晩餐会乾杯酒の原点となった酒。品のいい蠱惑的な香り、颯爽とした味が舌とのどを駆ける。冷。

日本酒度+6　酸度1		薫酒	
吟醸香	■■■■□	コク	■■□□□
原料香	■□□□□	キレ	■■■■□

酒米は兵庫県特A地区産山田錦をメインに高精白し、名水の名が高い南アルプス山系大井川伏流水を仕込み水に、手造りの麹と自社保存酵母、また静岡酵母を用いて、冷蔵仕込室で細心に発酵を進める。特定名称酒のみ造り、全量を低温熟成管理する。揺るぎのない姿勢にファンは増えるばかり。

おもなラインナップ

磯自慢 純米大吟醸 ブルーボトル

純米大吟醸酒／720mℓ ¥5313／ともに兵庫県特A地区産山田錦40%／16度～17度
3つの田が産する3Aランクの山田錦を単一の田ごとに仕込み、年3回限定発売。冷。

日本酒度+3　酸度1.2		薫酒	
吟醸香	■■■■□	コク	■■□□□
原料香	■□□□□	キレ	■■■■□

磯自慢 大吟醸純米 エメラルドボトル

純米大吟醸酒／720mℓ ¥3255／ともに兵庫県特A地区産山田錦50%／16度～17度
メロンを思わせる立ち香がすがすがしく、やさしい甘さは舌にしみ込むよう。冷。

日本酒度+4　酸度1.5		薫酒	
吟醸香	■■■■□	コク	■■□□□
原料香	■□□□□	キレ	■■■□□

磯自慢 水響《すいきょう》華《か》

大吟醸酒／1.8ℓ ¥5460／ともに兵庫県特A地区産山田錦50%／16度～17度
典雅な香りが静かに立ち昇り、ほのかな甘さを伴った落ち着いた味が広がる。冷。

日本酒度+6　酸度1		薫酒	
吟醸香	■■■■□	コク	■□□□□
原料香	■□□□□	キレ	■■■■□

かいうん
開運

株式会社土井酒造場
℡0537-74-2006　直接注文 可
掛川市小貫633
明治5年（1872）創業

代表酒名	祝酒《いわいざけ》 開運 特別本醸造
特定名称	特別本醸造酒
希望小売価格	1.8ℓ ¥1927 720mℓ ¥1050

原料米と精米歩合…麹米 山田錦60%／掛米 一般米60%

アルコール度数……15.8度

さわやかな香り、軽快な口当たりが誰にも好まれる、淡麗で切れのいい辛口。酒名どおり楽しい席にぴったりの酒。肉料理にもよく合う。冷～燗。

日本酒度+6　酸度1.4		爽酒	
吟醸香	■□□□□	コク	■■□□□
原料香	■■□□□	キレ	■■■■□

静岡県を代表する銘柄の一つ。能登杜氏四天王の一人・波瀬正吉杜氏が中心の酒造りで知られ、さまざまな鑑評会の受賞歴は枚挙にいとまがない。仕込み水は、武田・徳川の古戦場だった高天神城跡に湧く超軟水。酒米は山田錦がメインで、特に麹米《こうじまい》にはすべて山田錦を用いている。

おもなラインナップ

開運 特別純米

特別純米酒／1.8ℓ ¥2573 720mℓ ¥1365／ともに山田錦55%／16.5度

山田錦の繊細な味わいが深く、甘さと酸味もしっくり調和が取れている。冷～燗。

日本酒度+5　酸度1.5		醇酒	
吟醸香	■□□□□	コク	■■■□□
原料香	■■■□□	キレ	■■■□□

開運 むろか純米

特別純米酒／1.8ℓ ¥2751 720mℓ ¥1418／ともに山田錦55%／17.5度

静岡酵母のやさしい香味と山田錦とのハーモニーがよく飲み飽きない。冷～温燗。

日本酒度+5　酸度1.5		醇酒	
吟醸香	■□□□□	コク	■■■□□
原料香	■■■□□	キレ	■■■□□

開運 大吟醸

大吟醸酒／1.8ℓ ¥8190 720mℓ ¥3360／ともに特A山田錦40%／16.5度

静岡酵母のさわやかさ、山田錦の持ち味がマッチした当蔵のロングセラー。冷。

日本酒度+6　酸度1.3		薫酒	
吟醸香	■■■□□	コク	■■□□□
原料香	■□□□□	キレ	■■■■□

蓬莱泉《ほうらいせん》

関谷醸造株式会社
☎0536-62-0505　直接注文 可
北設楽郡設楽町田口字町浦22
元治元年（1864）創業

北陸・東海　愛知県

代表酒名	蓬莱泉 純米大吟醸 空《くう》
特定名称	純米大吟醸酒
希望小売価格	1.8ℓ ¥7560 720mℓ ¥3415

原料米と精米歩合…麹米 山田錦40%/掛米 山田錦45%
アルコール度数……15.5度

3・6・11月と年3回出荷の限定予約品。新鮮な果物めいた芳醇な吟醸香と、米の持ち味の甘さとこくをじっくり引き出す。淡泊な味の酒肴と。やや冷。

日本酒度 非公開	酸度 非公開	薫酒
吟醸香 ■■■■□	コク ■■□□□	
原料香 ■■□□□	キレ ■■■□□	

和醸良酒―和は良酒を醸《かも》し、良酒は和を醸す―を信条とする酒蔵。愛知県内で抜群の人気を誇り、特に地元三河地区では他の追随を許さない。積極的に機械化・合理化を進める一方、原料米の全量自家精米、また50%と高い平均精米歩合など、酒造りへの確かな姿勢は「和醸良酒」そのまま。

おもなラインナップ

蓬莱泉 純米吟醸 和《わ》

純米吟醸酒/1.8ℓ ¥3360 720mℓ ¥1680/ともに山田錦50%/15.5度
やわらかな甘さ、酸味の爽快なのど切れ。ちょっとぜいたくな普段酒。冷～温燗。

日本酒度 非公開	酸度 非公開	薫酒
吟醸香 ■■■□□	コク ■■□□□	
原料香 ■■□□□	キレ ■■■□□	

蓬莱泉 特別純米 可《べし》。

特別純米酒/1.8ℓ ¥2625 720mℓ ¥1313/夢山水55% チヨニシキ55%/15.5度
含み香やさしく、酸味が少なくあっさりした飲み口に、つい盃がすすむ。冷、温燗。

日本酒度 非公開	酸度 非公開	爽酒
吟醸香 ■□□□□	コク ■■□□□	
原料香 ■■■□□	キレ ■■■□□	

別撰《べっせん》 蓬莱泉

普通酒/1.8ℓ ¥2100 720mℓ ¥914/夢山水60% チヨニシキ60%/15.5度
醸造用アルコール代わりに酒粕原料の自家製焼酎を添加。淡麗な飲み口。冷～燗。

日本酒度 非公開	酸度 非公開	爽酒
吟醸香 ■□□□□	コク ■■□□□	
原料香 ■■■□□	キレ ■■■□□	

山﨑合資会社
0563-62-2005　直接注文 地域により可
幡豆郡幡豆町大字西幡豆字柿田57
明治36年（1903）創業

代表酒名	夢山水十割《ゆめさんすいじゅうわり》 奥 生酒《なまざけ》
特定名称	純米吟醸酒
希望小売価格	1.8ℓ ¥2993 720mℓ ¥1449

原料米と精米歩合…麹米・掛米ともに 夢山水60%

アルコール度数……18.5度

奥三河で契約栽培した酒米・夢山水を全量使用。淡い黄金色から、豊かで清冽な香りが立つ。口に広がる米由来のとろみと甘さの品のいいこと。しかも強い。冷。

日本酒度+2	酸度1.8	薫酒	
吟醸香	■■■□□	コク	■■■□□
原料香	■■■□□	キレ	■■□□□

当銘柄の全品に奥三河で契約栽培する酒米・夢山水を全量使用し、全品が無濾過無調整原酒。この米と手造り麹《こうじ》、蔵独自のきめ細かな醪《もろみ》管理が、高いアルコール度数にもかかわらず、華やかな香り、とろりと濃醇な味わいを見事に両立させている。米本来のぜいたくさを理想的に表現した酒。

おもなラインナップ

夢山水十割 奥 熟《じゅく》
純米吟醸酒/1.8ℓ ¥2993 720mℓ ¥1449/ともに夢山水60%/18.5度
上記と同じ酒米を全量使用。円いとろみの奥から、芯のある強さが忍び寄る。冷。

日本酒度+2	酸度1.8	薫酒	
吟醸香	■■■□□	コク	■■■□□
原料香	■■■□□	キレ	■■□□□

夢山水浪漫《ろまん》 奥
純米大吟醸酒/1.8ℓ ¥5000 720mℓ ¥2350/ともに夢山水50%/18.5度
上記の酒米にさらに磨きをかけた、濃醇でしなやかな味わいを感じさせる酒。冷。

日本酒度+2	酸度1.8	薫酒	
吟醸香	■■■□□	コク	■■□□□
原料香	■■□□□	キレ	■■□□□

夢山水二割二分《にわりにぶ》 奥
純米大吟醸酒/720mℓ ¥5250/ともに夢山水22%/17.5度
上記の酒米を極限まで磨き込み、優雅で気品あふれる酒質に醸し上げた一本。冷。

日本酒度 -2.5	酸度2.1	薫酒	
吟醸香	■■■■□	コク	■■□□□
原料香	■□□□□	キレ	■■□□□

神杉《かみすぎ》

神杉酒造株式会社
☎0566-75-2121　直接注文 可
安城市明治本町20-5
文化2年（1805）創業

代表酒名　神杉 長期《ちょうき》熟成《じゅくせい》大吟醸 秘蔵酒《ひぞうしゅ》

特定名称　大吟醸酒

希望小売価格　1.8ℓ ¥15750

原料米と精米歩合…麹米・掛米ともに 兵庫県産山田錦35%

アルコール度数……17.5度

袋取りの大吟醸を長期間低温熟成させた古酒。当初は華やかだった立ち香が、熟成によって味わい深い大吟醸香に変化。じっくり吟味したい一本。冷。

日本酒度+5	酸度1.3	薫酒	
吟醸香	■■■■□	コク	■■□□□
原料香	■■□□□	キレ	■■■□□

おもなラインナップ

神杉 純米大吟醸 若水穂《わかみずほ》
純米大吟醸酒／720mℓ ¥2310／ともに若水45%／16.8度
地元安城産の酒米・若水を使用。若水特有のふくらみと華やかさが特徴。冷。

日本酒度+2	酸度1.3	薫酒	
吟醸香	■■■□□	コク	■■□□□
原料香	■■□□□	キレ	■■■□□

神杉 大吟醸 斗《と》びんどり
大吟醸酒／1.8ℓ ¥8400 720mℓ ¥3675／ともに山田錦35%／17.5度
熟成した醪を時間をかけて搾った深い味わいとこく、きめの細かさがいい。冷。

日本酒度+5	酸度1.3	薫酒	
吟醸香	■■■■□	コク	■■□□□
原料香	■□□□□	キレ	■■■□□

神杉 特別純米 しぼりたて無濾過酒《むろかしゅ》
特別純米酒／720mℓ ¥1575／ともに若水60%／17.5度
搾りたての生酒を瓶詰め。微発泡する炭酸ガスのぷちぷち感が愛らしい。冷。

日本酒度+3	酸度1.6	醇酒	
吟醸香	■□□□□	コク	■■■□□
原料香	■■■□□	キレ	■■■□□

「風土に根ざした酒造り」を目指し、酒米の大部分は奥三河産の夢山水、安城市産の若水。これを全量自家精米する。水は自家の井戸に湧く矢作川伏流水。醸《かも》す酒は、杜氏が醪を毎日唎《き》いて味を判断する。酒名は酒の神を祀る奈良県桜井市の大神神社から拝命。同社のご神木「神杉」にちなむ。

醸し人九平次《かもしびとくへいじ》

株式会社萬乗《ばんじょう》醸造
℡052-621-2185　直接注文 不可
名古屋市緑区大高町字西門田41
正保4年（1647）創業

代表酒名	醸し人九平次 別誂《べつあつらえ》
特定名称	純米大吟醸酒
希望小売価格	1.8ℓ ¥7350 720mℓ ¥3675

原料米と精米歩合…麹米・掛米ともに 兵庫県産山田錦35%

アルコール度数……16度

新鮮でジューシーな、熟した果実を思わせる味をベースに、エレガントな酸味を利かせて典雅この上ない。ひと口含んでその香りと味が伝えてくるのは凛とした気品、そしてやさしさと懐かしさ。さまざまなジャンルの料理によく合って、しかも飲み飽きしない一本。冷。

日本酒度 非公開	酸度 非公開	薫醇酒	
吟醸香	■■■■□	コク	■■■□□
原料香	■■□□□	キレ	■■■□□

おもなラインナップ

醸し人九平次 彼《か》の地《ち》

純米大吟醸酒/1.8ℓ ¥6300 720mℓ ¥3150/ともに兵庫県産山田錦40%/16度

日本酒度 非公開	酸度 非公開	薫醇酒	
吟醸香	■■■■□	コク	■■■□□
原料香	■■■□□	キレ	■■■□□

醸し人九平次 EAU DU DÉSIR《オーデュデジール》

純米吟醸酒/1.8ℓ ¥3360 720mℓ ¥1680/ともに兵庫県産山田錦50%/16度

日本酒度 非公開	酸度 非公開	薫醇酒	
吟醸香	■■■■□	コク	■■■□□
原料香	■■■□□	キレ	■■■□□

醸し人九平次 雄町《おまち》

純米吟醸酒/1.8ℓ ¥3308 720mℓ ¥1654/ともに岡山県産雄町50%/16度

日本酒度 非公開	酸度 非公開	薫醇酒	
吟醸香	■■■■□	コク	■■■□□
原料香	■■■□□	キレ	■■■□□

「醸し人九平次」全品に共通するテーマと味の特徴は「別誂」に紹介したとおり。蔵元一五代当主久野九平治氏と友人の佐藤彰洋杜氏を中心に、平成9年に立ち上げた。すべて小仕込み、造るのは吟醸酒のみ。全量が無濾過原酒、瓶による冷蔵貯蔵なのは「ナチュラル感を伝えたい」からという。

かみのい

神の井

北陸・東海　**愛知県**

神の井酒造株式会社
☎052-621-2008　直接注文 可
名古屋市緑区大高町字高見25
安政3年（1856）創業

代表酒名　神の井 純米大吟醸 寒《かん》九《く》の酒《さけ》

特定名称　純米大吟醸酒

希望小売価格　1.8ℓ ¥5250 720mℓ ¥2625

原料米と精米歩合…麹米・掛米ともに 兵庫県産山田錦35%

アルコール度数……15.5度

寒九―寒に入って9日目の大寒のころに仕込んだ、芳醇な香りと味の当蔵の最高級純米酒。きめ細かく上品な口当たりを、冷あるいは温燗で。

日本酒度+5　酸度1.3　**薫酒**
吟醸香 ■■■■□　コク ■■□□□
原料香 ■■□□□　キレ ■■■□□

おもなラインナップ

神の井 大吟醸 荒《あら》ばしり
大吟醸酒/1.8ℓ ¥9450 720mℓ ¥3990/ともに兵庫県産山田錦35%/16.8度
技術の粋を尽くした、全国新酒鑑評会金賞受賞酒。凛とした口当たりをやや冷で。

日本酒度+5　酸度1.2　**薫酒**
吟醸香 ■■■■□　コク ■■□□□
原料香 ■□□□□　キレ ■■■■□

神の井 純米吟醸 大高《おおだか》
純米吟醸酒/1.8ℓ ¥3150 720mℓ ¥1575/ともに山田錦55%/15.5度
若い杜氏が「寛ぎのときの朋としての酒」を求めて醸した入魂の一品。冷、温燗。

日本酒度+3　酸度1.1　**薫酒**
吟醸香 ■■■□□　コク ■■□□□
原料香 ■■□□□　キレ ■■■□□

神の井 純米
純米酒/1.8ℓ ¥2100 720mℓ ¥1050/ともに五百万石60%/15度
五百万石のよさを十分に引き出し、清酒本来の味とこくを感じさせる。冷、熱燗。

日本酒度+3　酸度1.4　**醇酒**
吟醸香 ■□□□□　コク ■■■□□
原料香 ■■■□□　キレ ■■■□□

古くから酒造りの好適地として知られる大高。江戸末期の創業以来この土地にあって、地元出身の杜氏を中心に、小人数でこつこつと「地元で愛される酒」を目標に醸《かも》してきた実直な蔵。酒名は、熱田神宮の御斎田とのゆかりから、御神井の水のようであることを願って命名したという。

長珍《ちょうちん》

長珍酒造株式会社
☎0567-26-3319　直接注文 不可
津島市本町3-62
江戸時代後期創業

代表酒名	特別純米酒 長珍
特定名称	特別純米酒
希望小売価格	1.8ℓ ¥2550 720㎖ ¥1427

原料米と精米歩合…麹米 山田錦60%／掛米 五百万石ほか60%

アルコール度数……15度以上16度未満

じっくりと自然熟成させた落ち着いた香りと、枯淡ともいうべきまろやかで安定した味わい。幅広い料理にしっくり対応できる最強の食中酒。温燗。

日本酒度+3	酸度1.6	醇酒
吟醸香 ■□□□□	コク ■■■□□	
原料香 ■■■□□	キレ ■■■□□	

当蔵は屋号を「提灯屋」といったが、提灯作りが盛んな津島では間違われることが多く、音はそのままに酒名を「長珍」としたという。蔵元が杜氏を兼ねる小さな蔵。仕込み水の木曽三川伏流水はミネラルの多い硬水で、この水が味の濃い、しっかりと腰の強い「長珍」を醸《かも》すのに最適という。

おもなラインナップ

純米吟醸 長珍 ブルーラベル

純米吟醸酒／1.8ℓ ¥3540 720㎖ ¥1953／ともに山田錦50%／16度以上17度未満

吟醸香を抑え、味を重視した吟醸酒。和洋いずれにも向く食中酒。やや冷～温燗。

日本酒度—	酸度1.5	爽酒
吟醸香 ■■□□□	コク ■■□□□	
原料香 ■■□□□	キレ ■■■□□	

純米大吟醸 長珍 禄《ろく》

純米大吟醸酒／1.8ℓ ¥5250 720㎖ ¥2940／ともに山田錦40%／15度以上16度未満

上品な香味が口に広がり、のど越しのなめらかな品格のある酒。やや冷～人肌。

日本酒度 —	酸度1.4	薫酒
吟醸香 ■■■□□	コク ■■□□□	
原料香 ■□□□□	キレ ■■■□□	

長珍 20BY《ビーワイ》 阿波山田《あわやまだ》65

純米酒／1.8ℓ ¥3280／ともに山田錦65%／18度以上19度未満

米本来のしっかりした味と、温度帯によるニュアンスの違いが楽しい。冷～熱燗。

日本酒度+10	酸度2.1	醇酒
吟醸香 ■□□□□	コク ■■■■□	
原料香 ■■■■□	キレ ■■■□□	

義侠《ぎきょう》

義侠

北陸・東海　愛知県

山忠本家《やまちゅうほんけ》酒造株式会社
☎0567-28-2247　直接注文 不可
愛西市日置町1813
詳細創業年不詳（現当主は10代目）

代表酒名　**義侠 20年熟成《ねんじゅくせい》古酒《こしゅ》**

特定名称　純米大吟醸酒

希望小売価格　1.8ℓ ¥オープン

原料米と精米歩合…麹米・掛米ともに 兵庫県特A地区産山田錦 30%・40%

アルコール度数……年度により異なる

昭和52年から年度ごとに貯蔵し、20年以上じっくり熟成後に蔵出し。枯淡の味に米・水・大地の醸す力強い魅力があふれる。冷。

日本酒度― 酸度―	熟酒		
吟醸香	■■□□□	コク	■■■■■
原料香	■■■■■	キレ	■■□□□

※日本酒度、酸度は年により変動あり

使用する酒米はほとんどが兵庫県東条町の特A地区産山田錦。この米を、磨き歩合によっては1週間もかけてすべて自社で精米する。近年は造るのは純米酒ばかり。飛び抜けた原料米の持ち味を余すところなく引き出した、濃醇な酒質が特徴だ。「妙」「慶」などのブレンドは社長自らが行う。

おもなラインナップ

義侠 妙《たへ》

純米大吟醸酒／720mℓ ¥12600／ともに兵庫県特A地区産山田錦30%／16.2度

低温で5年以上瓶熟成させた中汲みのみをブレンド。年1回の限定予約生産。冷。

日本酒度+3 酸度1.4	薫醇酒		
吟醸香	■■■■□	コク	■■■□□
原料香	■■□□□	キレ	■■■□□

義侠 慶《よろこび》

純米大吟醸酒／1.8ℓ ¥12600 720mℓ ¥6300／ともに兵庫県特A地区産山田錦40%／16.6度

低温で3年以上瓶熟成させた中汲みのみをブレンド。年1回の限定予約生産。冷。

日本酒度+5 酸度1.3	薫醇酒		
吟醸香	■■■□□	コク	■■■□□
原料香	■■□□□	キレ	■■■□□

義侠 縁《えにし》

特別純米酒／1.8ℓ ¥オープン 720mℓ ¥同／ともに兵庫県特A地区産山田錦60%／15.2度

タンクで3年以上常温熟成させた、澄んだ香りと濃醇な味が魅力。常温～温燗。

日本酒度+2.5 酸度1.5	醇酒		
吟醸香	■□□□□	コク	■■■■□
原料香	■■■■□	キレ	■■■□□

天遊琳《てんゆうりん》

株式会社タカハシ酒造
℡059-365-0205 直接注文 不可
四日市市松寺2-15-7
文久2年（1862）創業

代表酒名	天遊琳 特別純米酒
特定名称	特別純米酒
希望小売価格	1.8ℓ ¥2940 720mℓ ¥1470

原料米と精米歩合…麹米 山田錦55%／掛米 兵庫夢錦55%
アルコール度数……15度～16度

炊き立てのご飯を思わせる香りとやさしい味わい、ほっとくつろげる絶好の食中酒。和食全般と一緒に。開けて数日経ってからもいける。冷～燗。

日本酒度+4 酸度1.6 **爽酒**
吟醸香 ■□□□□ コク ■■□□□
原料香 ■■□□□ キレ ■■■■□

おもなラインナップ

天遊琳 純米吟醸 山田錦《やまだにしき》50
純米吟醸酒／1.8ℓ ¥4725 720mℓ ¥2363／ともに山田錦50%／15度～16度
契約栽培の山田錦を小仕込みで醸した限定品。米の味と酸味が釣り合う。冷～常温。

日本酒度+4 酸度1.6 **薫酒**
吟醸香 ■■■□□ コク ■■□□□
原料香 ■■□□□ キレ ■■■□□

天遊琳 手造《てづく》り純米酒 伊勢錦《いせにしき》
純米酒／1.8ℓ ¥3000 720mℓ ¥1500／ともに伊勢錦65%／15度～16度
三重県産の酒米・伊勢錦で仕込んだ、さっぱりと切れのいい辛口。常温～熱燗。

日本酒度+5 酸度1.6 **醇酒**
吟醸香 ■□□□□ コク ■■■□□
原料香 ■■■□□ キレ ■■■■□

天遊琳 伊勢の白酒《しろき》 純米活性《かっせい》にごり酒《ざけ》
純米酒／500mℓ ¥1100／夢錦65% 神の穂65%／12度～13度
搾りたてをそのまま瓶詰めした微発泡の生酒。柑橘系の味が弾ける食前酒。冷。

日本酒度 -20 酸度2.5 **発泡性**

六代目当主が蔵元杜氏として酒造りの全工程に携わるほか、営業までこなす元気な酒蔵。その当主は「ご飯は温かいほうが米の甘さが出ておいしい。米から造る酒も同じ」と、冷酒全盛の時代に一石を投じる。夏季ならぬ「牡蛎《かき》」限定の、柑橘系のさわやかな酸味がステキな楽しい酒もある。

作《ざく》

清水醸造株式会社
☎059-385-0011 直接注文 可
鈴鹿市若松東3-9-33
明治2年（1869）創業

代表酒名	作 雅《みやび》乃《の》智《とも》 中《なか》取《ど》り
特定名称	純米吟醸酒
希望小売価格	1.8ℓ ¥3650 720mℓ ¥1825

原料米と精米歩合…麹米・掛米ともに 三重県産山田錦50%
アルコール度数……16度

まずはきりりとした香りが立つ。口当たり凛々しく、淡い辛さの後にやさしい甘さが立ち現れ、いずれもキレイに消えてゆく。ハイレベルな冷用酒。

日本酒度+1 酸度1.6			薫酒
吟醸香	■■■□□	コク	■■□□□
原料香	■□□□□	キレ	■■■□□

水・米ともよく、港も近い鈴鹿には多くの酒蔵があったが、今は当蔵1軒のみ。その蔵が鈴鹿生まれの杜氏を中心に、平成11年に立ち上げた銘柄。「作」の名には「今まさに作っている」「未完成である」との気概と謙虚さが込められている。酒名に共通する「智」の字は、杜氏の名前から。

おもなラインナップ

作 穂《ほ》乃《の》智《とも》

純米酒／1.8ℓ ¥2300 720mℓ ¥1143／ともに地元一般米60%／15度

純米らしい香りと味ながら、舌をリフレッシュさせる引き味が印象的。冷、燗。

日本酒度+2 酸度1.9			醇酒
吟醸香	■□□□□	コク	■■■□□
原料香	■■■□□	キレ	■■■□□

作 和《わ》乃《の》智《とも》

特別本醸造酒／1.8ℓ ¥2100 720mℓ ¥1050／ともに地元一般米60%／15度

味に厚みがあるのに、飲み口はさらりと吟醸のよう。のど越しなめらか。冷〜燗。

日本酒度 -1 酸度1.3			爽酒
吟醸香	■□□□□	コク	■■□□□
原料香	■■□□□	キレ	■■■■□

作 大吟醸

大吟醸酒／1.8ℓ ¥5250 720mℓ ¥2625／三重県産山田錦40% 同35%／17度

心地よく華やかな香りとシャープで繊細な味わい。パーティの乾杯用にも。冷。

日本酒度+3 酸度1.1			薫酒
吟醸香	■■■■□	コク	■■□□□
原料香	■□□□□	キレ	■■■□□

合名会社森本仙右衛門商店
☎0595-23-5500　直接注文 可
伊賀市上野福居町3342
弘化元年（1844）創業

黒松翁《くろまつおきな》

三重県　北陸・東海

代表酒名	黒松翁 秘蔵《ひぞう》古酒《こしゅ》十五年者《じゅうごねんもの》
特定名称	普通酒
希望小売価格	1.8ℓ ¥4200 720mℓ ¥2100

原料米と精米歩合…麹米 五百万石70%／掛米 日本晴・うこん錦70%

アルコール度数……19.8度

冷温で15年も寝かせた、蜂蜜のような・栗のような・チョコレートのようなまったりした甘口の風味は、いわばデザート系。冷・燗◎、常温○。

日本酒度 -4.5　酸度1.15　**熟酒**

吟醸香	■□□□□	コク	■■■■■
原料香	■■■■■	キレ	■□□□□

酒名は、降臨する神の依代《よりしろ》として能舞台の背景に描かれる黒松と、演能自体が五穀豊穣・長寿と繁栄を祈る神事とされる能の演目・翁から。「翁」の名は当地を治めた藤堂藩から下された。酒の種類はさまざまだが、どれも香りとふんわり円い味とのバランスがよく、やわらかな舌ざわり。

おもなラインナップ

黒松翁 大吟醸原酒《げんしゅ》 赤箱《あかばこ》

大吟醸酒／1.8ℓ ¥5800 720mℓ ¥2630／ともに山田錦45%／17.2度

山田錦の濃い味と芳香が広がり、なめらかに余韻を引く食中酒向きの大吟醸。冷。

日本酒度+4　酸度1.2　**薫酒**

吟醸香	■■■□□	コク	■■□□□
原料香	■□□□□	キレ	■■■□□

黒松翁 特別純米甘口《あまくち》 蒼星美酒《そうせいびしゅ》

特別純米酒／500mℓ ¥1000／五百万石60%コシヒカリ・みえのえみ60%／12.1度

アルコール度数を抑えた甘口淡麗酒。果実香＋黒胡椒風味の隠し味。冷〜温燗。

日本酒度 -16.5　酸度1.55　**爽酒**

吟醸香	■■□□□	コク	■■■□□
原料香	■■□□□	キレ	■■□□□

黒松翁 特別本醸造にごり酒《ざけ》 活性生原酒《かっせいなまげんしゅ》

特別本醸造酒／1.8ℓ ¥2100 720mℓ ¥1050／五百万石60% コシヒカリ・みえのえみ60%／19.8度

酵母がシュワシュワと生きている、とろりとした乳白色、濃厚な味の濁り酒。冷。

日本酒度 -5　酸度1.6　**発泡性**

而今《じこん》

北陸・東海　三重県

木屋正《きやしょう》酒造合資会社
☎0595-63-0061　直接注文 不可
名張市本町314-1
文政元年（1818）創業

代表酒名	而今 特別純米
特定名称	特別純米酒
希望小売価格	1.8ℓ ¥2730 720mℓ ¥1365

原料米と精米歩合…麹米・掛米ともに 五百万石60%
アルコール度数……17度

五百万石特有の甘さとこくに、而今らしい酸味がしっとり調和する。口に含んだ瞬間の香り、甘さと味わいは、余韻とともキレイに切れていく。冷。

日本酒度+1　酸度1.7	爽酒
吟醸香 ■□□□□	コク ■■□□□
原料香 ■■□□□	キレ ■■■■□

名張川の清流に抱かれた、水も気候も美《うま》し土地。192年前に建てられた今も現役の土蔵で、蔵人4人が年間320石ほどの酒を醸《かも》す。「今このときを懸命に生きる」との思いを込めた「而今」は平成16年の立ち上げ。すべて小仕込みで造る酒は、甘さと酸味の絶妙のバランスが持ち味だ。

おもなラインナップ

而今 純米吟醸 山田錦生《やまだにしきなま》
純米吟醸酒／1.8ℓ ¥3570 720mℓ ¥1785／ともに山田錦50%／17度
あふれるほどの果実香と、口の中で弾けるような米の味わい。切れもいい。冷。

日本酒度+1　酸度1.5	薫酒
吟醸香 ■■■□□	コク ■■□□□
原料香 ■□□□□	キレ ■■■□□

而今 純米吟醸 千本錦生《せんぼんにしきなま》
純米吟醸酒／1.8ℓ ¥3150 720mℓ ¥1575／ともに千本錦55%／17度
こっくりと味わい深く、飲んだ後はすっと切れる。香りと味の調和がいい。冷。

日本酒度+1　酸度1.6	薫酒
吟醸香 ■■■□□	コク ■■□□□
原料香 ■□□□□	キレ ■■■□□

而今 純米吟醸 八反錦生《はったんにしきなま》
純米吟醸酒／1.8ℓ ¥2940 720mℓ ¥1470／ともに八反錦55%／17度
果実感いっぱいの吟香がすばらしく、含めば米の味わいが押し寄せてくる。冷。

日本酒度±0　酸度1.7	薫酒
吟醸香 ■■■□□	コク ■■□□□
原料香 ■□□□□	キレ ■■■□□

酒屋八兵衛《さかやはちべえ》

元坂《げんさか》酒造株式会社
℡0598-85-0001　直接注文 可
多気郡大台町柳原346-2
文化2年（1805）創業

代表酒名　酒屋八兵衛 山廃《やまはい》純米酒

特定名称　純米酒

希望小売価格　1.8ℓ ¥2600 720mℓ ¥1250

原料米と精米歩合…麹米 五百万石60%／掛米 五百万石・山田錦60%

アルコール度数……15度〜16度

口に広がるまろやかさ、きりっとした切れ味。ふくよかさと勁さ、清爽さの三位が一体となった、身も心もいやされる最高の食中酒。常温〜温燗。

日本酒度+4　酸度1.6			醇酒
吟醸香	■□□□□	コク	■■■□□
原料香	■■■□□	キレ	■■■□□

おもなラインナップ

酒屋八兵衛 山廃純米 無濾過生原酒《むろかなまげんしゅ》

純米酒／1.8ℓ ¥2800 720mℓ ¥1350／五百万石60% 五百万石・山田錦60%／17度〜18度

基本に忠実に仕込んだ、淡く甘い口当たりと穏やかな味の山廃。やや冷〜常温。

日本酒度+5　酸度1.9			醇酒
吟醸香	■□□□□	コク	■■■■□
原料香	■■■□□	キレ	■■□□□

酒屋八兵衛 純米酒

純米酒／1.8ℓ ¥2400 720mℓ ¥1150／五百万石60% 五百万石・山田錦60%／15度〜16度

角が取れて円みのある、品よく熟成した味は、常温〜熱燗、燗冷ましでもいける。

日本酒度+4　酸度1.6			醇酒
吟醸香	■□□□□	コク	■■■□□
原料香	■■■□□	キレ	■■■■□

酒屋八兵衛 伊《い》勢《せ》錦《にしき》純米大吟醸

純米大吟醸酒／1.8ℓ ¥5000 720mℓ ¥2500／ともに伊勢錦50%／16度〜17度

当蔵が復活させた酒米・伊勢錦独特の透明感のある口当たりと芳醇上品な味。冷。

日本酒度+4　酸度1.3			薫酒
吟醸香	■■■□□	コク	■■□□□
原料香	■□□□□	キレ	■■■□□

山と川に挟まれた大台の寒冷地で、清冽な宮川伏流水を仕込み水に醸《かも》される「酒屋八兵衛」。蔵元杜氏が先頭に立って特に純米酒を中心に、芳醇と切れを両立させた酒造りに力を注ぐ。もともと地元消費中心の地酒だが、近年は蔵の熱心さとまじめさ・酒質のよさから首都圏でも評判が高い。

近畿・中国
Kinki・Chugoku

しちほんやり

七本鎗

滋賀県　近畿・中国

冨田酒造有限会社
☎0749-82-2013　直接注文 不可
長浜市木之本町木之本1107
1540年代（天文年間）創業

代表酒名	七本鎗 低精白《ていせいはく》純米 80%精米生原酒《せいまいなまげんしゅ》
特定名称	純米酒
希望小売価格	1.8ℓ ¥2625 720mℓ ¥1312

原料米と精米歩合…麹米 玉栄65%／掛米 玉栄80%

アルコール度数……17.5度

ぴしりとパンチ力のある米の深い味わいにしっかりした酸味がからみ、強いもの同士で非常にバランスがいい。切れも鋭い。濃いめの料理と。冷～燗。

日本酒度+8　酸度2.2	醇酒
吟醸香 ■□□□□	コク ■■■□□
原料香 ■■■■□	キレ ■■■□□

おもなラインナップ

七本鎗 純米 玉栄《たまさかえ》

純米酒／1.8ℓ ¥2520 720mℓ ¥1260／ともに玉栄60%／15.8度

当銘柄の定番酒。米の味を感じさせつつくどくなく、幅広い料理に合う。冷～燗。

日本酒度+3　酸度1.8	醇酒
吟醸香 ■□□□□	コク ■■■□□
原料香 ■■■□□	キレ ■■■□□

七本鎗 純米大吟醸 玉栄

純米大吟醸酒／1.8ℓ ¥5250 720mℓ ¥2625／ともに玉栄45%／16.5度

穏やかな香りと酸味が利いた含み香。食事との相性もいい純米大吟醸。冷～温燗。

日本酒度+3　酸度1.9	薫酒
吟醸香 ■■■□□	コク ■■□□□
原料香 ■□□□□	キレ ■■■□□

七本鎗 純米吟醸 吟吹雪

純米吟醸酒／1.8ℓ ¥3150 720mℓ ¥1575／ともに吟吹雪55%／15.8度

吟吹雪を醸した酒らしく、やわらかくやさしい味。淡泊な料理と一緒に。冷、燗。

日本酒度+5　酸度1.7	爽酒
吟醸香 ■■□□□	コク ■■□□□
原料香 ■□□□□	キレ ■■□□□

琵琶湖最北端の賤《しず》ヶ《が》岳《たけ》山麓、昔と同じ寒仕込みで酒を造る、年間生産量４００石ほどの蔵。酒名はもちろん秀吉麾《き》下《か》の勇将・賤ヶ岳の七本槍から。地元契約農家が育てる県産の酒米を中心に、搾りは木槽《きふね》、あえて低精白の純米酒も醸《かも》すなど、スローライフを地で行く姿勢は昔も今も変わらない。

松の司《まつのつかさ》

松瀬酒造株式会社
☎0748-58-0009　直接注文 不可
蒲生郡竜王町弓削475
万延元年（1860）創業

代表酒名　松の司 竜王産《りゅうおうさん》山田錦《やまだにしき》 純米吟醸

特定名称　純米吟醸酒

希望小売価格　1.8ℓ ¥4095 720mℓ ¥2048

原料米と精米歩合…麹米・掛米ともに 山田錦50%

アルコール度数……16度～17度

冷蔵庫から出して温度が上がってくるにつれ、香りと味のバランスがよくなり、常温より少し低いくらいで、際立つ香りと深く切れのある味に出会う。

日本酒度+5　酸度1.4		薫酒	
吟醸香	■■■□□	コク	■■□□□
原料香	■■□□□	キレ	■■■□□

地下120メートル、岩盤層の下から汲む鈴鹿山系愛知川《えちがわ》の伏流水。山田錦をメインに、定められた栽培法による地場産の酒米。これを小仕込みで低温完全発酵させ、瓶に詰めての氷冷・冷蔵熟成。蔵元が「深遠な味わい」と自負する酒は、長年の経験から来る丁寧な手造りで醸《かも》される。

おもなラインナップ

松の司 大吟醸純米 黒《くろ》
純米大吟醸酒／1.8ℓ ¥8400 720mℓ ¥4200／ともに山田錦35%／16度～17度
冷では香りが立ち、強い味わい。常温近くではバランスよく、味もやわらかい。

日本酒度+6　酸度1.3		薫酒	
吟醸香	■■■■■	コク	■■□□□
原料香	■□□□□	キレ	■■■□□

松の司 純米吟醸 AZOLLA《アゾラ》
純米吟醸酒／1.8ℓ ¥4725 720mℓ ¥2363／ともに山田錦50%／16度～17度
冷から常温に進むほどに、やわらかく上品な味わいが増してくる。通好みの一本。

日本酒度+6　酸度1.4		薫酒	
吟醸香	■■■□□	コク	■■□□□
原料香	■■□□□	キレ	■■■□□

松の司 純米吟醸 楽《らく》
純米吟醸酒／1.8ℓ ¥2888 720mℓ ¥1418／山田錦60% 吟吹雪60%／15度～16度
香り・味わいともバランスのよい、気軽に楽しめる万人向きの酒。冷～燗を好みで。

日本酒度+4　酸度1.4		爽酒	
吟醸香	■■□□□	コク	■■□□□
原料香	■■□□□	キレ	■■■□□

太田酒造株式会社
☎077-562-1105　直接注文 可
草津市草津3-10-37
明治7年（1874）創業

道灌

代表酒名	大吟醸 山廃《やまはい》仕《し》込《こみ》原酒《げんしゅ》 道灌
特定名称	大吟醸酒
希望小売価格	1.8ℓ ¥4200 720mℓ ¥2100

原料米と精米歩合…麹米・掛米ともに 山田錦50%
アルコール度数……16度以上16.9度以下

山廃酛で仕込んだ2年熟成の大吟醸。吟醸香を抑えぎみに、山廃ならではのこくにさわやかな酸味を利かせた、飲み飽きしない食中酒。常温、温燗。

日本酒度+7　酸度3	薫酒		
吟醸香	■■■□□	コク	■■■□□
原料香	■■□□□	キレ	■■■■□

江戸城を築いたことで知られる室町中期の知将・太田道灌の末裔《まつえい》を創業者とし、酒名はむろん遠祖の名にちなむ。「酒は食事とともにあってこそ」をモットーとするだけに、どの酒も料理を引き立て、食事を楽しくする。傘下には広大なワイナリーを有し、ワインやブランデーも造っている。

おもなラインナップ

大吟醸 道灌 技匠《わざのたくみ》

大吟醸酒/1.8ℓ ¥5250 720mℓ ¥3150/ともに山田錦40%/16.5度
果実様の立ち香、心地よい含み香としっかりボディのバランスのよさ。冷、常温。

日本酒度+4　酸度1.1	薫酒		
吟醸香	■■■■□	コク	■■□□□
原料香	■□□□□	キレ	■■■□□

純米大吟醸 道灌 無《む》濾《ろ》過《か》生《なま》原酒

純米大吟醸酒/720mℓ ¥2100/ともに山田錦50%/17度以上17.9度以下
山田錦の味わいを引き出したやや甘口ながら、切れのいい酸味が快い。冷、常温。

日本酒度+2～+2.5　酸度1.7	薫酒		
吟醸香	■■■□□	コク	■■□□□
原料香	■■□□□	キレ	■■□□□

純米吟醸 道灌

純米吟醸酒/1.8ℓ ¥3150 720mℓ ¥1628/ともに玉栄55%/15.3度
地場産酒米・玉栄を100%使用。ほどよい吟香と酸味が調和している。冷～温燗。

日本酒度+4　酸度1.4	爽酒		
吟醸香	■■□□□	コク	■■□□□
原料香	■□□□□	キレ	■■■□□

月桂冠《げっけいかん》

近畿・中国　京都府

月桂冠株式会社
075-623-2001　直接注文 可（一部不可）
京都市伏見区南浜町247
寛永14年（1637）創業

代表酒名	月桂冠 鳳麟《ほうりん》 純米大吟醸
特定名称	純米大吟醸酒
希望小売価格	1.8ℓ ¥5193 720mℓ ¥2602

原料米と精米歩合…麹米 山田錦50%／掛米 五百万石50%
アルコール度数……16度

瑞祥の象徴である鳳凰と麒麟、この二つの名を合わせて冠した当蔵渾身の一品。低温熟成による華やかな吟醸香、なめらかな味わいがすばらしい。冷。

日本酒度+2　酸度1.5			薫酒
吟醸香	■■■■□	コク	■□□□□
原料香	■□□□□	キレ	■■■■□

おもなラインナップ

ヌーベル月桂冠 特別本醸造

特別本醸造酒／720mℓ ¥1003／ともに五百万石ほか60%／15度
洗練された香りと軽快な味の切れ。どんな料理にも合い、晩酌酒に最適。冷、燗。

日本酒度+1　酸度1.3			爽酒
吟醸香	■□□□□	コク	■□□□□
原料香	■■□□□	キレ	■■■■□

月桂冠 超特撰《ちょうとくせん》 浪漫《ろまん》 吟醸十年《じゅうねん》秘蔵酒《ひぞうしゅ》

吟醸酒／720mℓ ¥3547／ともに五百万石60%／16度
長期熟成酒らしい格調ある香り、まろやかな味。淡い苦味と渋味がいい。やや冷。

日本酒度-2　酸度1.5			熟酒
吟醸香	■□□□□	コク	■■■■■
原料香	■■■■■	キレ	■■□□□

月桂冠 すべて米《こめ》の酒《さけ》

純米酒／1.8ℓ ¥1643 900mℓ ¥840／五百万石70% コシヒカリ74%／14度
華やかな香り、純米らしい円くこくのある味わい。引き味もすっきり。やや冷。

日本酒度+2.5　酸度1.2			醇酒
吟醸香	■□□□□	コク	■■□□□
原料香	■■■□□	キレ	■■■□□

京都・伏見を代表する老舗酒蔵の一つ。「健をめざし、酒《しゅ》を科学して、快を創る」を企業コンセプトに、清酒事業を深化させるほか、さまざまな分野に展開している。掲出の「月桂冠 鳳麟 純米大吟醸」は、かつての東京方面向けの高級酒「鳳麟正宗」の後継。当蔵伝統の技を結集した成果だ。

宝酒造株式会社
075-241-5110　直接注文 不可
京都市下京区四条通烏丸東入
大正14年（1925）創業

代表酒名　**松竹梅 白壁蔵《しらかべぐら》 生酛《きもと》純米**

特定名称　純米酒

希望小売価格　640mℓ ¥1180

原料米と精米歩合…麹米・掛米ともに 五百万石70%

アルコール度数……15度以上16度未満

手間も時間もかかる伝統の仕込み法・生酛造りによる純米酒。生酛ならではの張りとこく、純米ならではのまろやかさ。よく冷やして料理と一緒に。

日本酒度+2　酸度1.2　**醇酒**
吟醸香 ■□□□□　コク ■■■□□
原料香 ■■■□□　キレ ■■■□□

「♪よろこびの清酒《さけ》、松竹梅」のCMソングをよく耳にする、京都を代表する銘柄の一つ。酒類メーカー・宝酒造の看板商品。掲出の「白壁蔵」シリーズは、伝統の技と現代最新技術を融合させた、神戸市東灘区の同社工場・白壁蔵で醸《かも》される純米酒・吟醸酒中心のブランドだ。

おもなラインナップ

松竹梅 白壁蔵 大吟醸無濾過《むろか》生原酒《なまげんしゅ》
大吟醸酒／720mℓ ¥1861／ともに五百万石50%／17度以上18度未満
無濾過の大吟醸生原酒らしい、リンゴ様の豊かな吟醸香とまろやかな味わい。冷。

日本酒度+1　酸度1.3　**薫酒**
吟醸香 ■■■■□　コク ■■□□□
原料香 ■■□□□　キレ ■■■□□

松竹梅 白壁蔵 三谷藤夫《みたにふじお》 山廃《やまはい》吟醸(業務用)
吟醸酒／1.8ℓ ¥2481 720mℓ ¥1244／ともに五百万石60%／15度以上16度未満
山廃仕込みにより、ふっくら芳醇な風味を保ちつつ切れのある酒質を実現。冷。

日本酒度+6　酸度1.3　**薫醇酒**
吟醸香 ■■■□□　コク ■■■□□
原料香 ■■■□□　キレ ■■■□□

松竹梅 白壁蔵 三谷藤夫 山廃純米(業務用)
純米酒／1.8ℓ ¥2481 720mℓ ¥1244／ともに五百万石60%／15度以上16度未満
山廃仕込みにより、純米らしい豊かな風味を保ちつつ切れのある酒質を実現。温燗。

日本酒度+2　酸度1.5　**醇酒**
吟醸香 ■□□□□　コク ■■■■□
原料香 ■■■■□　キレ ■■■□□

玉乃光《たまのひかり》

玉乃光酒造株式会社
℡075-611-5000 直接注文 可
京都市伏見区東堺町545-2
延宝元年(1673)創業

代表酒名 玉乃光 純米大吟醸 備《び》前《ぜん》雄《お》町《まち》100%

特定名称 純米大吟醸酒

希望小売価格 1.8ℓ ¥5250 720mℓ ¥2310

原料米と精米歩合…麹米・掛米ともに 岡山県産雄町50%
アルコール度数……16.2度

備前雄町100%使用。雄町特有のやわらかく自然な吟醸香、深い味わいと酸味が調和したふっくら厚みのあるボディ、なめらかなのど越し。冷。

日本酒度+3.5 酸度1.7			薫酒
吟醸香	■■■■□	コク	■■□□□
原料香	■■□□□	キレ	■■□□□

京都・伏見を代表する老舗酒蔵の一つ。アル添酒全盛の昭和39年に、無添加清酒(純米酒)を復活。当時この酒を贈られた醸造学の世界的権威・坂口謹一郎博士の書簡に「――無添加の上に十分の熟成を経られました銘醸(後略)」とあるとおりの酒造りを、以来一貫して守りつづける。

おもなラインナップ

玉乃光 純米吟醸 酒魂《しゅこん》

純米吟醸酒/1.8ℓ ¥2203 720mℓ ¥1003/酒造好適米60% 一般米60%/15.4度
山田錦など米本来の味と天然の酸味。両者のバランスを追求した一本。冷～温燗。

日本酒度+3 酸度1.8			爽酒
吟醸香	■■□□□	コク	■■□□□
原料香	■□□□□	キレ	■■□□□

玉乃光 純米吟醸 山廃《やまはい》

純米吟醸酒/1.8ℓ ¥2568 720mℓ ¥1184/酒造好適米60% 一般米60%/16.4度
山廃らしく燗上がりする酒。こくのある味わい、酸味の切れがいい辛口。冷～燗。

日本酒度+1 酸度1.7			醇酒
吟醸香	■■□□□	コク	■■■□□
原料香	■■■□□	キレ	■■□□□

玉乃光 純米吟醸 冷蔵酒《れいぞうしゅ》パック

純米吟醸酒/450mℓ ¥631 300mℓ ¥435/酒造好適米60% 一般米60%/15.4度
低温で貯蔵し、低温で充填したフレッシュさ、香りのよさ。凍らせてみぞれ酒で。

日本酒度+3 酸度1.8			爽酒
吟醸香	■■□□□	コク	■■□□□
原料香	■□□□□	キレ	■■□□□

玉川《たまがわ》

京都府　近畿・中国

木下酒造有限会社
℡0772-82-0071　直接注文 可
京丹後市久美浜町甲山1512
天保13年（1842）創業

米から酒への一貫作業に、昔ながらの手造りの技を守る蔵。オクスフォード出の英国人フィリップ・ハーパー杜氏を中心に、米・水・酵母の本質に逆らわず、素材のよさを引き出した酒を醸《かも》す。山廃《やまはい》や生酛《きもと》造りなど蔵付《くらつ》き酵母による自然仕込みの、酸味の利いた、ボディのしっかりした酒が多い。

代表酒名	玉川 自然仕込《しぜんじこみ》純米酒 山廃《やまはい》 無濾過《むろか》生原酒《なまげんしゅ》
特定名称	純米酒
希望小売価格	1.8ℓ ¥2500 720mℓ ¥1250

原料米と精米歩合…麹米・掛米ともに 北錦66%

アルコール度数……19度～20度

山廃酛仕込みから生まれた、酸・アミノ酸とも豊富な濃醇な純米酒。五味をしっかりと、しかもバランスよく表現した、これぞ日本酒。人肌～温燗。

日本酒度+3　酸度2.3			醇酒
吟醸香	■□□□□	コク	■■■■□
原料香	■■■■□	キレ	■■□□□

おもなラインナップ

玉川 自然仕込純米大吟醸 玉龍《ぎょくりゅう》 山廃

純米大吟醸酒／720mℓ ¥3500／ともに山田錦50%／16度～17度

山廃の純米大吟醸とは珍しい。力強さと優雅な吟醸香のハーモニー。人肌～温燗。

日本酒度+5　酸度1.7			薫酒
吟醸香	■■■□□	コク	■■□□□
原料香	■■□□□	キレ	■■■□□

玉川 自然仕込生酛《きもと》純米酒 コウノトリラベル

純米酒／1.8ℓ ¥3000 720mℓ ¥1500／ともに無農薬五百万石77%／15度～16度

明治時代の酒を彷彿させる酒質は自然仕込ならでは。味わい深い辛口。人肌～温燗。

日本酒度+9　酸度1.9			醇酒
吟醸香	■□□□□	コク	■■■□□
原料香	■■■■□	キレ	■■■□□

玉川 自然仕込 Time Machine《タイム マシーン》 1712

純米酒／360mℓ ¥1000／ともに北錦88%／14度～15度

江戸時代の技による超甘口。高度の酸とアミノ酸のため甘さはすっと切れる。冷。

日本酒度 -62　酸度2.9			醇酒
吟醸香	■□□□□	コク	■■■■□
原料香	■■■■□	キレ	■□□□□

春鹿《はるしか》

近畿・中国　奈良県

株式会社今西清兵衛《せいべい》商店
☎0742-23-2255　直接注文 可
奈良市福智院町24-1
明治17年（1884）創業

代表酒名	春鹿 純米超辛口《ちょうからくち》
特定名称	純米酒
希望小売価格	1.8ℓ ¥2730 720mℓ ¥1522

原料米と精米歩合…麹米・掛米ともに 五百万石58%

アルコール度数……15度～15.9度

穏やかな香りとまろやかな口当たり、のどをさらっとすべる切れ味。イカ刺しを生姜醤油で、またタイやヒラメの刺し身で一段と生きる酒。冷～温燗。

日本酒度+12　酸度1.6	醇酒
吟醸香 ■□□□□	コク ■■□□□
原料香 ■■■□□	キレ ■■■■□

おもなラインナップ

春鹿 純米大吟醸活性《かっせい》にごり酒《ざけ》 しろみき
純米大吟醸酒/720mℓ ¥2205/ともに山田錦50%/15度～15.9度
華やかな吟醸香、クリーミーな味は、いわば大人の白酒か。発泡感が楽しい。冷。

日本酒度±0　酸度1.7	発泡性

春鹿 木《き》桶《おけ》造《づく》り 四段仕込《よだんしこみ》純米生原酒《なまげんしゅ》
純米酒/720mℓ ¥1890/ともに特栽米ヒノヒカリ70%/16度～16.9度
伝来の木桶と四段仕込みで醸し、米の味をくっきり感じさせる濃醇な酒。冷～燗。

日本酒度 -9　酸度1.8	醇酒
吟醸香 ■□□□□	コク ■■■■□
原料香 ■■■□□	キレ ■■□□□

春鹿 発泡《はっぽう》純米酒 ときめき
純米酒/300mℓ ¥577/ともに日本晴70%/6度～6.9度
飲み口軽快、超甘口ながら酸味とのハーモニーがさわやか。オンザロック、冷。

日本酒度 -90　酸度5.5	発泡性

江戸時代、最高級酒として珍重された南都諸白《もろはく》――室町時代に奈良・興福寺で創案された技法で造る酒――の伝統を継ぎ、華やかな香りと円い口当たり、切れのいい引き味の、いかにも南都――奈良らしい酒を醸《かも》す。酒名も古都にふさわしい「春鹿」は、世界十数カ国でも愛されている。

初霞《はつがすみ》

株式会社久保本家酒造
℡0745-83-0036　直接注文 不可
宇陀市大宇陀区出新1834
元禄15年（1702）創業

代表酒名	生酛《きもと》純米 初霞
特定名称	純米酒
希望小売価格	1.8ℓ ¥3200 720mℓ ¥1600

原料米と精米歩合…麹米 山田錦65%／掛米 アキツホ65%

アルコール度数……15度

力強くすかっと切れる辛口の男酒。清涼感のある酸味が、ボディのしっかりした酒全体をぴしりと引き締め、軽快な飲み口が料理を引き立てる。特に燗。

日本酒度+13　酸度2.1			醇酒
吟醸香	■□□□□	コク	■■■■□
原料香	■■■■□	キレ	■■■■□

生酛《きもと》造りに取り組む蔵。生酛造りの酒は味が深くこくがあり、しかも切れがいい。「味、ふくらみがまるで違う。自分たちもそんな酒を飲みたいから、いくら手間がかかっても生酛造りをやめない」。生酒は別にして、常温で保管すれば熟成による味の変化が楽しめるのも、この蔵の酒の特徴。

おもなラインナップ

初霞 大和《やまと》のどぶ

純米酒／1.8ℓ ¥2500 720mℓ ¥1250／五百万石65% アキツホ65%／15度

醪をざるで粗漉ししただけ、瓶の中には米粒たっぷりの清涼な濁り酒。冷、温燗。

日本酒度+10　酸度1.8			醇酒
吟醸香	■□□□□	コク	■■■□□
原料香	■■■■□	キレ	■□□□□

純米吟醸 初霞

純米吟醸酒／1.8ℓ ¥3200 720mℓ ¥1600／ともに山田錦50%／15度

香り控え目、まろやかな味、切れのよさ。バランスのいい食中酒。冷～温燗。

日本酒度+9　酸度1.9			薫酒
吟醸香	■■■□□	コク	■■□□□
原料香	■■□□□	キレ	■■■□□

初霞 特別純米

特別純米酒／1.8ℓ ¥2600 720mℓ ¥1300／五百万石60% アキツホ60%／15度

日なたを思わせる香り。口当たり軽く、こくがありながらドライな飲み口。温燗。

日本酒度+8　酸度1.9			醇酒
吟醸香	■□□□□	コク	■■■□□
原料香	■■■□□	キレ	■■■■□

はなともえ

花巴

近畿・中国　奈良県

美吉野《みよしの》醸造株式会社
☎0746-32-3639　直接注文 可
吉野郡吉野町六田1238-1
明治45年（1912）創業

代表酒名	花巴 山廃《やまはい》特別純米酒
特定名称	特別純米酒
希望小売価格	1.8ℓ ¥2940 720mℓ ¥1470

原料米と精米歩合…麹米・掛米ともに 山田錦70%

アルコール度数……16.5度

個性のある上質な酸味と米由来の奥深いこくは、蔵に住み着いた酵母を山廃酛で育てた、当蔵独自の味わい。和食はもちろん肉料理・乳製品にも。常温。

日本酒度+5　酸度2.7~3.0			醇酒
吟醸香	■□□□□	コク	■■■■□
原料香	■■■■□	キレ	■■□□□

「一日千本桜」の吉野山の麓にある蔵。太古から湧く大峰山系伏流水、有機合鴨農法など地元農家との契約栽培による原料米で「生産者の顔の見える」酒を造る。米本来の味と上質の酸味、立ち香よりも含み香を重視して醸《かも》す酒は、含み香心地よく口当たりやさしく、味わいはいかにも深い。

おもなラインナップ

花巴 純米大吟醸 万葉《まんよう》の華《はな》

純米大吟醸酒/1.8ℓ ¥6300 720mℓ ¥3150/ともに山田錦35%/16.5度

控え目な吟醸香と、キレイでしかも濃醇な味わいの、当蔵の最上級酒。冷、常温。

日本酒度+5　酸度1.9			薫酒
吟醸香	■■■□□	コク	■■□□□
原料香	■□□□□	キレ	■■■□□

花巴 太古《たいこ》の滴《しずく》 純米原酒《げんしゅ》

特別純米酒/1.8ℓ ¥2940 720mℓ ¥1470/奈良県産ヒノヒカリ・山田錦60%・70% 山田錦70%/17.5度

伝承法で醸す上質な酸味のある濃醇な純米酒。口当たり、切れもいい。冷、常温。

日本酒度 -7　酸度2.7			醇酒
吟醸香	■□□□□	コク	■■■■□
原料香	■■■■□	キレ	■■□□□

花巴 しぼりたて生《なま》原酒

本醸造酒/1.8ℓ ¥2500 720mℓ ¥1250/ともに山田錦70%/18度

数量限定品。契約栽培の山田錦で醸した、搾りたての爽快な香りと濃醇な味。冷。

日本酒度 ―　酸度 ―			爽酒
吟醸香	■□□□□	コク	■■□□□
原料香	■■□□□	キレ	■■■□□

長龍酒造株式会社《ちょうりょう》

0745-56-2026　直接注文 可

北葛城郡広陵町南4

昭和38年（1963）創業

代表酒名	吉野杉《よしのすぎ》の樽酒《たるざけ》
特定名称	普通酒
希望小売価格	1.8ℓ ¥2289 720mℓ ¥1029

原料米と精米歩合…麹米・掛米ともに 一般米70%

アルコール度数……15度以上16度未満

杉材の最高峰・吉野杉製の酒樽に原酒を寝かせ、杉の香を添えてから瓶詰め・急冷した、わが国最初の瓶詰め樽酒。冷〜温燗。燗冷ましもいい。

日本酒度±0　酸度1.2	爽酒
吟醸香 ■□□□□	コク ■■□□□
原料香 ■■□□□	キレ ■■■□□

おもなラインナップ

稲《いね》の国《くに》の稲の酒《さけ》 特別純米酒 2006年醸造《ねんじょうぞう》

特別純米酒／1.8ℓ ¥2520 720mℓ ¥1312／ともに奈良県産露葉風65%／15度以上16度未満

ほのかな吟香、さわやかな酸味。露葉風全量使用のビンテージ純米酒。冷〜温燗。

日本酒度+3　酸度1.5	醇酒
吟醸香 ■■□□□	コク ■■□□□
原料香 ■■■□□	キレ ■■■□□

ふた穂《ほ》 雄町《おまち》 特別純米酒 2006年醸造

特別純米酒／1.8ℓ ¥2625 720mℓ ¥1365／ともに岡山県産雄町68%／15度以上16度未満

やわらかくふくらみのある、岡山県産雄町全量使用のビンテージ純米酒。冷〜温燗。

日本酒度+2　酸度1.5	醇酒
吟醸香 ■□□□□	コク ■■■□□
原料香 ■■■■□	キレ ■■□□□

長龍 熟成《じゅくせい》古酒《こしゅ》

本醸造酒／720mℓ ¥2625／ともにアケボノほか65%／19度以上20度未満

92年醸造の本醸造に純米大吟醸古酒をブレンド。甘酸苦の調和がいい。冷〜燗。

日本酒度±0　酸度1.9	熟酒
吟醸香 ■■□□□	コク ■■■■■
原料香 ■■■■■	キレ ■■□□□

奈良県の広陵蔵で酒を造り、大阪府の八尾蔵で貯蔵・瓶詰めを行う。代表酒「吉野杉の樽酒」には、杉材のうちでも酒樽に最適とされる甲付《こうつき》―杉丸太の外周部よりやや内側、わずかに赤味のついた部分―で作った甲付樽を用いている。杉の香りと酒本来のこく、両者のバランスを楽しみたい。

風の森《かぜのもり》

近畿・中国　奈良県

油長《ゆうちょう》酒造株式会社
☎0745-62-2047　直接注文 不可
御所市中本町1160
享保4年（1719）創業

代表酒名	風の森 露葉風《つゆばかぜ》 純米しぼり華《ばな》
特定名称	純米酒
希望小売価格	1.8ℓ ¥2520 720mℓ ¥1260

原料米と精米歩合…麹米・掛米ともに 奈良県産露葉風70%

アルコール度数……17度

奈良県のみの栽培種・露葉風を全量使用。初夏の花のような香りが立ち、香りにも勝る上品な味が口いっぱいに満ちて、やがてさらりと切れていく。冷。

日本酒度 -1　酸度 2.3			醇酒
吟醸香	■□□□□	コク	■■■■□
原料香	■■■□□	キレ	■■■□□

おもなラインナップ

風の森 秋津穂《あきつほ》 純米しぼり華

純米酒/1.8ℓ ¥1995 720mℓ ¥997/ともに奈良県産アキツホ65%/17度

契約栽培の奈良県産アキツホを全量使用。軽い上立ちと酸味の切れのよさ。冷。

日本酒度+4　酸度1.8			醇酒
吟醸香	■□□□□	コク	■■■□□
原料香	■■■□□	キレ	■■■■□

風の森 キヌヒカリ 純米大吟醸しぼり華

純米大吟醸酒/1.8ℓ ¥2940 720mℓ ¥1470/ともに奈良県産キヌヒカリ45%/17度

奈良県産キヌヒカリ全量使用。口当たりなめらかに、ピュアな味わいが広がる。冷。

日本酒度+3　酸度1.6			薫酒
吟醸香	■■■□□	コク	■■□□□
原料香	■□□□□	キレ	■■■□□

風の森 雄町《おまち》 純米吟醸しぼり華

純米吟醸酒/1.8ℓ ¥3150 720mℓ ¥1575/ともに岡山県産雄町56%/17度

雄町の特性を生かした米・米麹の重厚な味わいと、酸味との調和がすばらしい。冷。

日本酒度+1　酸度1.8			醇酒
吟醸香	■■□□□	コク	■■■□□
原料香	■■■□□	キレ	■■■□□

「風の森」シリーズはすべて、無濾過無加水の生酒で通年出荷する。「土地に根ざした酒造り」を目指して地の米・地の水・地の風土を大切にしつつ、超低温でゆっくり発酵を進めてから搾った、いわばすっぴんの酒。米・米麹《こめこうじ》由来のごく味と切れの絶妙のバランスを、いつでも楽しめる。

くるまざか
車坂

株式会社吉村秀雄商店
☎0736-62-2121　直接注文 不可
岩出市畑毛72
大正4年（1915）創業

和歌山県　

代表酒名　**車坂 純米吟醸 和歌山山田錦《わかやまやまだにしき》**

特定名称　純米吟醸酒

希望小売価格　1.8ℓ ¥2800 720mℓ ¥1400

原料米と精米歩合…麹米・掛米ともに 和歌山県産山田錦58%

アルコール度数……16.5度

「車坂」のコンセプトを体現した一本。米の味が生きたしっかりボディは、ボリュームがあって味の乗りもいい。少し強めの酸味に熟成感がある。冷。

日本酒度+2　酸度1.5			爽酒
吟醸香	■■□□□	コク	■■□□□
原料香	■■□□□	キレ	■■■□□

おもなラインナップ

車坂 古酒《こしゅ》16BY《ビーワイ》17度《ど》 三年熟成《さんねんじゅくせい》

純米大吟醸酒/1.8ℓ ¥3000 720mℓ ¥1500/ともに兵庫県特A地区産山田錦50%/17度～18度

まる3年間、5℃の低温で貯蔵。香味のバランスよく練れた味わいの熟成酒。燗。

日本酒度+3　酸度1.5			薫酒
吟醸香	■■■□□	コク	■■■□□
原料香	■■□□□	キレ	■■■□□

車坂20BY播州《ばんしゅう》50% 純米大吟醸 生原酒《なまげんしゅ》

純米大吟醸酒/1.8ℓ ¥3150 720mℓ ¥1500/ともに兵庫県特A地区産山田錦50%/17.5度

リンゴ様の香りと酸味を含んだやわらかな味。余韻もいい。冷・常温◎、温燗○。

日本酒度+3　酸度1.8			薫酒
吟醸香	■■■■□	コク	■■□□□
原料香	■■□□□	キレ	■■■□□

車坂21BY出品酒《しゅっぴんしゅ》 純米大吟醸 瓶燗《びんかん》原酒

純米大吟醸酒/1.8ℓ ¥3990 720mℓ ¥1995/ともに播州特A山田錦40%/17.5度

杜氏が丹精込めた当蔵最高の酒。含み香はふっくら、米の味が広がる。冷、常温。

日本酒度±0　酸度1.4			薫酒
吟醸香	■■■■□	コク	■■□□□
原料香	■□□□□	キレ	■■■□□

小栗判官《おぐりほうがん》と照手姫《てるてひめ》の伝説が残る車坂は、いわば「死と再生」を象徴する場所。だから日本再生への願いを込めて、この酒名を付けたという。「上り坂を登るような力強さ、下り坂を駆け下るような爽快な後味」のコンセプトどおり、腰のあるボディながら、後口はさわやかな風のようだ。

雑賀《さいか》

株式会社九《ここの》重《え》雑賀
☎0736-69-5980 直接注文 不可
岩出市畑毛49-1
昭和9年（1934）創業

代表酒名	大吟醸 雑賀
特定名称	大吟醸酒
希望小売価格	1.8ℓ ¥3675 720mℓ ¥1838

原料米と精米歩合…麹米 山田錦45%／掛米 山田錦50%
アルコール度数……16度

わずか500キロの小仕込みで、丁寧に醸した大吟醸。奥深い米の味わいの中に、いかにも大吟醸らしい繊細さを覗かせる。CPの高さも魅力。冷～温燗。

日本酒度+5 酸度1.1			薫酒
吟醸香	■■■□□	コク	■■□□□
原料香	■□□□□	キレ	■■■□□

戦国時代、主を持たない鉄砲隊として鳴らした雑賀衆を遠祖とする蔵。もともとが食酢の醸造元らしく「より良い酸を食卓へ」をモットーとする。食事に合う日本酒、がテーマのこの銘柄は平成10年から。テーマどおり、どの酒もキレイで味のジャマをしない酸味が特徴だ。

おもなラインナップ

純米大吟醸 雑賀

純米大吟醸酒／1.8ℓ ¥3885 720mℓ ¥1943／山田錦45% 同50%／16度
洋梨風の淡い吟醸香と、洗練された米の味わい。飲み飽きしない酒。冷～温燗。

日本酒度+1.5 酸度1.7			薫酒
吟醸香	■■■□□	コク	■■□□□
原料香	■□□□□	キレ	■■■□□

純米吟醸 雑賀

純米大吟醸酒／1.8ℓ ¥2730 720mℓ ¥1365／五百万石55% 同60%／15度
当蔵の看板商品。ふくらみのある味と切れのよさはどんな料理にも。冷～温燗。

日本酒度+5 酸度1.3			爽酒
吟醸香	■■□□□	コク	■■□□□
原料香	■□□□□	キレ	■■■■□

吟醸 雑賀

吟醸酒／1.8ℓ ¥2310 720mℓ ¥1155／五百万石55% 同60%／15度
軽快な味にキレイな酸味がアクセントを添えて飲みやすく、飽きない。冷～温燗。

日本酒度+6 酸度1.1			爽酒
吟醸香	■■□□□	コク	■■□□□
原料香	■□□□□	キレ	■■■□□

株式会社世界一統《いっとう》
073-433-1441　直接注文 可
和歌山市湊紺屋町 1-10
明治 17 年（1884）創業

代表酒名	純米吟醸 南方
特定名称	純米吟醸酒
希望小売価格	1.8ℓ ¥2900 720mℓ ¥1450

原料米と精米歩合…麹米 山田錦50%／掛米 オオセト50%

アルコール度数……16.7度

素濾過の酒を瓶燗火入れ後に急冷した、もともとの持ち味をしっかり保っている酒。果実風のやさしい含み香と、辛さ・切れのよさを味わえる。冷〜温燗。

日本酒度+5　酸度1.5	薫酒		
吟醸香	■■■□□	コク	■■□□□
原料香	■□□□□	キレ	■■■■□

おもなラインナップ

超特撰《ちょうとくせん》 特醸《とくじょう》大吟醸 イチ
大吟醸酒／1.8ℓ ¥10500 720mℓ ¥5250／ともに山田錦40%／16.2度
限定600本。芳醇な香り、深いこくと味わい。杜氏が精魂込めた一本。冷〜常温。

日本酒度+3　酸度1	薫酒		
吟醸香	■■■■□	コク	■■□□□
原料香	■■□□□	キレ	■■■□□

辛口《からくち》純米酒 いち辛《から》
特別純米酒／1.8ℓ ¥2625 720mℓ ¥1575／ともに山田錦60%／15.7度
濃醇さはそのままに、すっきりさわやかな超辛口に仕上げた特別純米。冷〜温燗。

日本酒度+8　酸度1.5	醇酒		
吟醸香	■□□□□	コク	■■■□□
原料香	■■■□□	キレ	■■■■□

本醸造 上撰《じょうせん》 紀州《きしゅう》五十五《ごじゅうご》万石《まんごく》
本醸造酒／1.8ℓ ¥1985 720mℓ ¥1050／五百万石70% 国産米70%／15.7度
豊かな米の味の本醸造に、フルーティな吟醸酒を20%も加えた芳醇な酒。冷〜燗。

日本酒度+4　酸度1.2	爽酒		
吟醸香	■■□□□	コク	■■□□□
原料香	■■□□□	キレ	■■■■□

創業者はかの博物学の大巨人・南方熊楠《みなかたくまぐす》の父、蔵名「世界一統」の名付け親は大隈重信―と聞けば、なんだか気楽に飲むのは畏《おそ》れ多いような。「うまさの先へ」を信条に掲げ、伝承の技術に加えて先進技術を積極的に取りれた酒造りを進めている。この姿勢、さすが熊楠の末裔《まつえい》というべきか。

黒牛《くろうし》

株式会社名手《なて》酒造店
073-482-0005　直接注文 可
海南市黒江846
慶応2年（1866）創業

代表酒名	純米酒 黒牛
特定名称	純米酒
希望小売価格	1.8ℓ ¥2450 720mℓ ¥1200

原料米と精米歩合…麹米 山田錦50%／掛米 五百万石60%
アルコール度数……15.7度

飲み口はすっきりしているが味にはこくと幅があり、食事向きながら酒そのものも楽しめる、オールラウンドな純米酒。濃い目の料理に。やや冷～温燗。

日本酒度+1　酸度1.6	醇酒
吟醸香 ■■□□□	コク ■■■□□
原料香 ■■■□□	キレ ■■■□□

酒名は当地の古名、万葉集にも見られる「黒牛潟」から。播州山田錦・越前五百万石・契約栽培美山錦をメインの酒米に、小規模ながら「これぞ純米酒」と呼べる高品質の酒を醸《かも》す。目立った宣伝はせず、心のこもった製品を送り出し、分別ある大人に嗜《たしな》んでいただく――この意気がうれしい。

おもなラインナップ

純米酒 黒牛 本生原酒《ほんなまげんしゅ》

純米酒／1.8ℓ ¥2750 720mℓ ¥1350／山田錦50% 五百万石60%／18.2度
香りのキレイさばかりでなく、味にも豊かな幅があって飲みごたえは十分。冷。

日本酒度+1　酸度1.8	醇酒
吟醸香 ■■□□□	コク ■■■□□
原料香 ■■■□□	キレ ■■■□□

純米吟醸 黒牛

純米吟醸酒／1.8ℓ ¥3567 720mℓ ¥1605／ともに山田錦50%／16.5度
良質の山田錦で仕込んだ酒。キレイさとまろやかさのバランスがいい。冷～常温。

日本酒度+3　酸度1.6	薫酒
吟醸香 ■■■□□	コク ■■□□□
原料香 ■■□□□	キレ ■■■□□

純米吟醸 野路《のじ》の菊《きく》

純米吟醸酒／1.8ℓ ¥3200 720mℓ ¥1550／山田錦50% 美山錦50%／16.5度
県内契約栽培米で仕込み、控え目な香りが上品で飲み飽きしない。やや冷～常温。

日本酒度+2　酸度1.5	薫酒
吟醸香 ■■■□□	コク ■■□□□
原料香 ■■□□□	キレ ■■■□□

あきしか
秋鹿

大阪府　近畿・中国

秋鹿酒造有限会社
☎072-737-0013　直接注文 不可
豊能郡能勢町倉垣1007
明治19年（1886）創業

代表酒名　山廃《やまはい》純米生原酒《なまげんしゅ》 秋鹿 山田錦《やまだにしき》70

特定名称　純米酒

希望小売価格　1.8ℓ ¥2835 720mℓ ¥1575

原料米と精米歩合…麹米・掛米ともに 山田錦70%

アルコール度数……18度〜19度

山廃仕込み特有の乳酸系のさわやかな香りと、しっかりした米の味わい、切れのいい酸味が渾然と一体化して、余すところがない。冷はもちろん熱燗も。

日本酒度+10	酸度1.8	醇酒	
吟醸香	■□□□□	コク	■■■■□
原料香	■■■■□	キレ	■■■■□

おもなラインナップ

秋鹿 純米大吟醸生原酒 入魂《にゅうこん》の一滴《いってき》

純米大吟醸酒/1.8ℓ ¥6825 720mℓ ¥3150/ともに山田錦50%/17度〜18度

含み香淡く、米の味わいと酸味が調和した典型的な味吟醸。常温がいいが温燗も。

日本酒度+5	酸度1.6	薫酒	
吟醸香	■■■□□	コク	■■■□□
原料香	■■□□□	キレ	■■■□□

秋鹿 純米大吟醸雫酒《しずくざけ》 一貫造《いっかんづく》り

純米大吟醸酒/1.8ℓ ¥10200 720mℓ ¥4200/ともに山田錦40%/16度〜17度

蔵元自営田の山田錦100%使用。さわやかな吟香と米の味がいいバランス。常温。

日本酒度+5	酸度1.8	薫酒	
吟醸香	■■■■□	コク	■■■□□
原料香	■■■□□	キレ	■■■□□

秋鹿 山廃純米吟醸 奥鹿《おくしか》2007

純米吟醸酒/1.8ℓ ¥4200 720mℓ ¥2310/ともに山田錦58%/18度〜19度

数量限定。山廃純吟原酒を3年間熟成させた古酒。生原酒もある。常温〜熱燗。

日本酒度+7	酸度2.5	醇酒	
吟醸香	■□□□□	コク	■■■■□
原料香	■■■■□	キレ	■■■□□

稲の実る「秋」と、創業者・奥鹿之助の「鹿」を合わせて酒名に。自営田での米作りから酒造りまで、すべてを自蔵で手がける「一貫造り」の蔵元だ。全量自家精米の酒米で醸《かも》すのは、山廃《やまはい》・生酛《きもと》系が中心の、濃醇旨口の純米酒ばかり。酒は純米、燗ならなおよし――を地で行く頼もしい蔵。

呉春《ごしゅん》

近畿・中国　大阪府

呉春株式会社
☎072-751-2023　直接注文 不可
池田市綾羽1-2-2
元禄年間（1688～1704）創業

代表酒名	呉春 特吟《とくぎん》
特定名称	吟醸酒
希望小売価格	1.8ℓ ¥3875

原料米と精米歩合…麹米・掛米ともに 赤磐雄町50%
アルコール度数……16.5度

岡山県産赤磐雄町を低温で醸し、低温貯蔵庫で熟成後に出荷。雲上の仙人が嗜む酒に思えるほど、あえかな香りを含んで雑味なくのどをすべる。冷～常温。

日本酒度±0　酸度1.3　爽酒
吟醸香 ■■□□□　コク ■■□□□
原料香 ■■□□□　キレ ■■□□□

おもなラインナップ

呉春 本丸《ほんまる》
本醸造酒/1.8ℓ ¥2050/山田錦・五百万石ほか65% 朝日65%/15.9度
甘口・辛口に偏らない、五味の調和の取れた酒。引き味の余韻もいい。冷～燗。

日本酒度±0　酸度1.3　爽酒
吟醸香 ■□□□□　コク ■■□□□
原料香 ■■□□□　キレ ■■■□□

呉春 池田酒《いけだざけ》
普通酒/1.8ℓ ¥1683/朝日65% アケボノ75%/15.5度
「本丸」よりもやや軽く仕上げた、普通酒とは思えない高品質な一本。冷～燗。

日本酒度±0　酸度1.3　爽酒
吟醸香 ■□□□□　コク ■■□□□
原料香 ■□□□□　キレ ■■■□□

灘が台頭するまで、当地で造る酒は「池田酒」と呼ばれて珍重された。そんな栄華を誇った銘醸地に、今はこの蔵1軒だけが残る。酒名は池田の古名・呉服《くれは》の呉と、中国・唐代に酒を「春」といったことから。つまり池田の酒。この町に住んだ京都四条派の画祖・呉春（松村月溪）にもちなむ。

黒松白鹿《くろまつはくしか》

辰馬本家《たつうまほんけ》酒造株式会社
☎0120-600-019　直接注文 可
西宮市建石町2-10
寛文2年（1662）創業

代表酒名　特撰《とくせん》黒松白鹿 特別本醸造 山田錦《やまだにしき》

特定名称　特別本醸造酒

希望小売価格　1.8ℓ ¥2310 720mℓ ¥1021

原料米と精米歩合…麹米・掛米ともに 兵庫県産山田錦70%

アルコール度数……14度以上15度未満

兵庫県産山田錦を100%使用し、日本名水百選の一つ・西宮の宮水と白鹿伝承蒸米仕込で醸した、さわやかで上品な味わい。兵庫県認証食品。冷～燗。

日本酒度+1　酸度1.2　爽酒

吟醸香 ■□□□□　コク ■■□□□
原料香 ■■□□□　キレ ■■■■□

「白鹿」の酒名は、中国・唐代、玄宗皇帝の宮中に齢《よわい》千年の白い鹿が現れた、との故事にちなむ。天与の名水・西宮の宮水で仕込む酒は「灘の下り酒」として江戸市中で人気を博し、明治維新後には醸造高全国一を記録。大正の中ごろに新しい醸造法に成功し、高級酒「黒松白鹿」が生まれた。

おもなラインナップ

超《ちょう》特撰黒松白鹿 豪華千年寿《ごうかせんねんじゅ》 純米大吟醸LS《エルエス》-50

純米大吟醸酒/1.8ℓ ¥5211 720mℓ ¥2609/山田錦50% 日本晴50%/15度以上16度未満

50%まで磨いた米を独自の仕込法で醸した、当蔵自信の純米大吟醸。冷～温燗。

日本酒度±0　酸度1.4　薫酒

吟醸香 ■■■□□　コク ■■□□□
原料香 ■□□□□　キレ ■■■□□

特撰黒松白鹿 本醸造 四段仕込《よだんじこみ》

本醸造酒/1.8ℓ ¥2234/山田錦65% 中生新千本・もち米など65%・70%/15度以上16度未満

三段仕込みに加え、四段目にもち米を掛けた本醸造。ふくらみのある味。冷～燗。

日本酒度 -1　酸度1.2　醇酒

吟醸香 ■■□□□　コク ■■□□□
原料香 ■■■□□　キレ ■■■□□

超特撰黒松白鹿 特別純米 山田錦

特別純米酒/1.8ℓ ¥2499 720mℓ ¥1147/ともに兵庫県産山田錦70%/14度以上15度未満

兵庫県産山田錦を独自の仕込法で醸したさわやかな味。兵庫県認証食品。冷～燗。

日本酒度+1　酸度1.4　爽酒

吟醸香 ■□□□□　コク ■■□□□
原料香 ■■■□□　キレ ■■■□□

菊正宗《きくまさむね》

菊正宗酒造株式会社
☎078-854-1119　直接注文 可
神戸市東灘区御影本町1-7-15
万治2年（1659）創業

近畿・中国　兵庫県

代表酒名	菊正宗 上撰《じょうせん》
特定名称	本醸造酒
希望小売価格	1.8ℓ ¥1887 900mℓ ¥959

原料米と精米歩合…麹米 五百万石ほか70%／掛米 日本晴ほか70%
アルコール度数……15度

雑味なくしっかりした押し味と、切れのいいのど越し。生酛造りのよさを体現した、当蔵が理想とする本格辛口酒。食中酒にもぴったり。常温、燗。

日本酒度+5　酸度1.5		爽酒	
吟醸香	■□□□□	コク	■■□□□
原料香	■■□□□	キレ	■■■■□

おもなラインナップ

菊正宗 特醸《とくじょう》 雅《みやび》
特別純米酒／1.8ℓ ¥5250／ともに山田錦65%／18度
生酛造りほか当蔵の醸造技術の粋を凝らした、ごく味豊かな超特撰酒。冷～温燗。

日本酒度+6　酸度1.6		醇酒	
吟醸香	■□□□□	コク	■■■□□
原料香	■■■□□	キレ	■■■□□

菊正宗 嘉宝蔵《かほうぐら》 生酛《きもと》特別純米
特別純米酒／720mℓ ¥1280／兵系酒18号70% 兵系酒18号・日本晴70%／16度
大粒の酒米・兵系酒18号を使用し、生酛造りで醸した特有の味とごく味。温燗。

日本酒度+5　酸度1.6		醇酒	
吟醸香	■□□□□	コク	■■■■□
原料香	■■■□□	キレ	■■■□□

菊正宗 嘉宝蔵 生酛本醸造
本醸造酒／720mℓ ¥1000／山田錦70% 日本晴ほか70%／16度
生酛造りの特徴を生かして、雑味がなくてふっくら円く、切れのいい仕上がり。燗。

日本酒度+4.5　酸度1.5		醇酒	
吟醸香	■□□□□	コク	■■□□□
原料香	■■□□□	キレ	■■■■□

創業は徳川四代将軍家綱のころ。生産量のほとんどを江戸へ送り、江戸っ子たちに「灘の下り酒」ともてはやされた。当時も今も、求める味は和食を引き立てる本流辛口。戦後の甘口全盛時代にも、この姿勢が揺らぐことはなかった。生酛《きもと》造りは、そんな「菊正宗」を象徴する技法といえる。

剣菱《けんびし》

剣菱酒造株式会社
☎078-811-0131　直接注文 不可
神戸市東灘区御影本町3-12-5
永正2年（1505）創業

兵庫県　近畿・中国

代表酒名	黒松剣菱《くろまつ》
特定名称	本醸造酒
希望小売価格	1.8ℓ ¥2290 900mℓ ¥1155

原料米と精米歩合…麹米 兵庫県産山田錦70%
掛米 兵庫県産山田錦・愛山70%

アルコール度数……16.5度

米の持つ豊醇さを引き出した存在感のある味わいに、酸味と辛さが溶け込んでまろやかさと豊かなこくを生んでいる。常温、温燗。

日本酒度±0~+0.5　酸度1.6~1.7　醇酒

吟醸香	■□□□□	コク	■■■□□
原料香	■■■□□	キレ	■■■■□

「忠臣蔵」にも登場する屈指の老舗ブランド。吉野杉製の甑《こしき》で米を蒸し、蓋麹法《ふたこうじ》に山廃酛《やまはいもと》など、徹底して昔ながらの手造りだ。酒米は山田錦の使用量日本一を誇る。商品はすべて寒に仕込み、ひと夏熟成させてから出荷する、いわゆる「秋上がり」ばかり。生酒や高精白の吟醸酒は造らない。

おもなラインナップ

瑞《みず》穂《ほ》黒松剣菱

純米酒/720mℓ ¥1575/兵庫県産山田錦70%～75% 兵庫県産山田錦・愛山70%～75%/17度

一杯二杯と飲み進むにつれてふくよかさを増し、味はいよいよ深い。常温、温燗。

日本酒度±0~+1　酸度2.0~2.1　醇酒

吟醸香	■□□□□	コク	■■■□□
原料香	■■■□□	キレ	■■■■□

極上《ごくじょう》黒松剣菱

本醸造酒/1.8ℓ ¥3000/兵庫県産山田錦70% 兵庫県産山田錦・愛山70%/17度

力強い米の味が口いっぱいに広がり、同時に豪快な切れが駆けめぐる。冷、常温。

日本酒度±0~+0.5　酸度1.7~1.8　醇酒

吟醸香	■□□□□	コク	■■■□□
原料香	■■■□□	キレ	■■■■□

剣菱

本醸造酒/1.8ℓ ¥1888 900mℓ ¥980/山田錦など酒造好適米70% 国産うるち米70%/16度

こくと辛さが調和したやわらかな味。燗すればきりりと切れが増す。常温、温燗。

日本酒度+0.5~+1　酸度1.5~1.6　醇酒

吟醸香	■□□□□	コク	■■■□□
原料香	■■■□□	キレ	■■■■□

白鶴《はくつる》

白鶴酒造株式会社
☎078-822-8901　直接注文 可
神戸市東灘区住吉南町4-5-5
寛保3年（1743）創業

代表酒名	超特撰《ちょうとくせん》 白鶴 翔雲《しょううん》 純米大吟醸
特定名称	純米大吟醸酒
希望小売価格	1.8ℓ ¥5250 720mℓ ¥2100

原料米と精米歩合…麹米・掛米ともに 山田錦50%
アルコール度数……16度以上17度未満

純米吟醸のジャンルでは当蔵自信の最高グレード品、いわゆる「味吟醸」の代表格。洗練された含み香と、気品ある芳醇な味わい。冷・常温◎、温燗○。

日本酒度+2　酸度1.5　爽酒
吟醸香 ■■■□□　コク ■■□□□
原料香 ■■□□□　キレ ■■■■□

同じく灘五郷の一つ・御影郷にある菊正宗酒造とは親戚筋に当たる。生貯蔵酒や紙パック日本酒「白鶴 サケパック まる」を業界に先駆けて発売し、時代に敏感に対応しつつ、清酒業界売り上げトップの座を保つ。蔵独自の酒米・白鶴錦を開発するなど酒造りへのスタンスがしっかりしている。

おもなラインナップ

超特撰 白鶴 純米大吟醸 白鶴錦《はくつるにしき》

純米大吟醸酒/720mℓ ¥3150/ともに白鶴錦50%/15度以上16度未満
蔵独自の開発米・白鶴錦全量使用。爽快な香りとまろやかな味わい。冷◎、常温○。

日本酒度+4　酸度1.4　爽酒
吟醸香 ■■■□□　コク ■■□□□
原料香 ■□□□□　キレ ■■■■□

超特撰 白鶴 純米大吟醸 山田穂《やまだほ》

純米大吟醸酒/720mℓ ¥3134/ともに山田穂50%/15度以上16度未満
山田穂100%使用。香りはやさしく華やかで、深い味わい。冷◎、常温・温燗○。

日本酒度+1　酸度1.2　薫酒
吟醸香 ■■■■□　コク ■■□□□
原料香 ■□□□□　キレ ■■■□□

特撰 白鶴 特別純米酒 山田錦《やまだにしき》

特別純米酒/1.8ℓ ¥2184 720mℓ ¥1041/山田錦70% ― /14度以上15度未満
兵庫県産山田錦100%使用。こくと切れを同時に楽しめて、CP が高い。冷～燗。

日本酒度+3　酸度1.5　醇酒
吟醸香 ■□□□□　コク ■■■□□
原料香 ■■■□□　キレ ■■■□□

沢の鶴株式会社
☎078-881-1234　直接注文 不可
神戸市灘区新在家南町5-1-2
享保2年（1717）創業

代表酒名	沢の鶴 純米大吟醸 瑞兆《ずいちょう》
特定名称	純米大吟醸酒
希望小売価格	1.8ℓ ¥5193 720㎖ ¥2077

原料米と精米歩合…麹米・掛米ともに 山田錦47%

アルコール度数……16.5度

吟醸独特の芳醇な香味がまろやかに口に広がり、すがすがしいやさしさに満ちたのど越しもいい。盃を重ねても箸が進んで、酒も食事も飽きない。冷。

日本酒度±0.0　酸度1.7	薫酒
吟醸香 ■■■□□	コク ■■□□□
原料香 ■□□□□	キレ ■■■□□

大岡忠相《ただすけ》が将軍吉宗から江戸町奉行に任ぜられたその年に、灘五郷の一つ・西郷に蔵を開いた。灘を代表する蔵元の一つ。酒名「沢の鶴」は、伊雑《いざわ》の宮（伊勢神宮の別宮）縁起にある鶴と稲穂との故事から。灘本流の味を守りつつ、時代にふさわしい日本酒を造っていきたいという。

おもなラインナップ

沢の鶴 山田錦《やまだにしき》の里《さと》 実楽《じつらく》
特別純米酒／1.8ℓ ¥2604 720㎖ ¥1042／ともに兵庫県特A地区産山田錦70%／14.5度
山田錦100%使用。生酛造りで醸した、こくと切れのある味わい。やや冷、温燗。

日本酒度+2.5　酸度1.8	醇酒
吟醸香 ■□□□□	コク ■■■□□
原料香 ■■■□□	キレ ■■■■□

沢の鶴 大古酒《おおごしゅ》 熟露《じゅくろ》
本醸造酒／720㎖ ¥5250／山田錦70% キンパ70%／16.5度
1973年醸造。力強い香り、重厚な甘さは大古酒特有の枯淡の味。やや冷、熱燗。

日本酒度-4　酸度2	熟酒
吟醸香 ■□□□□	コク ■■■■■
原料香 ■■■■■	キレ ■□□□□

沢の鶴 本醸造原酒《げんしゅ》
本醸造酒／720㎖ ¥983／五百万石65% オオセトほか65%／18.5度
蔵で搾ったままの、通向きの豊かな味を、オンザロックや冷、お湯割りと好みで。

日本酒度+2　酸度1.7	醇酒
吟醸香 ■□□□□	コク ■■■□□
原料香 ■■■□□	キレ ■■■■□

小鼓《こつづみ》

近畿・中国　兵庫県

株式会社西山酒造場
☎0795-86-0331　直接注文 可
丹波市市島町中竹田1171
嘉永2年（1849）創業

代表酒名　小鼓 心楽《しんらく》

特定名称　大吟醸酒

希望小売価格　720mℓ ¥10000

原料米と精米歩合…麹米・掛米ともに 山田錦45%

アルコール度数……16度〜17度

斗瓶取り、低温瓶貯蔵の特別限定品。華やかさと落ち着きを備えた品のいい吟香と、優雅にのどをすべる深い味わい。扁壺型の瓶も美しい。冷、常温。

日本酒度+6　酸度1　薫酒

吟醸香 ■■■■□　コク ■■□□□
原料香 ■□□□□　キレ ■■■□□

人気コミック「美味しんぼ」にも紹介された名水・竹田川伏流水で醸《かも》されるこの酒は、かつて「丹醸酒」と呼ばれた丹波の美酒の名流に連なる。目指すのは「一度は飲んでみたい幻の酒」ではなく「また飲んでみたい一生の酒」だ。酒名は三代目蔵元と親交のあった俳人・高浜虚子による。

おもなラインナップ

小鼓 路上有花《ろじょうはなあり》

純米大吟醸酒/1.8ℓ ¥10000 720mℓ ¥5000/ともに山田錦50%/16度〜17度

「路上に咲く一輪の花にも感動する境地」を味わってほしい、と命名。冷、常温。

日本酒度+1　酸度1.3　薫酒

吟醸香 ■■■■□　コク ■■□□□
原料香 ■□□□□　キレ ■■■□□

小鼓 純米吟醸

純米大吟醸酒/1.8ℓ ¥2800 720mℓ ¥1500/但馬強力55% 兵庫北錦58%/16度〜17度

穏やかな香りと飲み口は、どこか「和服の美人」を連想させる上品さ。冷、常温。

日本酒度+2　酸度1.2　爽酒

吟醸香 ■■□□□　コク ■■□□□
原料香 ■■□□□　キレ ■■■□□

富久錦

富久錦株式会社
☎0790-48-2111　直接注文 可
加西市三口町1048
天保10年（1839）創業

代表酒名	富久錦 特別純米
特定名称	特別純米酒
希望小売価格	1.8ℓ ¥2700 720mℓ ¥1350

原料米と精米歩合…麹米・掛米ともに 加西産山田錦70%

アルコール度数……15.4度

山田錦の持ち味が生きた、しっかりした味と切れのよさが特徴の、いかにも純米らしい酒。冷ですっきりした飲み口を、温燗で米の味を楽しみたい。

日本酒度+1　酸度1.6			醇酒
吟醸香	■□□□□	コク	■■■□□
原料香	■■■■□	キレ	■■■□□

中田英寿氏のオフィシャルホームページでも紹介された、いわゆる純米蔵の一つ。造るのは地の米で醸《かも》す酒—蔵の井戸から汲む水と蔵と同じ風土に育まれた米で、この土地の人々が醸し、地域の人に愛される純米酒—のみ。酒名はめでたい富久＝福と、近くの法華山一乗寺の錦＝紅葉から。

おもなラインナップ

富久錦 純米大吟醸 瑞福《ずいふく》

純米大吟醸酒／1.8ℓ ¥10000 720mℓ ¥3600／ともに加西産山田錦40%／15.4度

穏やかな立ち香、やわらかな口当たり。飲む少し前に冷蔵庫から出すのがベスト。

日本酒度+1　酸度1.2			薫酒
吟醸香	■■■□□	コク	■■□□□
原料香	■□□□□	キレ	■■■□□

富久錦 純米

純米酒／1.8ℓ ¥2100 720mℓ ¥1050／ともに加西産キヌヒカリ70%／15.4度

まるで炊き立てのご飯を思わせる、やさしくもふっくらした味わい。ぜひ温燗で。

日本酒度+0.5　酸度1.6			醇酒
吟醸香	■□□□□	コク	■■■□□
原料香	■■■□□	キレ	■■■□□

富久錦 純米 Fu.《フ》

純米酒／500mℓ ¥920 300mℓ ¥630／ともに加西産キヌヒカリ70%／8.4度

果実のように清新な甘さに、澄んだ酸味が利いたさわやかさ。きりっと冷やして。

日本酒度 -60　酸度4.5			爽酒
吟醸香	■■□□□	コク	■□□□□
原料香	■□□□□	キレ	■□□□□

龍力《たつりき》

株式会社本田商店
079-273-0151　直接注文 一部可
姫路市網干区高田
大正10年（1921）創業

代表酒名	純米大吟醸 龍力 米《こめ》のささやき 秋津《あきつ》
特定名称	純米大吟醸酒
希望小売価格	1.8ℓ ¥31500 720mℓ ¥15750

原料米と精米歩合…麹米・掛米ともに 兵庫県特A地区産山田錦 秋津米35%

アルコール度数……16度〜17度

ぜいたくきわまりない味を、まずよく冷やして。飲み進むうちに少しずつ酒温が上がり、温度帯ごとに香味の微妙な変化を楽しめる。

日本酒度+2　酸度1.5			薫酒
吟醸香	■■■■■	コク	■■□□□
原料香	■■□□□	キレ	■■■■□

蔵元は江戸時代から、播州杜氏の総取締役だった家柄。白鶴酒造の杜氏を務めた初代―現当主の曽祖父―が、この地に蔵を開いた。「酒の味は米の味」だからと米には特にこだわり、使用する酒米の80%が兵庫県特A地区産の山田錦だ。八宗の祖・龍樹《りゅうじゅ》菩薩の力を得たいと酒名を「龍力」に。

おもなラインナップ

純米大吟醸 龍力 米のささやき 米優雅《こめゆうが》

純米大吟醸酒/1.8ℓ ¥10500 720mℓ ¥5250/兵庫県特A地区産山田錦35% 同40%/16度〜17度
特上の山田錦を100%使用。蔵内のタンクで熟成させたまろやかな味。やや冷。

日本酒度±0　酸度0			薫酒
吟醸香	■■■■□	コク	■■□□□
原料香	■■□□□	キレ	■■■□□

大吟醸 龍力 米のささやき

大吟醸酒/1.8ℓ ¥5250 720mℓ ¥3150/兵庫県特A地区産山田錦40% 同50%/17.5度
さわやかな果実香と米の味が調和したしっかりボディ。当銘柄の定番大吟醸。冷。

日本酒度+3　酸度1.4			薫酒
吟醸香	■■■■□	コク	■■□□□
原料香	■□□□□	キレ	■■■■□

特別純米 龍力 生酛《きもと》仕《し》込《こ》み

特別純米酒/1.8ℓ ¥3150 720mℓ ¥1575/ともに兵庫県特A地区産山田錦65%/16.5度
山田錦のふくよかな味をしっかりした酸味がくるむ。冷〜燗、特に燗がおすすめ。

日本酒度+1　酸度1.8			醇酒
吟醸香	■□□□□	コク	■■■□□
原料香	■■■■□	キレ	■■■□□

御前酒《ごぜんしゅ》

岡山県　近畿・中国

株式会社辻本店
☎0867-44-3155　直接注文 可
真庭市勝山116
文化元年（1804）創業

代表酒名	純米造《づく》り 御前酒 美作《みまさか》
特定名称	純米酒
希望小売価格	1.8ℓ ¥2470 720mℓ ¥1235

原料米と精米歩合…麹米・掛米ともに 岡山県産雄町65%

アルコール度数……14.5度

穏やかな香りと米の味わい、切れのいい引き味と、雄町米のよさを堪能できる。冷ならすっきりしたのど越しを、温燗ではしみじみした味を楽しめる。

日本酒度+5　酸度1.4			醇酒
吟醸香	■□□□□	コク	■■■□□
原料香	■■■□□	キレ	■■■□□

酒名は、旧三浦藩への献上酒だったことから。県内初の女性杜氏を中心に、辛口の酒をメインに醸《かも》している。全国でも珍しい菩提酛《ぼだいもと》造りは、室町時代、奈良県の菩提山正暦寺《しょうりゃくじ》で行われていた醸造法がルーツ。天然乳酸菌で造るそやし水をもとに仕込む、酸味のあるきりっとした味わいが特徴だ。

おもなラインナップ

菩提酛《ぼだいもと》純米 GOZENSHU《ゴゼンシュ》 9 NINE《ナイン》

純米酒/1.8ℓ ¥2625 500mℓ ¥900/ともに雄町65%/15.5度

室町時代からつづく菩提酛造り。天然乳酸菌による酸味がさわやかだ。冷、温燗。

日本酒度+5　酸度1.4			醇酒
吟醸香	■□□□□	コク	■■■■□
原料香	■■■□□	キレ	■■■□□

御前酒 菩提酛にごり酒《ざけ》

純米酒/1.8ℓ ¥2700 720mℓ ¥1350/ともに雄町65%/17.5度

甘口の薄濁りに仕上げた菩提酛造り。冷で酒そのものの味を。上級者なら燗も。

日本酒度-6　酸度2.2			醇酒
吟醸香	■□□□□	コク	■■■■□
原料香	■■■■□	キレ	■□□□□

大吟醸 御前酒 馨《けい》

大吟醸酒/1.8ℓ ¥5250 720mℓ ¥2625/ともに雄町50%/16.5度

華やかな香り、繊細な味わいは大吟醸の本流。淡泊な料理と一緒に。よく冷やして。

日本酒度+3　酸度1.5			薫酒
吟醸香	■■■□□	コク	■■□□□
原料香	■□□□□	キレ	■■■■□

鷹勇《たかいさみ》

近畿・中国　鳥取県

大谷酒造株式会社
☎0858-53-0111　直接注文 可
東伯郡琴浦町浦安368
明治5年（1872）創業

代表酒名	鷹勇 純米大吟醸
特定名称	純米大吟醸酒
希望小売価格	1.8ℓ ¥6121 720mℓ ¥3360

原料米と精米歩合…麹米・掛米ともに 山田錦35%
アルコール度数……16.4度

酒袋に詰めた醪を、旧式の槽で丁寧に搾った酒。芳醇と重厚を兼備した、香味抜群の一品。料理と一緒なら常温で、酒そのものを味わうなら人肌で。

日本酒度+3　酸度1.7	薫酒
吟醸香 ■■■■□	コク ■■□□□
原料香 ■□□□□	キレ ■■■□□

背に中国山地、眼前に日本海。この明媚な土地で、大山《だいせん》の恵みを受けた酒を醸《かも》す。大山伏流水、山田錦ほか玉栄・五百万石・強力などの酒米、出雲杜氏の技と冬の寒冷な気候。酒質は創業のころから一貫してさわやかな辛口だ。酒名は愛鳥家の初代が、空に舞う鷹の雄姿を仰いで名付けたという。

おもなラインナップ

鷹勇 大吟醸
大吟醸酒/1.8ℓ ¥6121 720mℓ ¥2856/ともに山田錦35%/15.5度
山田錦を高精白した、馥郁たる香りと力強くさわやかな味の手造りの大吟醸。冷。

日本酒度+3.0　酸度1.1	薫酒
吟醸香 ■■■■□	コク ■■□□□
原料香 ■□□□□	キレ ■■■■□

鷹勇 純米吟醸 なかだれ
純米吟醸酒/1.8ℓ ¥3265 720mℓ ¥1827/ともに山田錦・玉栄50%/15.4度
旧式の槽で搾った中汲みだけを瓶詰め。含み香ふくよかに深い味わい。冷〜温燗。

日本酒度+5.5　酸度1.5	薫酒
吟醸香 ■■■□□	コク ■■□□□
原料香 ■■□□□	キレ ■■■□□

鷹勇 純米吟醸 強力《ごうりき》
純米吟醸酒/1.8ℓ ¥3045 720mℓ ¥1703/ともに鳥取県産強力50%/15.4度
地場の酒米・強力と地場の名水で醸した、深い味わいと軽快な酸味。冷〜温燗。

日本酒度+5.5　酸度1.5	薫酒
吟醸香 ■■■□□	コク ■■□□□
原料香 ■■□□□	キレ ■■■□□

千代むすび《ちよむすび》

千代むすび酒造株式会社
☎0859-42-3191　直接注文 可
境港市大正町131
慶応元年（1865）創業

代表酒名	千代むすび 純米吟醸 強力《ごうりき》
特定名称	純米吟醸酒
希望小売価格	1.8ℓ ¥3150 720mℓ ¥1575

原料米と精米歩合…麹米・掛米ともに 鳥取県産強力50%
アルコール度数……16度～17度

復活栽培した鳥取県奨励品種・強力を使用した、名前どおりしっかりと力強い味わいの一本。香りふくよかに、なめらかな酸味が心地いい。やや冷。

日本酒度+5	酸度1.6		醇酒
吟醸香	■■□□□	コク	■■■□□
原料香	■■■□□	キレ	■■■□□

おもなラインナップ

千代むすび 純米大吟醸
純米大吟醸酒/1.8ℓ ¥5250 720mℓ ¥2625/ともに鳥取県産山田錦40%/16度～17度
ふっくら芳醇な含み香と、バランスの取れた豊かな味わい。オンザロック、冷。

日本酒度+5	酸度1.4		薫酒
吟醸香	■■■■□	コク	■■□□□
原料香	■□□□□	キレ	■■■□□

千代むすび 純米吟醸 山田錦《やまだにしき》
純米吟醸酒/1.8ℓ ¥2940 720mℓ ¥1470/ともに鳥取県産山田錦50%/16度～17度
丁寧な造りの小仕込み。味に幅のある濃厚なタイプ。普段の食中酒に。常温。

日本酒度+3	酸度1.3		醇酒
吟醸香	■■■□□	コク	■■■□□
原料香	■■□□□	キレ	■■■□□

千代むすび 特別純米
特別純米酒/1.8ℓ ¥2310 720mℓ ¥1155/ともに鳥取県産五百万石55%/15度～16度
キレイな飲み口、きりり引き締まった後味の、当蔵のベストセラー。常温、温燗。

日本酒度+3	酸度1.5		爽酒
吟醸香	■□□□□	コク	■■□□□
原料香	■■□□□	キレ	■■■■□

原料米はすべて県産の山田錦・強力・五百万石・玉栄。全量自家精米して、蒸しには二つの甑《こしき》を使い分ける。低温発酵で仕込み、大吟醸は６００キロ、吟醸は８００キロの小仕込みだ。さらに純米酒以上はすべて無濾過瓶燗火入れ・冷蔵貯蔵と、仕込みも品質管理も細心の配慮がなされている。

李白《りはく》

李白酒造有限会社
☎0852-26-5555　直接注文 可
松江市石橋町335
明治15年（1882）創業

代表酒名　李白 純米吟醸 Wandering Poet《ワンダリング ポエット》

特定名称　純米吟醸酒

希望小売価格　1.8ℓ ¥3276　720mℓ ¥1638（各箱入り）

原料米と精米歩合…麹米・掛米ともに 山田錦55%

アルコール度数……15.6度

含み香にこくがあり、のど切れもすっきりしているこの酒なら、漂泊の詩人も目を細めたろう。常温に近づくにつれてまろやかさも増す。冷、常温。

日本酒度+3　酸度1.6	薫酒		
吟醸香	■■■□□	コク	■■□□□
原料香	■■□□□	キレ	■■■□□

松江は大名茶人・松平不昧公のお膝元。そんな味にうるさい人が多い土地柄で醸《かも》されてきた、こく・切れとも備えた豊醇旨口の酒。酒名は大正から昭和にかけて活躍した松江出身の政治家・若槻《わかつき》礼次郎の命名。李白同様に詩と酒を愛した若槻は、自ら名付けたこの酒を終生離さなかったという。

おもなラインナップ

李白 大吟醸 月下独酌《げっかどくしゃく》

大吟醸酒/720mℓ ¥4095/ともに山田錦38%/15.6度

月下に独酌する歓びを歌った、李白の名詩にちなむ極上の大吟醸。よく冷やして。

日本酒度+5　酸度1.2	薫酒		
吟醸香	■■■■□	コク	■■□□□
原料香	■■□□□	キレ	■■■□□

李白 純米大吟醸

純米大吟醸酒/1.8ℓ ¥6510 720mℓ ¥3066/ともに山田錦45%/16.5度

ふくよかで豊醇な味わいと引き味のキレイさ。これが李白好みか。冷やして。

日本酒度+4　酸度1.5	薫酒		
吟醸香	■■■■□	コク	■■□□□
原料香	■■□□□	キレ	■■■□□

李白 特別純米酒

特別純米酒/1.8ℓ ¥2415 720mℓ ¥1260/ともに五百万石58%/15.3度

口いっぱいにしっかりした味があふれながら、のど切れのよさは格別。冷～温燗。

日本酒度+3　酸度1.5	醇酒		
吟醸香	■□□□□	コク	■■■□□
原料香	■■■□□	キレ	■■■■□

米田酒造株式会社
℡0852-22-3232　直接注文 可
松江市東本町3-59
明治29年（1896）創業

豊の秋《とよのあき》

島根県　近畿・中国

代表酒名	豊の秋 特別純米 雀《すずめ》と稲穂《いなほ》
特定名称	特別純米酒
希望小売価格	1.8ℓ ¥2573 720mℓ ¥1260

原料米と精米歩合…麹米 山田錦58%/掛米 山田錦·改良雄町58%
アルコール度数……15度以上16度未満

口の中にふっくらと広がる米のまろやかな甘さ。やさしく、しかもどこかなじみ深い味わい。米由来の味が隅々にまで生きている飲み口は、ぜひ温燗で。

日本酒度+2　酸度1.6			醇酒
吟醸香	■□□□□	コク	■■■■□
原料香	■■■■□	キレ	■■■□□

おもなラインナップ

豊の秋 大吟醸

大吟醸酒/1.8ℓ ¥6300 720mℓ ¥3150/兵庫県産山田錦40% 同45%/16度以上17度未満
落ち着いた香り、含み香も味も豊かだが後味は軽い。食事によく合う大吟醸。冷。

日本酒度+4　酸度1.3			薫酒
吟醸香	■■■■□	コク	■■□□□
原料香	■■□□□	キレ	■■■■□

豊の秋 純米吟醸 花《はな》かんざし

純米吟醸酒/1.8ℓ ¥2993 720mℓ ¥1638/ともに山田錦55%/15度以上16度未満
吟醸香を軽やかにまとわせつつ、やわらかな米の味わいがふくらむ。冷、温燗。

日本酒度+3.5　酸度1.6			薫酒
吟醸香	■■■□□	コク	■■□□□
原料香	■■□□□	キレ	■■■□□

豊の秋 特別本醸造

特別本醸造酒/1.8ℓ ¥2273/山田錦60% 山田錦·五百万石60%/15度以上16度未満
味は重厚ながら、ほどよい酸味が利いてのど切れは軽い。濃い口の料理に。温燗。

日本酒度+2　酸度1.4			醇酒
吟醸香	■□□□□	コク	■■■□□
原料香	■■■□□	キレ	■■■■□

松江の食文化の中で育まれた酒。酒名は五穀豊穣と、芳醇な酒ができることを願っての命名。「ふっくら旨く、心地よく」をモットーに、全量酒造好適米、出雲杜氏伝承の手造りで「食事を楽しませる酒」を醸《かも》す。各種道具類や麹室《こうじむろ》には杉材を用いるなど、木と人の温もりが伝わる酒造りだ。

玉鋼《たまはがね》

簸上《ひかみ》清酒合名会社
☎0854-52-1331　直接注文 可
仁多郡奥出雲町横田1222
正徳2年（1712）創業

代表酒名	大吟醸 玉鋼 袋取《ふくろど》り斗《と》瓶《びん》囲《かこ》い
特定名称	大吟醸酒
希望小売価格	1.8ℓ ¥11550 720mℓ ¥5775

原料米と精米歩合…麹米・掛米ともに 山田錦35%
アルコール度数……18.2度

県内・全国の新酒鑑評会に出品するために搾った、当蔵を代表する大吟醸。「日本酒の芸術品」と自負する味が、限定ながら市販されている。冷。

日本酒度+5　酸度1.2　**薫酒**
吟醸香 ■■■■□　コク ■■□□□
原料香 ■■□□□　キレ ■■■□□

おもなラインナップ

大吟醸 玉鋼
大吟醸酒/1.8ℓ ¥6510 720mℓ ¥3255/ともに山田錦35%/16.5度
香りより味を重視した大吟醸。多少荒々しいタッチが地元の食にマッチ。冷、常温。

日本酒度+5　酸度1.5　**薫酒**
吟醸香 ■■■■□　コク ■■□□□
原料香 ■■□□□　キレ ■■■■□

純米大吟醸 玉鋼
純米大吟醸酒/720mℓ ¥3255/ともに山田錦40%/16.5度
一杯が深々と胸に染みる。大吟醸ながら、控え目な香りも好感が持てる。冷、常温。

日本酒度+5　酸度1.5　**薫酒**
吟醸香 ■■■□□　コク ■■□□□
原料香 ■■□□□　キレ ■■■□□

当地の旧名・簸上《ひかみ》三郡から酒名を取った「簸上正宗」が地元向けの主銘柄。大吟醸のみのこのブランドは、神話と踏鞴《たたら》（和鉄の製錬場）の里・奥出雲らしく、国内で唯一この地で産出される日本刀の原料・玉鋼にちなむ。味に幅があり、地元風土に根ざした野太く腰の強い酒質が身上だ。

株式会社天寶一
📞084-962-0033　直接注文 不可
福山市神辺町大字川北660
明治43年（1910）創業

天寶一《てんぽういち》

広島県　近畿・中国

代表酒名	天寶一 特別純米 八反錦《はったんにしき》
特定名称	特別純米酒
希望小売価格	1.8ℓ ¥2310 720mℓ ¥1155

原料米と精米歩合…麹米・掛米ともに 八反錦55%

アルコール度数……15度～16度

米の味わいを豊かに感じさせながら、八反錦らしいきっちりしたさばけがあり、引き味の切れもいい。当蔵のコンセプトどおりの名食中酒。冷、常温。

日本酒度+3　酸度2		醇酒	
吟醸香	■□□□□	コク	■■■□□
原料香	■■■□□	キレ	■■■■□

酒名は「天地の唯一の宝」の意。五代目現当主・村上康久氏が統括製造部長として「日本酒は和食を最大限に生かす名脇役」をモットーに、高田直樹杜氏を中心に若い蔵人ともども酒造りに励む。造るのは、香りは抑え目に、ふくよかな米の味と酸味のバランスがいいキレイな辛口の酒だ。

おもなラインナップ

天寶一 山田錦《やまだにしき》 純吟《じゅんぎん》

純米吟醸酒／1.8ℓ ¥2835 720mℓ ¥1417／ともに山田錦55%／15度～16度
山田錦のよさをきっちりと引き出した、味の深さとすっきりした米感。冷、常温。

日本酒度+4　酸度2		爽酒	
吟醸香	■■□□□	コク	■■□□□
原料香	■■□□□	キレ	■■□□□

天寶一 千本錦《せんぼんにしき》 純米酒

純米酒／1.8ℓ ¥2572 720mℓ ¥1312／ともに千本錦60%／15度～16度
広島県産酒米・千本錦由来の米らしい味わいと、キレイに切れる後味。冷、常温。

日本酒度+3　酸度2		醇酒	
吟醸香	■□□□□	コク	■■■□□
原料香	■■■□□	キレ	■■■■□

天寶一 赤磐雄町《あかいわおまち》 純吟

純米吟醸酒／1.8ℓ ¥3150 720mℓ ¥1575／ともに赤磐雄町60%／16度～17度
赤磐雄町ならではの広がりのある味が、飲むほどにキレイにふくらむ。冷、常温。

日本酒度+5　酸度2		醇酒	
吟醸香	■■□□□	コク	■■■□□
原料香	■■■□□	キレ	■■■□□

誠鏡《せいきょう》

近畿・中国　広島県

中尾醸造株式会社
℡0846-22-2035　直接注文 可
竹原市中央5-9-14
明治4年（1871）創業

代表酒名　誠鏡 純米大吟醸原酒《げんしゅ》 まぼろし黒箱《くろばこ》

特定名称　純米大吟醸酒

希望小売価格　720mℓ ¥7350

原料米と精米歩合…麹米・掛米ともに 山田錦45%

アルコール度数……16.6度

IWC2007金賞受賞酒。磨き上げた山田錦と蔵伝承のリンゴ酵母で醸した、豊かな米の味わいがすばらしい。毎年11月上旬に3000本限定発売。冷。

日本酒度±0　酸度1.5　**薫酒**
吟醸香 ■■■■□　コク ■■□□□
原料香 ■■□□□　キレ ■■□□□

竹原は「安芸《あき》の小灘」と呼ばれ、古くから酒造りの盛んだった土地柄。酒名は、盃についだ酒を鏡にたとえ、そこに蔵人の誠の心を映し出したい、との思いを込めた初代の命名。昔ながらの技法を伝承しつつ、独自の酵母を開発したり酒母法を完成したりと、研究・開発にも熱心な蔵だ。

おもなラインナップ

誠鏡 純米まぼろし

純米吟醸酒／1.8ℓ ¥2625 720mℓ ¥1365／ともに八反錦58%／15.5度

広島県産八反錦を使用。香り・味とも素朴ながら、ふところは奥深い。冷〜人肌。

日本酒度+3　酸度1.5　**醇酒**
吟醸香 ■■□□□　コク ■■■□□
原料香 ■■■□□　キレ ■■■□□

誠鏡 純米たけはら

純米酒／1.8ℓ ¥2070 720mℓ ¥1149／ともに新千本65%／15.5度

米の味わいとこくがありながら、食中酒らしく引き味の切れもすっきり。冷〜燗。

日本酒度±0　酸度1.5　**醇酒**
吟醸香 ■□□□□　コク ■■■□□
原料香 ■■■□□　キレ ■■■□□

誠鏡 超辛口《ちょうからくち》

特別本醸造酒／1.8ℓ ¥2048 720mℓ ¥1155／ともに新千本58%／15.5度

当蔵一の辛口。透明感と切れは抜群。冷で冴えた切れを、燗でふくよかな味を。

日本酒度+8　酸度1.2　**爽酒**
吟醸香 ■■□□□　コク ■□□□□
原料香 ■□□□□　キレ ■■■■□

賀茂鶴《かもつる》

賀茂鶴酒造株式会社
0120-422-212　直接注文 可
東広島市西条本町4-31
元和9年（1623）創業

代表酒名	賀茂鶴 超特撰特等酒《ちょうとくせんとくとうしゅ》
特定名称	特別本醸造酒
希望小売価格	1.8ℓ ¥3006 720mℓ ¥1265

原料米と精米歩合…麹米・掛米ともに 酒造好適米60%
アルコール度数……15度以上16度未満

広島杜氏に連綿と引き継がれた「賀茂鶴」本流の酒。ふくよかな香り、米の味わい深い濃醇旨口ながら、きりりとすべるのど越しのよさも見事。温燗。

日本酒度+2　酸度1.3	醇酒
吟醸香 ■□□□□	コク ■■■□□
原料香 ■■■□□	キレ ■■□□□

「酒都西条」を代表する歴史ある蔵。酒名の「賀茂」は地名に酒を「醸《かも》」すをかけ、「鶴」は鳥の王、つまり品質最高の意。ラベルに描かれた2羽の鶴―双鶴は信頼、富士山は品質日本一の象徴という。広島杜氏の本流を受け継ぐ酒造りは、全工程に伝統の技が生きている。

おもなラインナップ

大吟醸 賀茂鶴 双鶴《そうかく》

大吟醸酒／1.8ℓ ¥10500 720mℓ ¥5250／ともに山田錦・千本錦32%・38%／16度以上17度未満
華やかな香り、さらりとキレイなのど越しは大吟醸の常道。味も深い。冷、常温。

日本酒度+3.5　酸度1.2	薫酒
吟醸香 ■■■■□	コク ■■□□□
原料香 ■□□□□	キレ ■■■□□

大吟醸 特製《とくせい》ゴールド賀茂鶴

大吟醸酒／1.8ℓ ¥5250 720mℓ ¥2625／ともに酒造好適米50%／16度以上17度未満
昭和33年発売、わが国大吟造りの先駆けとなった芳醇な味の大吟醸。冷、温燗。

日本酒度+1.5　酸度1.4	薫酒
吟醸香 ■■■□□	コク ■■□□□
原料香 ■□□□□	キレ ■■■□□

白牡丹《はくぼたん》

白牡丹酒造株式会社
☎082-423-2202　直接注文 可
東広島市西条本町15-5
延宝3年（1675）創業

代表酒名	白牡丹 千本錦《せんぼんにしき》 吟醸酒
特定名称	吟醸酒
希望小売価格	1.8ℓ ¥2586 720mℓ ¥1559

原料米と精米歩合…麹米・掛米ともに 千本錦50%
アルコール度数……15.2度

吟醸造りに適した広島県産酒米・千本錦。その持ち味を広島杜氏の技が引き出した、幅のある味とすっきりした切れ味の一本。よく冷やして。

日本酒度+4　酸度1.4　**爽酒**
吟醸香 ■■□□□　コク ■■□□□
原料香 ■□□□□　キレ ■■■□□

「西条酒」でも最も古い銘柄の一つ。酒名は京都・鷹司《たかつき》家からの下賜といい、同家の家紋にちなんで「白牡丹」に。ロゴやラベルの牡丹は棟方志功の作。江戸の戯作者・蜀山人（大田南畝）や「白牡丹李白が顔に崩れけり」の一句を残した明治の文豪・夏目漱石など、この酒を愛した人々は多い。

おもなラインナップ

白牡丹 広島八反《ひろしまはったん》 吟醸酒
吟醸酒/1.8ℓ ¥3111 720mℓ ¥1559/ともに広島八反50%/15.2度
広島県産の酒米で広島杜氏が醸した、広島らしさにこだわった酒。よく冷やして。

日本酒度+5　酸度1.5　**爽酒**
吟醸香 ■■□□□　コク ■■□□□
原料香 ■□□□□　キレ ■■□□□

白牡丹 山田錦《やまだにしき》 純米酒
純米酒/1.8ℓ ¥2271 720mℓ ¥1244/ともに山田錦70%/15.2度
麹の特性を生かしたふくらみ、全量使用した山田錦独特のこくと切れ。冷、人肌。

日本酒度-2　酸度1.6　**醇酒**
吟醸香 ■□□□□　コク ■■■■□
原料香 ■■■■□　キレ ■■□□□

白牡丹 大吟醸
大吟醸酒/1.8ℓ ¥5250 720mℓ ¥3150/ともに山田錦40%/17.2度
華やかで上品な香り、きめ細かな味わい、さらりと切れる引き味。よく冷やして。

日本酒度+6　酸度1.3　**薫酒**
吟醸香 ■■■■□　コク ■■□□□
原料香 ■□□□□　キレ ■■■□□

賀茂泉《かもいずみ》

広島県　近畿・中国

賀茂泉酒造株式会社
082-423-2118　直接注文 可
東広島市西条上市町2-4
大正元年（1912）創業

代表酒名	賀茂泉 朱泉《しゅせん》 本仕込《ほんじこみ》
特定名称	純米吟醸酒
希望小売価格	1.8ℓ ¥2694 720mℓ ¥1657

原料米と精米歩合…麹米 広島八反58%／掛米 中生新千本58%

アルコール度数……16度

昭和46年、全国に先駆けて発売された純米吟醸酒。活性炭素濾過を一切行わない美しい山吹色、芳醇かつ豊かな味わい。温燗◎、冷・常温○。

日本酒度+1	酸度1.6		醇酒
吟醸香	■□□□□	コク	■■■□□
原料香	■■■■□	キレ	■■■□□

おもなラインナップ

賀茂泉 長寿《ちょうじゅ》 本仕込

純米大吟醸酒／1.8ℓ ¥5250 720mℓ ¥2310／ともに広島県産山田錦50%／16度

地場産山田錦だけで醸した穏やかな香り、きめ細かくふくらみのある味。やや冷。

日本酒度+1	酸度1.4		薫酒
吟醸香	■■■□□	コク	■■□□□
原料香	■□□□□	キレ	■■■□□

賀茂泉 壽《ことぶき》

大吟醸酒／1.8ℓ ¥21000 720mℓ ¥8400／ともに広島県産山田錦35%／17度

吟醸造りの粋を集めた、鑑評会出品用の一本。香り、味の上品なこと。冷、常温。

日本酒度+5	酸度1.2		薫酒
吟醸香	■■■■□	コク	■■□□□
原料香	■□□□□	キレ	■■■□□

賀茂泉 山吹色《やまぶきいろ》の酒《さけ》

純米吟醸酒／1.8ℓ ¥2922 720mℓ ¥1874／広島八反60% 中生新千本60%／15度

純米吟醸を3年間以上熟成させた山吹色の酒。まろやかな味と口当たり。温燗。

日本酒度+1	酸度1.6		醇酒
吟醸香	■□□□□	コク	■■■□□
原料香	■■■■□	キレ	■■□□□

酒名は地名の「賀茂」と、仕込み水に山陽道の名水を汲んだことから。伝統の酒造りの復活を目指し、昭和40年にはいち早く純米醸造に着手した。現在も広島杜氏伝承の三段仕込みで、純米を中心に手造りの酒を醸《かも》している。活性炭素濾過を行わない酒は芳醇で、山吹色が美しい。

賀茂金秀《かもきんしゅう》

金光《かねみつ》酒造合資会社
☎0823-82-2006　直接注文 不可
東広島市黒瀬町乃美尾1364-2
明治13年（1880）創業

代表酒名	賀茂金秀 特別純米
特定名称	特別純米酒
希望小売価格	1.8ℓ ¥2688 720mℓ ¥1344

原料米と精米歩合…麹米・掛米ともにこいおまち55%
アルコール度数……16度〜16.9度

穏やかな香りと清新な飲み口、軽快にのどを駆ける後口。食事と相性がよく、若い人にも向く。冷〜温燗。12月中旬〜2月末ごろまでは生酒もある。

日本酒度+4.0前後　酸度1.4	爽酒
吟醸香 ■■□□□	コク ■■□□□
原料香 ■■□□□	キレ ■■■□□

創業時からの主銘柄は「桜吹雪」。杜氏制を廃止して、平均年齢30歳の社員蔵人による品質重視の少量生産・吟醸酒造りに挑み、平成15年、蔵元五代目に当たる金光秀起杜氏の名にちなんだ「賀茂金秀」を立ち上げた。若い杜氏と蔵人が醸《かも》す、弾けるような清新な味わいが魅力だ。

おもなラインナップ

賀茂金秀 桜吹雪《さくらふぶき》 特別純米 うすにごり生《なま》

特別純米酒／1.8ℓ ¥2680 720mℓ ¥1340／雄町50% 八反錦60%／16度〜16.9度
さわやかな香りとほどよい味幅。少し濁らせた、毎年春3月限定出荷の一本。冷。

日本酒度+4前後　酸度1.4	醇酒
吟醸香 ■■□□□	コク ■■■□□
原料香 ■■■□□	キレ ■■□□□

賀茂金秀 辛口《からくち》純米 夏純《なつじゅん》

純米酒／1.8ℓ ¥2500 720mℓ ¥1250／ともに八反錦60%／15度〜15.9度
「夏でも日本酒」に最適の、しっかり味ながらさらりと飲める夏季限定商品。冷。

日本酒度+7　酸度1.5	醇酒
吟醸香 ■□□□□	コク ■■■□□
原料香 ■■■□□	キレ ■■■■□

賀茂金秀 特別純米 秋《あき》の便《たよ》り

特別純米酒／1.8ℓ ¥2625 720mℓ ¥1313／こいおまち55% 八反錦55%／15度〜15.9度
秋限定の冷やおろし。夏を経てほどよく熟成した味は、実りの秋に最適。冷〜燗。

日本酒度+4前後　酸度1.5	醇酒
吟醸香 ■□□□□	コク ■■■□□
原料香 ■■■□□	キレ ■■■□□

相原酒造株式会社
☎0823-79-5008　直接注文 不可
呉市仁方本町
明治8年（1875）創業

雨後の月《うごのつき》

広島県　近畿・中国

代表酒名	純米吟醸 雨後の月 山田錦《やまだにしき》
特定名称	純米吟醸酒
希望小売価格	1.8ℓ ¥2993

原料米と精米歩合…麹米 山田錦50%／掛米 山田錦55%

アルコール度数……16度

協会9号酵母で醸した酒に特有の、軽く上品な立ち香ときりっと締まった爽快な味わい。常温では味はふっくらマイルド、でも切れはいい。冷、常温。

日本酒度+2　酸度1.5			薫酒
吟醸香	■■■□□	コク	■■□□□
原料香	■□□□□	キレ	■■□□□

おもなラインナップ

大吟醸 真粋《しんすい》 雨後の月

大吟醸酒／1.8ℓ ¥10500 720mℓ ¥5250／ともに兵庫県特A地区産山田錦35%／17.1度

品のいい吟醸香が立ち、やわらかい甘さが舌を包んで、のど切れもさわやか。冷。

日本酒度+5　酸度1.2			薫酒
吟醸香	■■■■□	コク	■■□□□
原料香	■□□□□	キレ	■■□□□

特別純米酒 雨後の月

特別純米酒／1.8ℓ ¥2300 720mℓ ¥1050／雄町60% 八反錦60%／15度

ほのかに鼻をくすぐるほどの吟醸香と、清涼感のある上品な味わいが特徴。常温。

日本酒度+3　酸度1.3			爽酒
吟醸香	■■□□□	コク	■■□□□
原料香	■■□□□	キレ	■■□□□

辛口《からくち》純米 雨後の月

純米酒／1.8ℓ ¥2100／八反錦60% 地元米65%／16度

協会9号酵母の特徴を生かしたすっきり辛口。するする飲める絶好の食中酒。冷。

日本酒度+5　酸度1.8			爽酒
吟醸香	■□□□□	コク	■■□□□
原料香	■■□□□	キレ	■■■□□

甘みがあってのど切れのよい、広島酒の伝統を継ぐ蔵。上品な香りとまろやかな舌ざわり、こくのある酒を醸《かも》す。酒名は徳富蘆花の同題の短編から。平均精米歩合・特定名称酒比率・酒造好適米使用率とも県下一を誇り、今後も上品な香り、米の甘さを感じさせる広島型吟醸を造りたいという。

せんぷく

千福《せんぷく》

近畿・中国　広島県

株式会社三宅本店
☎0823-22-1029　直接注文 可
呉市本通7-9-10
安政3年（1856）創業

代表酒名	千福 特撰黒松《とくせんくろまつ》
特定名称	本醸造酒
希望小売価格	1.8ℓ ¥2234 300mℓ ¥431

原料米と精米歩合…麹米 八反錦70%/掛米 新千本70%

アルコール度数……15.5度

広島杜氏が醸した、きめ細かくまろやかな味わいの普段酒。香りほのかに、すっきりした酸味とこくのある米の味とのバランスがいい。常温、温燗。

日本酒度+4　酸度1.3			爽酒
吟醸香	■□□□□	コク	■■□□□
原料香	■■□□□	キレ	■■□□□

酒名「千福」は「女性は内助の功を称えられるだけで、報いられることが少ないのは気の毒である」と、初代の母「フク」と妻・千登の「千」を取って名付けられた。現在は二人の若い社員杜氏を中心に、呉市内灰ヶ峰に湧く伏流水を用いた、広島にこだわった酒造りに取り組んでいる。

おもなラインナップ

千福大吟醸 王者《おうじゃ》

大吟醸酒/1.8ℓ ¥10500 720mℓ ¥5250/ともに山田錦・千本錦35%・40%/17.5度

リンゴ様の立ち香とほのかに甘い含み香、なめらかな口当たり。後味もいい。冷。

日本酒度+4　酸度1.1			薫酒
吟醸香	■■■■□	コク	■■□□□
原料香	■□□□□	キレ	■■■□□

千福純米大吟醸 蔵《くら》

純米大吟醸酒/1.8ℓ ¥5250 720mℓ ¥2625/ともに千本錦50%/17.5度

立ち香は熟したバナナのよう。米の円い味と酸味、後口のよさ。オンザロック、冷。

日本酒度+4　酸度1.5			薫酒
吟醸香	■■■■□	コク	■■□□□
原料香	■□□□□	キレ	■■■□□

千福 純米酒

純米酒/1.8ℓ ¥2100 720mℓ ¥1050/八反錦65% 新千本65%/15.5度

穏やかな香り、酸味の利いた辛口。常温で切れを、温燗でふくらみのある酸味を。

日本酒度+5　酸度1.5			醇酒
吟醸香	■□□□□	コク	■■■□□
原料香	■■■□□	キレ	■■■□□

旭酒造株式会社
℡0827-86-0120　直接注文 可
岩国市周東町獺越2167-4
昭和23年（1948）創業

獺祭

山口県　近畿・中国

代表酒名	獺祭 磨《みが》き二《に》割《わり》三《さん》分《ぶ》
特定名称	純米大吟醸酒
希望小売価格	1.8ℓ ¥10000 720mℓ ¥5000

原料米と精米歩合…麹米・掛米ともに 山田錦23%

アルコール度数……16度

華やかな上立ち香、濃醇な含み香、芳醇な味と全体を引き締めるほどよい酸味。最高の磨きの山田錦で、最高の酒に挑戦した一本。冷～やや冷。

日本酒度 非公開　酸度 非公開　薫酒

吟醸香 ■■■■■　コク ■■□□□
原料香 ■□□□□　キレ ■■■□□

おもなラインナップ

獺祭 磨き三《さん》割《わり》九《く》分《ぶ》

純米大吟醸酒／1.8ℓ ¥4700 720mℓ ¥2350／ともに山田錦39%／16度

果実風の心地よい立ち香と、ほんのり甘い含み香、切れ味のよさ。冷～やや冷。

日本酒度 非公開　酸度 非公開　薫酒

吟醸香 ■■■■□　コク ■■□□□
原料香 ■□□□□　キレ ■■■□□

獺祭 純米大吟醸50

純米大吟醸酒／1.8ℓ ¥2835 720mℓ ¥1417／ともに山田錦50%／16度

山田錦を半分まで磨いたこの品質でこの値段。CPの高いうれしさ。冷～やや冷。

日本酒度 非公開　酸度 非公開　薫酒

吟醸香 ■■■■□　コク ■■□□□
原料香 ■□□□□　キレ ■■■□□

獺祭 発泡《はっぽう》にごり酒《ざけ》50

純米大吟醸酒／720mℓ ¥1680 360mℓ ¥840／ともに山田錦50%／15度

発泡濁りだからわかる、山田錦本来の米の甘さを存分に。キンキンに冷やして。

日本酒度 非公開　酸度 非公開　発泡性

吟醸蔵として知られ、出荷する酒は精米歩合50％以下の純米大吟醸ばかり。「生活の道具の一つとして楽しめる酒」をコンセプトに、社員だけによる徹底した手造りの酒造りを進める。獺《かわうそ》が捕らえた魚を岸に並べておく様子が、まるで魚を祭っているように見えることから、これを獺祭という。

五橋

近畿・中国　山口県

酒井酒造株式会社
℡0827-21-2177　直接注文 可
岩国市中津町1-1-31
明治4年（1871）創業

代表酒名	大吟醸 錦帯《きんたい》五橋
特定名称	大吟醸酒
希望小売価格	1.8ℓ ¥10920 720mℓ ¥5460

原料米と精米歩合…麹米・掛米ともに 山田錦35%

アルコール度数……16.8度

山田錦を丁寧に磨き上げ、その持ち味をやさしく、まんべんなく引き出した一本。水のような舌ざわり、繊細な味わい深さを楽しめる。よく冷やして。

日本酒度+3.5　酸度1.4　薫酒

吟醸香	■■■■□	コク	■■□□□
原料香	■□□□□	キレ	■■■□□

「五橋」の酒名は、錦川に架かる五連の名橋・錦帯橋の異称から。造る人・飲む人の心と心の架け橋に、との思いから命名されたという。伝統の技法を最新の技術が補って酒質を高める―ローテクとハイテクの相乗効果で醸《かも》される酒は、軟水仕込み特有のやわらかく香り高い酒質が特徴だ。

おもなラインナップ

五橋 大吟醸 西都《さいと》の雫《しずく》

大吟醸酒/720mℓ ¥3255/山田錦35% 西都の雫40%/16.8度

山口県オリジナル酒米・西都の雫で醸す、高貴な香りと繊細な味。よく冷やして。

日本酒度+3　酸度1.4　薫酒

吟醸香	■■■■□	コク	■□□□□
原料香	■□□□□	キレ	■■■□□

五橋 純米酒木桶造《きおけづく》り

純米酒/1.8ℓ ¥2730 720mℓ ¥1365/ともに西都の雫70%/15.5度

木桶造り特有の穏やかな木香。適度な酸味が米のこくと甘さに合っている。温燗。

日本酒度+1　酸度2.2　醇酒

吟醸香	■□□□□	コク	■■■■□
原料香	■■■■□	キレ	■■■□□

五橋 発泡《はっぽう》純米酒ねね

純米酒/300mℓ ¥714/ともに日本晴70%/5.5度

やさしい発泡感、ほのかな甘さと酸味が調和して、涼味あふれる。よく冷やして。

日本酒度-85　酸度5　発泡性

東洋美人《とうようびじん》

山口県　近畿・中国

株式会社澄川《すみかわ》酒造場
℡08387-4-0001　直接注文 不可
萩市大字中小川611
大正10年（1921）創業

代表酒名	東洋美人 611《ろくいちいち》
特定名称	純米吟醸酒
希望小売価格	1.8ℓ ¥3990 720mℓ ¥2100

原料米と精米歩合…麹米・掛米ともに611番地の山田錦50%

アルコール度数……15.8度

611番地育ちの山田錦で醸した純米吟醸。心とろかすような、限りなく上品でやさしい香り立ち。さらりとした甘さとしっとり舌になじむ辛さの、これ以上はないバランス。豊かにしてひたすら透明な味わいは、ほとんど芸術品のよう。冷。

日本酒度+5　酸度1.5			薫酒
吟醸香	■■■□□	コク	■■□□□
原料香	■■□□□	キレ	■■■□□

おもなラインナップ

東洋美人 333《さんさんさん》
純米吟醸酒／1.8ℓ ¥3990 720mℓ ¥2100／ともに333番地の山田錦50%／15.8度
333番地育ちの山田錦で醸した純米吟醸。

日本酒度+5　酸度1.5			薫酒
吟醸香	■■■□□	コク	■■□□□
原料香	■■□□□	キレ	■■■□□

東洋美人 437《よんさんなな》
純米吟醸酒／1.8ℓ ¥3990 720mℓ ¥2100／ともに437番地の山田錦50%／15.8度
437番地育ちの山田錦で醸した純米吟醸。

日本酒度+5　酸度1.5			薫酒
吟醸香	■■■□□	コク	■■□□□
原料香	■■□□□	キレ	■■■□□

東洋美人 372《さんななに》
純米吟醸酒／1.8ℓ ¥3990 720mℓ ¥2100／ともに372番地の山田錦50%／15.8度
372番地育ちの山田錦で醸した純米吟醸。

日本酒度+5　酸度1.5			薫酒
吟醸香	■■■□□	コク	■■□□□
原料香	■■□□□	キレ	■■■□□

現当主の澄川宜史杜氏が「自分が生まれ育った地元の田んぼごとの酒ができないものか」と考えて生まれたのが、ここに掲出した4品。フランスワインのドメーヌをヒントに、テロワールを強く意識して醸《かも》された酒だ。造り手の意図が見事に表現された味は、飲んで体験していただくほかない。

貴《たか》

株式会社永山本家酒造場
℡0836-62-0088　直接注文 不可
宇部市車地138
明治21年（1888）創業

代表酒名	特別純米 貴
特定名称	特別純米酒
希望小売価格	1.8ℓ ¥2625 720mℓ ¥1312

原料米と精米歩合…麹米 山田錦60%／掛米 八反錦60%
アルコール度数……15.8度

当銘柄のスタンダード商品。口に含んですぐに広がる米の味は、やがてほろっと消える。かすかな苦味もいい食中酒。冷・常温もいけるが、特に燗で。

日本酒度+5　酸度1.5			爽酒
吟醸香	■□□□□	コク	■■□□□
原料香	■■□□□	キレ	■■■■□

蔵専務の永山貴博杜氏が平成14年に立ち上げたブランド。自らの名前の一字を冠して酒名とするだけに、その造りには力が入っている。蔵は夏は米作り、冬は酒造りの一貫造り。そうやって醸《かも》される「貴」は「米の味が感じられる酒」のコンセプトどおり、純米酒のみの少量生産だ。

おもなラインナップ

濃醇辛口《のうじゅんからくち》純米 貴

純米酒／1.8ℓ ¥2100 720mℓ ¥1050／山田錦60% 同80%／15.8度
常温は米の甘さと後に来る辛さがいい。熱燗ではより辛口が立って味わいも深い。

日本酒度+8　酸度1.5			醇酒
吟醸香	■□□□□	コク	■■■□□
原料香	■■■□□	キレ	■■■■□

純米吟醸 山田錦《やまだにしき》 貴

純米吟醸酒／1.8ℓ ¥3255 720mℓ ¥1628／ともに山口県産山田錦50%／16.8度
山田錦本来の特性を生かした、やさしい米の味わいが深い。冷、常温。

日本酒度+5　酸度1.5			薫酒
吟醸香	■■□□□	コク	■■■□□
原料香	■■■□□	キレ	■■■□□

特別純米 貴 ひやおろし

特別純米酒／1.8ℓ ¥2730 720mℓ ¥1365／ともに山田錦60%／15.8度
春に火入れ、ひと夏過ごして10月1日に解禁。最初は冷、次に常温、次に燗で。

日本酒度+6　酸度1.6			醇酒
吟醸香	■□□□□	コク	■■■□□
原料香	■■■□□	キレ	■■■□□

下関酒造株式会社
☎083-252-1877　直接注文 可
下関市幡生宮の下町8-23
大正12年（1923）創業

関娘

代表酒名	関娘 大吟醸原酒《げんしゅ》
特定名称	大吟醸酒
希望小売価格	1.8ℓ ¥10000 720mℓ ¥5000

原料米と精米歩合…麹米・掛米ともに 山田錦35%

アルコール度数……18度〜19度

洋梨を思わせる清楚で上品な上立ち香。軽快な酸味に加えて、ごくわずかな苦味が味のアクセントに。アボカドやトマトなど味の濃い野菜に合う。冷。

日本酒度+6.5　酸度1.5	薫酒
吟醸香 ■■■■□	コク ■■□□□
原料香 ■□□□□	キレ ■■■□□

おもなラインナップ

関娘 大吟醸

大吟醸酒／1.8ℓ ¥5000 720mℓ ¥2500／ともに山田錦35%／15度〜16度

白ワイン風のライトで甘い含み香。上品な甘さに適度の酸味がからんで印象的。冷。

日本酒度+6.5　酸度1.4	薫酒
吟醸香 ■■■■□	コク ■□□□□
原料香 ■□□□□	キレ ■■■□□

海響《かいきょう》 吟醸酒

吟醸酒／1.8ℓ ¥2000 720mℓ ¥1050／ともに、はるる60%／15度〜16度

清流のようにすがすがしく透明感のある香り、含み香穏やかな食中酒。冷〜常温。

日本酒度+1　酸度1.9	爽酒
吟醸香 ■■□□□	コク ■■□□□
原料香 ■□□□□	キレ ■■■□□

若《わか》き獅子《しし》の酒《さけ》 純米酒

純米酒／1.8ℓ ¥2500 720mℓ ¥1200／美山錦70% 山田錦70%／15度〜16度

味は重過ぎず軽過ぎず、含んだ瞬間に絹のようななめらかさが口に広がる。常温。

日本酒度+6.7　酸度2	醇酒
吟醸香 ■□□□□	コク ■■■□□
原料香 ■■■■□	キレ ■■■□□

「自分たちの作った米で酒を造りたい」と地元農家４４５人が集《つど》って立ち上げた珍しい蔵。そのやわらかな酒質が、港に立ち寄る人々から「下関の娘のようだ」と愛されて、やがて現在の酒名が生まれたという。創業時と変わらず米を慈《いつく》しんで醸《かも》す酒は、確かに「関娘」そのままにやさしい。

四国・九州
Shikoku・Kyushu

綾菊《あやきく》

綾菊酒造株式会社
☎087-878-2222　直接注文 可
綾歌郡綾川町山田下3393
昭和20年（1945）創業

代表酒名	綾菊 純米吟醸 国重《くにしげ》
特定名称	純米吟醸酒
希望小売価格	1.8ℓ ¥3150 720mℓ ¥1575

原料米と精米歩合…麹米・掛米ともに 香川県産オオセト55%

アルコール度数……15度～16度

酒名に杜氏の名を冠した、当銘柄を代表する一本。さわやかな含み香と軽やかな味わいが格調を感じさせる。後口がよく、飲み飽きしない。やや冷。

日本酒度+4　酸度1.6　**爽酒**

吟醸香	■■□□□	コク	■■□□□
原料香	■■□□□	キレ	■■■□□

寛政2年（1790）創業の蔵など、地元のいくつかの蔵元が合併して誕生した会社。現代の名工にも選ばれた国重弘明杜氏を先頭に、さわやかな酸味と切れ味の、飲み飽きしない酒を醸《かも》す。なかでも「国重」シリーズは、蔵元の誇りを込め、杜氏が自らの名を酒名に冠して醸した自信作だ。

おもなラインナップ

綾菊 大吟醸

大吟醸酒/720mℓ ¥3675/ともに香川県産さぬきよいまい40%/15.6度

県産のオリジナル酒米で醸した、蔵人渾身の大吟醸。華麗で上品な香味。やや冷。

日本酒度+5　酸度1.3　**薫酒**

吟醸香	■■■□□	コク	■■□□□
原料香	■□□□□	キレ	■■■□□

綾菊 吟醸 国重

吟醸酒/1.8ℓ ¥2625 720mℓ ¥1365/ともに香川県産オオセト55%/15度～16度

やさしい香りと米の味、さわやかな酸味。のど越しもよくて飲みやすい。冷、燗。

日本酒度+5　酸度1.2　**爽酒**

吟醸香	■■□□□	コク	■■□□□
原料香	■□□□□	キレ	■■■□□

山廃《やまはい》純米 よいまい 綾菊

純米酒/1.8ℓ ¥2520 720mℓ ¥1365/ともに香川県産さぬきよいまい65%/15.5度

さぬきよいまいを100%使用した、豊かな米の風味にあふれた山廃。やや冷～燗。

日本酒度+3　酸度1.8　**醇酒**

吟醸香	■□□□□	コク	■■■□□
原料香	■■■□□	キレ	■■■□□

悦凱陣《よろこびがいじん》

有限会社丸尾本店
℡0877-75-2045　直接注文 不可
仲多度郡琴平町榎井93
明治18年（1885）創業

代表酒名	悦凱陣 純米大吟醸 燕石《えんせき》
特定名称	純米大吟醸酒
希望小売価格	1.8ℓ ¥12600 720mℓ ¥5250

原料米と精米歩合…麹米・掛米ともに 山田錦35%
アルコール度数……17.7度

山田錦をぜいたくに磨いた上品な香味、いかにもこの銘柄らしい米の味わいときりりとした酸味。キレイに仕上がった気品ある酒は和三盆にも合う。冷。

日本酒度+6　酸度1.8　**薫酒**
吟醸香 ■■■■□　コク ■■□□□
原料香 ■■□□□　キレ ■■□□□

年間生産量約350石の小さな蔵。江戸時代の商家そのままの建物には、幕末、桂小五郎や高杉晋作が寄留したという。蔵元杜氏を中心に、讃岐産の新米と弘法大師ゆかりの名水で醸《かも》す酒は、すべて小仕込みの手造り。米の味わい豊かな辛口だ。酒名は日清・日露戦争の勝利を祝っての命名。

おもなラインナップ

悦凱陣 純米大吟醸
純米大吟醸酒/1.8ℓ ¥5775 720mℓ ¥2888/ともに山田錦40%/15.5度
果実風の香りが立ち、豊かな米の味がふくらむ。寝かせてもよし。燗、燗冷まし。

日本酒度+5　酸度2　**薫酒**
吟醸香 ■■■■□　コク ■■□□□
原料香 ■■□□□　キレ ■■■□□

悦凱陣 純米吟醸 興《こう》
純米吟醸酒/1.8ℓ ¥3675 720mℓ ¥1838/ともに八反錦50%/15.5度
ふっくらと米の味が広がり、酸味もしっかり利いて後口がいい。常温、燗、燗冷まし。

日本酒度+6　酸度1.3　**薫醇酒**
吟醸香 ■■■□□　コク ■■■□□
原料香 ■■■□□　キレ ■■□□□

悦凱陣 手造《てづく》り純米酒
純米酒/1.8ℓ ¥2625 720mℓ ¥1428/ともにオオセト55%/15.4度
力強い立ち香、豊かな含み香、しっかりしたボディと三拍子そろう。燗、燗冷まし。

日本酒度+9　酸度1.3　**醇酒**
吟醸香 ■□□□□　コク ■■■□□
原料香 ■■■□□　キレ ■■□□□

芳水酒造有限会社
☎0883-78-2014　直接注文 可
三好市井川町辻231-2
大正2年（1913）創業

ほうすい
芳水《ほうすい》

代表酒名	芳水 特別純米酒
特定名称	特別純米酒
希望小売価格	1.8ℓ ¥2415 720mℓ ¥1155

原料米と精米歩合…麹米・掛米ともに 兵庫県産山田錦60%

アルコール度数……15.6度

立ち香はほのかに、口に含めば舌にしみる豊かな米の滋味とさわやかな酸味。バランスよく後味の切れよく、食中に最適の酒。冷、燗を好みで。

日本酒度+6　酸度1.6　爽酒
吟醸香 ■□□□□　コク ■■□□□
原料香 ■■□□□　キレ ■■■□□

おもなラインナップ

芳水 純米大吟醸
純米大吟醸酒/1.8ℓ ¥5145 720mℓ ¥2520/ともに兵庫県産山田錦50%/16.4度
果実風の上品な吟醸香、心地よくふくらむ米の味とさわやかな酸味。冷、常温。

日本酒度+7　酸度2.2　薫酒
吟醸香 ■■■□□　コク ■■□□□
原料香 ■□□□□　キレ ■■■■□

芳水 純米吟醸 淡遠《たんえん》
純米吟醸酒/1.8ℓ ¥3045 720mℓ ¥1575/ともに福井県産五百万石55%/15.6度
淡くやさしい飲み口ながら、しっかりした深い味を感じさせる。冷、常温、温燗。

日本酒度+7　酸度1.6　爽酒
吟醸香 ■■□□□　コク ■■□□□
原料香 ■□□□□　キレ ■■■□□

芳水 山廃仕込《やまはいじこみ》特別純米酒
特別純米酒/1.8ℓ ¥2415 720mℓ ¥1155/ともに滋賀県産玉栄60%/15.2度
力強い酸味に腰・こく・切れの三拍子。飲みごたえあってダイナミック。冷、燗。

日本酒度+6　酸度1.8　醇酒
吟醸香 ■□□□□　コク ■■■□□
原料香 ■■■□□　キレ ■■■■□

吉野川伏流水と優良酒米、さらに阿讃地方の冷涼な気候を得て、素直に米本来の風味を生かした酒を造る。品のいい香り、きりりとした飲み口、ふくらみのある味は、まさに自然酒。酒名は先人たちが吉野川を称えた美称「芳水」に、醸《かも》した酒の芳香をいつまでも伝えたいとの思いを込めて。

南《みなみ》

四国・九州　高知県

有限会社南酒造場
0887-38-6811　直接注文 可
安芸郡安田町安田1875
明治2年（1869）創業

代表酒名	純米吟醸 南
特定名称	純米吟醸酒
希望小売価格	1.8ℓ ¥2856 720mℓ ¥1680

原料米と精米歩合…麹米・掛米ともに 松山三井50%
アルコール度数……16度～17度

立ち香は米の香を含んでかぐわしく、甘・辛ともに備えたしっかり味にシャープな酸味が利いている。豪華な皿鉢料理にぴったりか。きりっと冷やして。

日本酒度+6　酸度1.8　**薫醇酒**
吟醸香 ■■■□□　コク ■■□□□
原料香 ■■■□□　キレ ■■■□□

南に太平洋、北に魚梁瀬《やなせ》美林、蔵の傍らには清流安田川。そんな環境で、辛口ながら香り高く淡麗な、土佐酒本流の酒を醸してきた。地元向け主銘柄は「玉の井」。新ラベルの「南」は全商品が精米歩合60%以上の特定名称酒だ。香り高く、日本酒度の割には辛さを感じさせない軽快な味。

おもなラインナップ

中取《なかど》り純米 南
特別純米酒/1.8ℓ ¥2650 720mℓ ¥1300/ともに松山三井60%/16度～17度
とろりとした口当たりがやさしく、米の味を十分に生かしながら切れもいい。冷。

日本酒度+6　酸度1.6　**醇酒**
吟醸香 ■□□□□　コク ■■□□□
原料香 ■■■□□　キレ ■■■□□

純米大吟醸 南
純米大吟醸酒/1.8ℓ ¥3600/ともに五百万石40%/16度～17度
ほどよい立ち香と、ふっくらバランスのよい味わい。ソフトで飲み飽きない。冷。

日本酒度+6　酸度1.7　**薫酒**
吟醸香 ■■■□□　コク ■■□□□
原料香 ■□□□□　キレ ■■■□□

特別本醸造 南
特別本醸造酒/1.8ℓ ¥2000 720mℓ ¥1000/ともに松山三井60%/16度～17度
低温長期発酵で醸した特別本醸造。ほのかな吟醸香が立ち、腰とこくのある味。冷。

日本酒度+8　酸度1.3　**爽酒**
吟醸香 ■■□□□　コク ■■□□□
原料香 ■■□□□　キレ ■■■□□

有限会社濱川商店
0887-38-2004　直接注文 可
安芸郡田野町2150
明治38年（1905）創業

美丈夫《びじょうふ》

高知県　四国・九州

代表酒名	美丈夫 舞《まい》 松山三井《まつやまみい》
特定名称	純米吟醸酒
希望小売価格	1.8ℓ ¥3055 720mℓ ¥1528

原料米と精米歩合…麹米・掛米ともに 松山三井 50%

アルコール度数……15度〜16度

淡麗辛口な酒造りに向く酒米・松山三井を半分まで磨いた、当銘柄で一番売れている純米吟醸。ほのかな甘さに酸味が利いて、食中に真価を発揮。冷〜温燗。

日本酒度+4　酸度1.3		薫酒	
吟醸香	■■■□□	コク	■■□□□
原料香	■□□□□	キレ	■■■□□

この土地で廻船問屋を営んでいた初代が「濱乃鶴」の酒名で創業。「うまい酒を造りたい」との思いから吟醸酒造りに着手、平成3年に「美丈夫」が誕生した。酒名は土佐の英雄・坂本龍馬のイメージから。生産量の9割が吟醸酒。少量・手造り・低温発酵で、ひたすら質の高い酒を追求する。

おもなラインナップ

美丈夫 純米酒

純米酒／1.8ℓ ¥2100 720mℓ ¥1050／ともに松山三井60%／15度〜16度

米の味わいと酸味の調和が取れた、後味のいい飲み飽きしない食中酒。冷、温燗。

日本酒度+5　酸度1.6		醇酒	
吟醸香	■□□□□	コク	■■■□□
原料香	■■■□□	キレ	■■■□□

美丈夫 山田錦《やまだにしき》45

純米大吟醸酒／1.8ℓ ¥4379 720mℓ ¥2184／ともに兵庫県産山田錦45%／15度〜16度

キレイな立ち香、柑橘系の酸味、口当たりのよさ、ほのかな甘さ、切れのよさ。冷。

日本酒度+5　酸度1.5		薫酒	
吟醸香	■■■■□	コク	■■□□□
原料香	■□□□□	キレ	■■■□□

美丈夫 特別本醸造 燗《かん》映《ば》えの酒《さけ》

特別本醸造酒／1.8ℓ ¥1890 720mℓ ¥893／ともに松山三井60%／14度〜15度

すっと通る飲み口は軽く、味の力強いふくらみが際立つ食中酒。切れもいい。温燗。

日本酒度+6　酸度1.2		爽酒	
吟醸香	■□□□□	コク	■■□□□
原料香	■■□□□	キレ	■■■■□

酔鯨《すいげい》

四国・九州 高知県

酔鯨酒造株式会社
☎088-841-4080 直接注文 不可
高知市長浜566-1
昭和44年（1969）創業

代表酒名	酔鯨純米大吟醸 山田錦《やまだにしき》
特定名称	純米大吟醸酒
希望小売価格	1.8ℓ ¥10133 720mℓ ¥4064

原料米と精米歩合…麹米・掛米ともに 兵庫県産山田錦30%
アルコール度数……16.7度

山田錦を磨き上げ、熊本酵母で醸した香り高き一品。山田錦本来の上品な香りと幅のある味が飲むほどにしみてくる、いかにも「酔鯨」らしい酒。冷。

日本酒度+6 酸度1.6 薫酒
吟醸香 ■■■■□ コク ■■□□□
原料香 ■□□□□ キレ ■■■■□

酒名は、鯨飲ぶりで知られた幕末の土佐藩主・山内容堂公の号「鯨海酔侯」から。巨鯨のようにおおらかに飲んでほしいとの思いを込めた。小仕込み・低温発酵で醸《かも》す酒は、酒米の個性を酒の味わいに生かし、五味のバランスを重んじる土佐本流の淡麗辛口。生産量の9割近くが特定名称酒だ。

おもなラインナップ

酔鯨純米吟醸 吟麗
純米吟醸酒/1.8ℓ ¥2804 720mℓ ¥1712/ともに愛媛県産松山三井50%/16.7度
幅があって切れもある味に、当銘柄独特の酸味が利いてさわやか。冷◎、常温○。

日本酒度+7 酸度1.6 爽酒
吟醸香 ■■□□□ コク ■■□□□
原料香 ■□□□□ キレ ■■■■□

酔鯨特別純米酒
特別純米酒/1.8ℓ ¥2415 720mℓ ¥1008/ともに酒造用一般米55%/15.4度
吟醸酒と同じ造り方で醸した純米酒。香り控え目で食中酒に最適。やや冷〜温燗。

日本酒度+7 酸度1.6 爽酒
吟醸香 ■□□□□ コク ■■□□□
原料香 ■■□□□ キレ ■■■■□

酔鯨純米吟醸 高育《こういく》54号《ごう》
純米吟醸酒/1.8ℓ ¥3150 720mℓ ¥1260/ともに高知県産吟の夢50%/16.7度
淡麗ながら味に一本芯が通り、柑橘系の酸味がいい軽快な飲み口。冷◎、常温○。

日本酒度+7 酸度1.7 爽酒
吟醸香 ■■□□□ コク ■■□□□
原料香 ■□□□□ キレ ■■■■□

亀泉《かめいずみ》

亀泉酒造株式会社
☎088-854-0811　直接注文 可
土佐市出間2123-1
明治30年（1897）創業

代表酒名　純米大吟醸原酒《げんしゅ》 酒家《しゅか》長春萬寿《ちょうしゅんまんじゅ》亀泉

特定名称　純米大吟醸酒

希望小売価格　1.8ℓ ¥10500 720mℓ ¥5250

原料米と精米歩合…麹米・掛米ともに 山田錦35%

アルコール度数……16度〜16.9度

100%使用の山田錦を35%まで磨き、2種類の酵母で醸した当蔵の最高峰。華やかながら落ち着いた香りとふくらみのある味、切れもいい。よく冷やして。

日本酒度+5　酸度1.4　薫酒
吟醸香 ■■■■□　コク ■■□□□
原料香 ■■□□□　キレ ■■□□□

「自分たちで飲む酒は自分たちで造ろう」と、11人が集まって立ち上げた蔵。どんな旱魃《かんばつ》にも涸れたことのない、街道一の湧水を仕込み水に用いたことから、酒名を万年の泉「亀泉」と命名した。高知の米・高知の酵母・高知の水にこだわって、香り高く切れのよい土佐本流の淡麗辛口を醸《かも》す。

おもなラインナップ

亀泉 純米吟醸生《なま》 山田錦《やまだにしき》

純米吟醸酒/1.8ℓ ¥3470 720mℓ ¥1735/ともに山田錦50%/16度〜16.9度

華やかに香り高く、清新な酸味と上品な甘さの調和がいい。後口も切れる。冷。

日本酒度+5　酸度1.7　薫酒
吟醸香 ■■■■□　コク ■■□□□
原料香 ■■■□□　キレ ■■■□□

亀泉 純米吟醸生 CEL《セル》-24

純米吟醸酒/1.8ℓ ¥2940 720mℓ ¥1470/ともに八反錦50%/14.8度

果実様の気品ある立ち香と、甘さと酸味のバランスが取れた白ワイン風の酒。冷。

日本酒度 -8.5　酸度1.9　薫酒
吟醸香 ■■■□□　コク ■■□□□
原料香 ■■■□□　キレ ■■■□□

亀泉 大吟醸 萬寿

大吟醸酒/1.8ℓ ¥5500 720mℓ ¥2650/ともに山田錦40%/16度〜16.9度

果物を思わせるさわやかな香り、穏やかな辛さと味のふくらみ。よく冷やして。

日本酒度+8　酸度1.2　薫酒
吟醸香 ■■■■□　コク ■■□□□
原料香 ■□□□□　キレ ■■■■□

司牡丹《つかさぼたん》

四国・九州　高知県

司牡丹酒造株式会社
☎0889-22-1211　直接注文 可
高岡郡佐川町甲1299
慶長8年（1603）創業

代表酒名	秀吟《しゅうぎん》 司牡丹
特定名称	純米大吟醸酒
希望小売価格	1.8ℓ ¥5250

原料米と精米歩合…麹米・掛米ともに 山田錦50%

アルコール度数……17.5度

豊かに立ち昇る吟醸香と、いかにも原酒らしい、やわらかく奥深い味とのバランスがすばらしい。当蔵の誇る造り手が、その技を尽くした一本。冷。

日本酒度+5　酸度1.6　薫酒

吟醸香	■■■■□	コク	■■□□□
原料香	■■□□□	キレ	■■■■□

おもなラインナップ

司牡丹 日本《にっぽん》を今一度《いまいちど》

純米酒/1.8ℓ ¥2500 720mℓ ¥1250/山田錦65% アキツホ・てんたかく65%/15.5度

淡麗かつさわやかな含み香、まろやかでさらりと切れる味わいの超辛口。冷〜燗。

日本酒度+8　酸度1.5　爽酒

吟醸香	■□□□□	コク	■■□□□
原料香	■■□□□	キレ	■■■■□

豊麗《ほうれい》 司牡丹

純米酒/1.8ℓ ¥2559 720mℓ ¥1075/山田錦・北錦65% アキツホ・てんたかく65%/15.5度

艶のある香り、なめらかで芳醇な味わい。こくと軽やかさを兼備した酒。冷〜燗。

日本酒度+5　酸度1.5　醇酒

吟醸香	■□□□□	コク	■■■□□
原料香	■■■□□	キレ	■■■■□

司牡丹 坂竜飛騰《ばんりゅうひとう》

本醸造酒/1.8ℓ ¥1899 720mℓ ¥980/北錦65% 北錦・アキツホ70%/16.8度

酒名は龍馬が飛び立つイメージ。やわらかく心地よい味と、後口のよさ。冷〜燗。

日本酒度+5　酸度1.5　爽酒

吟醸香	■□□□□	コク	■■□□□
原料香	■■□□□	キレ	■■■■□

「司牡丹」と坂本龍馬。蔵元の竹村家と龍馬の本家筋とは婚姻関係があったと伝え、また同家には龍馬からの手紙が所蔵されているなど、両者の関係は浅からぬものがある。そんないきさつもあってか、当蔵には「龍馬からの伝言」「坂竜飛騰」「宇宙龍」など、龍馬関連の酒名が多くある。

初雪盃

愛媛県

協和酒造株式会社
☎089-962-2717　直接注文 可
伊予郡砥部町大南400
明治20年（1887）創業

代表酒名	初雪盃 50%大吟醸原酒《げんしゅ》 2009
特定名称	大吟醸酒
希望小売価格	1.8ℓ ¥3680 720mℓ ¥1840

原料米と精米歩合…麹米・掛米ともに 兵庫県産山田錦50%

アルコール度数……16.4度

立ち昇るやさしい米の香。味は豊饒にして力強く、辛さにもふくらみがあって懐が深い。原酒ながら口当たりよく飲みやすく、引き味もキレイ。冷、常温。

日本酒度+2.9　酸度1.2	薫酒
吟醸香 ■■■□□	コク ■■□□□
原料香 ■□□□□	キレ ■■■■□

明治期創業の蔵が戦争により一時中断、昭和30年に酒造家4社が合同して開いた蔵。酒名は、雪を戴いた凛然たる富士山のイメージにちなむ。槽搾《ふねしぼ》りや袋搾りにこだわって醸《かも》した、手造りにしかできない奥行のある酒は、食中酒としてはもちろん、飲みごたえがあって酒そのものとしても楽しめる。

おもなラインナップ

初雪盃 特別純米酒 2010

特別純米酒／1.8ℓ ¥2550 720mℓ ¥1280／ともに愛媛県産松山三井60%／15.5度

温度帯による味わいの変化と、料理による飲み口の変化が楽しい。冷、常温、燗。

日本酒度+3.8　酸度1.4	爽酒
吟醸香 ■□□□□	コク ■■□□□
原料香 ■■□□□	キレ ■■■□□

初雪盃 純米酒 2010

純米酒／1.8ℓ ¥2330 720mℓ ¥1170／ともに愛媛県産松山三井70%／15.4度

芳醇な味だが重たさは感じさせず、飲み口は軽くのど切れもさっぱり。常温、燗。

日本酒度+1.2　酸度1.8	醇酒
吟醸香 ■□□□□	コク ■■■□□
原料香 ■■■■□	キレ ■■■□□

初雪盃 しずく媛《ひめ》 特別純米生原酒《なまげんしゅ》2010

特別純米酒／1.8ℓ ¥3210 720mℓ ¥1610／ともに愛媛県産しずく媛60%／16.9度

搾りたてをそのまま詰めたやや甘口。芳醇な香りと米本来の味わい。冷、常温。

日本酒度 -0.4　酸度1.7	醇酒
吟醸香 ■□□□□	コク ■■■□□
原料香 ■■■□□	キレ ■■□□□

川亀

川亀酒造合資会社
℡0894-22-0315　直接注文 可
八幡浜市五反田2番耕地4-1
明治32年（1899）創業

代表酒名	川亀 山廃《やまはい》純米
特定名称	特別純米酒
希望小売価格	1.8ℓ ¥2520 720mℓ ¥1260

原料米と精米歩合…麹米・掛米ともに 山田錦60%
アルコール度数……15度～16度

山廃ならではのこく、かつ洗練されたきめ細かな味。冷から燗まで、あらゆる温度帯ごとに「おや」と思わせるほどに変化し、さまざまな顔を楽しめる。

日本酒度+5~+6　酸度1.5~1.6　**醇酒**

吟醸香	■□□□□	コク	■■■□□
原料香	■■■■□	キレ	■■■□□

酒名は初代二宮亀三郎の名前と、地区名の川舞から。漁港・八幡浜で、長く漁師たちに愛されてきた酒だ。蔵元の六代目に当たる若い二宮靖杜氏の代になってからは、年間生産量300石に満たない小さな規模をむしろ利点に、丁寧な手造りの酒を醸《かも》して、首都圏でも高い評価を得ている。

おもなラインナップ

川亀 純米吟醸 備前雄町《びぜんおまち》

純米吟醸酒／1.8ℓ ¥2940 720mℓ ¥1470／ともに雄町55%／16度～17度
穏やかな果実香が心地よく、雄町ならではの米の味わいのふくよかさ。冷～温燗。

日本酒度+4~+5　酸度1.4~1.5　**薫酒**

吟醸香	■■■□□	コク	■■■□□
原料香	■■□□□	キレ	■■■□□

川亀 特別純米

特別純米酒／1.8ℓ ¥2520 720mℓ ¥1260／ともに五百万石60%／15度～16度
この酒も穏やかな果実香がいい。米由来のやさしい味わいが広がる。冷～温燗。

日本酒度+5~+6　酸度1.3~1.4　**爽酒**

吟醸香	■■□□□	コク	■■□□□
原料香	■■□□□	キレ	■■■□□

川亀 特別本醸造

特別本醸造酒／1.8ℓ ¥2100 720mℓ ¥1100／ともに松山三井60%／15度～16度
特別本醸造ながら造りは吟醸。豊かな果実香と切れ味のよさが光る。冷～温燗。

日本酒度+5~+6　酸度1.1~1.2　**爽酒**

吟醸香	■■□□□	コク	■■□□□
原料香	■■□□□	キレ	■■■□□

かめのお

亀の尾

合資会社伊豆本店
℡0940-32-3001　直接注文 可
宗像市武丸1060
享保2年（1717）創業

代表酒名	亀の尾 純米吟仕込《ぎんじこみ》
特定名称	純米吟醸酒
希望小売価格	1.8ℓ ¥2243　720mℓ ¥1020

原料米と精米歩合…麹米・掛米ともに 山田錦60%

アルコール度数……15.3度

さらりと口当たりよく流れつつ、米本来の味も感じさせて、しかものど切れよく飲み飽きしない。冷または温燗で、それぞれの表情を楽しみたい。

日本酒度+4	酸度1.6	爽酒
吟醸香 ■■□□□	コク ■■□□□	
原料香 ■■□□□	キレ ■■■□□	

おもなラインナップ

純米大吟醸 亀の尾100%

純米大吟醸酒/720mℓ ¥3675/ともに亀の尾50%/16.4度

幻の酒米・亀の尾で醸した純米。長期熟成貯蔵によるこくと独特の味わいを。冷。

日本酒度+6	酸度1.6	薫酒
吟醸香 ■■■■□	コク ■■□□□	
原料香 ■■□□□	キレ ■■■□□	

亀の尾 純米大吟醸

純米大吟醸酒/1.8ℓ ¥5250 720mℓ ¥2243/ともに山田錦50%/15.3度

吟醸のほのかな含み香が広がる。口当たり軽いさらさらの飲み口。よく冷やして。

日本酒度+4	酸度1.5	薫酒
吟醸香 ■■■□□	コク ■■□□□	
原料香 ■■□□□	キレ ■■■□□	

特別本醸造 亀の尾

特別本醸造酒/1.8ℓ ¥2273 720mℓ ¥989/ともに山田錦60%/15.3度

淡麗な飲み口と切れのよさが、誰にでも、どんな料理にでも向く食中酒。冷～燗。

日本酒度+4	酸度1.5	爽酒
吟醸香 ■□□□□	コク ■■□□□	
原料香 ■■□□□	キレ ■■■■□	

一一代現当主が戦前に姿を消した酒米・亀の尾を7年がかりで復活させ、昭和64年、酒米の名をそのまま冠した大吟醸を発表。以後「亀の尾」は当蔵の代表ブランドに。まろやかな口当たり、のど越しのよさが特徴の酒はどれも少量生産で、槽搾《ふねしぼ》りなど江戸の昔からの手技が生かされている。

独楽蔵《こまぐら》

株式会社杜《もり》の蔵《くら》
☎0942-64-3001　直接注文 酒店を紹介
久留米市三潴町玉満2773
明治31年（1898）創業

代表酒名	独楽蔵 玄《げん》 円熟《えんじゅく》純米吟醸
特定名称	純米吟醸酒
希望小売価格	1.8ℓ ¥3045 720mℓ ¥1470

原料米と精米歩合…麹米・掛米ともに 山田錦55%
アルコール度数……15度

淡く軽やかな米の香りとこっくりした風味が、人肌ではさらさらといっそうやさしくなる。この滋味は米で造る酒だからこそ。常温か人肌で、食事と一緒に。

日本酒度+4	酸度1.6	醇酒
吟醸香 ■■□□□	コク ■■■□□	
原料香 ■■■■□	キレ ■■■□□	

おもなラインナップ

独楽蔵 醇《じゅん》 豊熟《ほうじゅく》純米大吟醸
純米大吟醸酒／1.8ℓ ¥5040 720mℓ ¥2415／ともに山田錦45%／16度
低温熟成による深く穏やかな香りと、伸びやかに潤いのある味わい。やや冷、常温。

日本酒度+1	酸度1.6	薫酒
吟醸香 ■■■■□	コク ■■□□□	
原料香 ■■□□□	キレ ■■■□□	

独楽蔵 無《む》農《のう》薬《やく》山《やま》田《だ》錦《にしき》六十《ろくじゅう》
特別純米酒／1.8ℓ ¥2688 720mℓ ¥1365／ともに山田錦60%／15度
米由来のやさしい香り、心地よい酸味と米の味わい。食事に合わせて冷〜燗で。

日本酒度+3	酸度1.7	醇酒
吟醸香 ■□□□□	コク ■■■□□	
原料香 ■■■□□	キレ ■■■□□	

独楽蔵 燗《かん》純米
純米酒／1.8ℓ ¥2415 720mℓ ¥1208／ともに大地の輝60%／15度
熟成による豊かな味幅と、五味の調和が特徴。燗を前提に醸したお燗のための酒。

日本酒度+4	酸度1.7	醇酒
吟醸香 ■□□□□	コク ■■■□□	
原料香 ■■■□□	キレ ■■■□□	

福岡県の無形文化財「博多独楽《こま》」に由来する酒名には、職人の手技による酒造りの伝統を守りたいとの思いが込もっている。「じっくり楽しめる、食と体になじむ酒」を目指して醸《かも》すのは、地元の米と手造りにこだわった地酒。飲めばほっとして、食事と一緒に心からくつろげる純米酒ばかりだ。

合名会社山口酒造場
☎0942-78-2008　直接注文 不可
久留米市北野町今山534-1
天保3年（1832）創業

庭のうぐいす《にわのうぐいす》

代表酒名	庭のうぐいす うぐいすラベル 特別純米
特定名称	特別純米酒
希望小売価格	1.8ℓ ¥2457 720mℓ ¥1229

原料米と精米歩合…麹米 山田錦60%／掛米 夢一献60%

アルコール度数……15度

真っ白いラベルの真ん中に、ちょんとたたずむウグイスがなんとも愛らしい。あえかな香りと心地よい酸味、米の味がふくらむステキな食中酒。冷。

日本酒度+3　酸度1.5	爽酒
吟醸香 ■□□□□	コク ■■□□□
原料香 ■■□□□	キレ ■■■□□

旧有馬藩の大地主・山口家の五代目が、北野天満宮から飛来したウグイスが庭の泉でのどを潤す姿を見て「この水で酒を造ろう」と思い立ったのが始まりという。酒名もここから。名水の誉れ高い筑後川伏流水の井戸水と自然の力で育てた米、昔ながらの製法で、体にやさしい酒を醸《かも》す。

おもなラインナップ

庭のうぐいす うぐいすラベル 純米吟醸

純米吟醸酒／1.8ℓ ¥2993 720mℓ ¥1496／山田錦50% 夢一献50%／16度

米の風味を含んだキレイで上品な味に、心地よい酸味がシャープに響き渡る。冷。

日本酒度+4　酸度1.3	爽酒
吟醸香 ■■□□□	コク ■■□□□
原料香 ■■□□□	キレ ■■■□□

庭のうぐいす だるまラベル 特別純米

特別純米酒／1.8ℓ ¥2468 720mℓ ¥1229／山田錦60% 夢一献60%／15度

米本来の味わいを最大限に引き出した濃醇さに、抜群の切れを併せ持つ。冷〜燗。

日本酒度+3　酸度1.5	醇酒
吟醸香 ■□□□□	コク ■■■□□
原料香 ■■■□□	キレ ■■■□□

庭のうぐいす からくち 鶯辛《おうから》

普通酒／1.8ℓ ¥2100 720mℓ ¥1050／ともに山田錦68%／15度

あまり削らずに山田錦本来の味わいをたたえ、後口の切れもいい辛口。冷〜熱燗。

日本酒度+10　酸度1.3	爽酒
吟醸香 ■□□□□	コク ■■□□□
原料香 ■■□□□	キレ ■■■■□

しげます

繁桝

四国・九州　福岡県

株式会社高橋商店
℡0943-23-5101　直接注文 可
八女市本町2-22-1
大正14年（1925）創業

代表酒名	繁桝 大吟醸しずく搾《しぼ》り 斗瓶《とびん》囲《かこ》い
特定名称	大吟醸酒
希望小売価格	1.8ℓ ¥10500 720mℓ ¥4725

原料米と精米歩合…麹米・掛米ともに 山田錦40%
アルコール度数……17度以上18度未満

アルコール度・日本酒度とも高めながら、とんがった印象はない。華やかな吟醸香が口に広がり、自然にのどに流れて、シアワセな余韻を引く。やや冷。

日本酒度+5　酸度1.4			薫酒
吟醸香	■■■■□	コク	■■□□□
原料香	■□□□□	キレ	■■■□□

大穀倉地帯・筑紫平野の南部、矢部川の伏流水に恵まれた米どころにある蔵。同じ音の「繁盛」に掛けた酒名には、年々歳々桝々《ますます》盛るように、との思いが込められている。全量自家精米する米を手洗いし、甑《こしき》で蒸す。麹《こうじ》は手造り、醪《もろみ》の段階から何度もの唎《き》き酒と、丁寧なていねいな酒造りだ。

おもなラインナップ

繁桝 純米大吟醸

純米大吟醸酒／1.8ℓ ¥6825 720mℓ ¥3150／ともに山田錦40%／15度以上16度未満
上品な香り、山田錦由来のふっくらした味わいの調和を楽しめる。やや冷～常温。

日本酒度+2.5　酸度1.4			薫酒
吟醸香	■■■■□	コク	■■□□□
原料香	■□□□□	キレ	■■■□□

繁桝 純米吟醸

純米吟醸酒／1.8ℓ ¥3775 720mℓ ¥1838／ともに山田錦50%／15度以上16度未満
ほのかな果実香、さわやかに甘い含み香。食事にぴったり。やや冷、常温、温燗。

日本酒度+2.5　酸度1.4			薫酒
吟醸香	■■■□□	コク	■■□□□
原料香	■□□□□	キレ	■■■□□

繁桝 吟醸酒

吟醸酒／1.8ℓ ¥3266 720mℓ ¥1633／ともに山田錦50%／15度以上16度未満
ほどよい吟醸香とほどよい米の味わい、快い切れ味に盃が進む。やや冷、常温。

日本酒度+4　酸度1.3			爽酒
吟醸香	■■□□□	コク	■■□□□
原料香	■□□□□	キレ	■■■□□

天吹《あまぶき》

天吹酒造合資会社
☎0942-89-2001　直接注文 可
三養基郡みやき町大字東尾2894
元禄元年（1688）創業

代表酒名　天吹 裏《うら》大吟醸 愛山《あいやま》

特定名称　大吟醸酒

希望小売価格　1.8ℓ ¥5250 720mℓ ¥2625

原料米と精米歩合…麹米・掛米ともに 愛山40%

アルコール度数……16度

兵庫県産米・愛山を自家精米で40%まで磨き、アベリアの花酵母で醸した大吟醸。果実香と閑雅な含み香、甘さと酸味のバランスが取れた辛口。冷。

日本酒度+6　酸度1.2		薫酒	
吟醸香	■■■■□	コク	■■□□□
原料香	■□□□□	キレ	■■■□□

背《せ》振《ふり》山《さん》水系のやわらかい井戸水、合鴨農法で育てた米、酒質に合わせてアベリア・シャクナゲ・ナデシコほか何種類もの花酵母を使い分けて仕込み、地下貯蔵庫でじっくり熟成。こうして醸《かも》される「天吹」は、花酵母特有の華やかな香り、米本来の奥深い味わいと、二つの特質に恵まれている。

おもなラインナップ

天吹 生酛《きもと》純米大吟醸 雄町《おまち》

純米大吟醸酒／1.8ℓ ¥4000 720mℓ ¥2000／ともに雄町40%／16度

米の味わいといい酸味といい、生酛造りらしい腰とパンチの利いた一本。冷、燗。

日本酒度+5　酸度2		薫酒	
吟醸香	■■■■□	コク	■■□□□
原料香	■■□□□	キレ	■■■□□

天吹 純米吟醸 愛山 生《なま》

純米吟醸酒／1.8ℓ ¥3780 720mℓ ¥1890／ともに愛山55%／16度

ナデシコの花酵母が醸す華やかな香り、愛山特有のふっくらした米の味わい。冷。

日本酒度+5　酸度1.4		薫酒	
吟醸香	■■■□□	コク	■■□□□
原料香	■■□□□	キレ	■■■□□

天吹 超辛口《ちょうからくち》 特別純米

特別純米酒／1.8ℓ ¥2625 720mℓ ¥1260／ともに山田錦60%／15度

地元産山田錦で醸した、米の味わい深い超辛口。後口の切れも文句なし。冷～燗。

日本酒度+12　酸度1.3		醇酒	
吟醸香	■■□□□	コク	■■□□□
原料香	■■■□□	キレ	■■■■□

七田《しちだ》

四国・九州　佐賀県

天山《てんざん》酒造株式会社
☎0952-73-3141　直接注文 可
小城市小城町岩蔵1520
明治8年（1875）創業

代表酒名	七田 純米
特定名称	純米酒
希望小売価格	1.8ℓ ¥2520 720mℓ ¥1208

原料米と精米歩合…麹米 山田錦65%／掛米 麗峰65%
アルコール度数……17度

当銘柄の定番酒。含み香は明るく甘く、腰のある米の味わいと切れのある酸味とのバランスがよく、引き味のキレイさも見事。完成度高い食中酒。冷～燗。

日本酒度+2　酸度1.7　醇酒
吟醸香 ■■□□□　コク ■■■□□
原料香 ■■□□□　キレ ■■■□□

蔵のもともとは水車業で、酒米の精米などもしていたという。主銘柄は「天山」。「七田」は六代目現当主が、自らの姓を酒名に冠して立ち上げた。純米・純米吟醸の無濾過生酒をベースに、年間生産量は多くない。酒質は穏やかでキレイな吟醸香と、濃醇な味わいが際立つ。

おもなラインナップ

七田 純米大吟醸
純米大吟醸酒／1.8ℓ ¥5250 720mℓ ¥2520／ともに山田錦45%／16度
佐賀県産の山田錦を100%使用した香り豊かなこの一本は、当銘柄の最高峰。冷。

日本酒度+3　酸度1.5　薫酒
吟醸香 ■■■□□　コク ■■□□□
原料香 ■□□□□　キレ ■■■■□

七田 純米吟醸
純米吟醸酒／1.8ℓ ¥3150 720mℓ ¥1523／山田錦55% 佐賀の華55%／16度
繊細な果実香、明るくほどよい甘さ。当銘柄中最高のバランスのよさ。冷～温燗。

日本酒度+1　酸度1.6　爽酒
吟醸香 ■■□□□　コク ■■□□□
原料香 ■■□□□　キレ ■■■□□

七田 七割《ななわり》五分《ごぶ》磨《みが》き
純米酒／1.8ℓ ¥2520 720mℓ ¥1208／ともに山田錦75%／17度
最高の酒米だからこそあえて高精白せず、上品な味を引き出した一本。冷～燗。

日本酒度+4　酸度1.8　醇酒
吟醸香 ■□□□□　コク ■■■□□
原料香 ■■■■□　キレ ■■■□□

五町田《ごちょうだ》酒造株式会社
0954-66-2066　直接注文 不可
嬉野市塩田町大字五町田甲2081
大正11年（1922）創業

東一《あづまいち》

代表酒名　東一 雫搾《しずくしぼ》り 大吟醸

特定名称　大吟醸酒

希望小売価格　1.8ℓ ¥8064 720mℓ ¥4032

原料米と精米歩合…麹米・掛米ともに 山田錦39%

アルコール度数……17度

袋吊りで搾り、斗瓶で貯蔵した高級酒。南国の果物を思わせる立ち香と、米の味わい・酸味が調和した、重厚感のある個性的な酒質。やや冷、常温。

日本酒度+5　酸度1.4		薫酒	
吟醸香	■■■■■	コク	■■□□□
原料香	■■□□□	キレ	■■■□□

昭和63年に「吟醸蔵」を目標に掲げ、併せて当時佐賀県内では入手困難だった山田錦の自家栽培を始めるなど「米から育てる酒造り」に邁進。自家精米した数種類の県産米を使い分けて酒質の安定した吟醸酒を造りつづける。「東一 雫搾り 大吟醸」は、この姿勢の集大成というべき逸品。

おもなラインナップ

東一 純米大吟醸

純米大吟醸酒／1.8ℓ ¥5030 720mℓ ¥2515／ともに山田錦39%／16度

南国の果実風の香り、個性的な酸味・苦味が釣り合った上品な味。やや冷、常温。

日本酒度+1　酸度1.6		薫酒	
吟醸香	■■■■□	コク	■■□□□
原料香	■□□□□	キレ	■■■□□

東一 山田錦《やまだにしき》 純米吟醸

純米吟醸酒／1.8ℓ ¥3507 720mℓ ¥1754／ともに山田錦49%／16度

落ち着いた香りに、深みのあるしなやかな味がマッチした食中酒。やや冷、常温。

日本酒度+1　酸度1.6		薫酒	
吟醸香	■■■□□	コク	■■□□□
原料香	■■□□□	キレ	■■■□□

東一 山田錦 純米酒

純米酒／1.8ℓ ¥2478 720mℓ ¥1239／ともに山田錦64%／15度

米の味わいを十分に引き出したまろやかな風味は、食中酒に最適。常温、温燗。

日本酒度+1　酸度1.4		醇酒	
吟醸香	■□□□□	コク	■■■□□
原料香	■■■□□	キレ	■■■□□

鍋島《なべしま》

富久千代《ふくちよ》酒造有限会社
☎0954-62-3727　直接注文 不可
鹿島市浜町1244-1
大正末期創業

代表酒名　鍋島 純米吟醸 山田錦《やまだにしき》

特定名称　純米吟醸酒

希望小売価格　1.8ℓ ¥3360 720mℓ ¥1680

原料米と精米歩合…麹米・掛米ともに 山田錦50%

アルコール度数……16度～17度

フレッシュな果実を思わせる、淡く甘やかな立ち香。口に含んでもこの若々しい印象は変わらず、さらに上品さを増す。白磁など口造りの薄い酒器で。冷～常温。

日本酒度+2　酸度1.4　薫酒
吟醸香 ■■■□□　コク ■■□□□
原料香 ■□□□□　キレ ■■■□□

おもなラインナップ

鍋島 大吟醸

大吟醸酒/1.8ℓ ¥5250 720mℓ ¥2861/ともに山田錦35%/17度～18度
平成22年まで6年連続で全国新酒鑑評会金賞を受賞した、濃醇な味の大吟醸。冷。

日本酒度+3　酸度1.3　薫酒
吟醸香 ■■■■□　コク ■■□□□
原料香 ■■□□□　キレ ■■■□□

鍋島 特別純米酒

特別純米酒/1.8ℓ ¥2680 720mℓ ¥1340/山田錦55% 佐賀の華55%/15度～16度
冷・常温・燗と、どの温度帯でも楽しめる食中酒。料理に合わせて好みの温度で。

日本酒度+4　酸度1.6　醇酒
吟醸香 ■□□□□　コク ■■■□□
原料香 ■■■□□　キレ ■■■■□

鍋島 特別本醸造

特別本醸造酒/1.8ℓ ¥2200 720mℓ ¥1100/ともに佐賀の華60%/15度～16度
幅広い料理に対応できる、佐賀の酒らしい旨口。温度帯を選ばないが、特に燗で。

日本酒度 -9　酸度1.4　爽酒
吟醸香 ■□□□□　コク ■■□□□
原料香 ■■□□□　キレ ■■□□□

有明海に面し、多良岳山系のやわらかい地下水と、豊かな土壌に恵まれた古くからの酒どころに蔵を構える。代表銘柄の「鍋島」は平成10年、蔵元杜氏の現当主が「自然体でやさしく、食事とともに楽しめる酒」を目指して立ち上げた。旧佐賀藩主・鍋島家にちなんだ酒名は当時の公募による。

六十餘洲《ろくじゅうよしゅう》

今里酒造株式会社
☎0956-85-2002　直接注文 不可
東彼杵郡波佐見町宿郷596
明和7年（1770）ごろ創業

代表酒名	六十餘洲 純米大吟醸
特定名称	純米大吟醸酒
希望小売価格	1.8ℓ ¥7350 720mℓ ¥3150

原料米と精米歩合…麹米・掛米ともに 山田錦38%

アルコール度数……16度

38%まで磨き上げた山田錦を丁寧に醸した一品。心地よく上品な香り、米由来のやわらかな味と切れのいい酸味は、食事の友としても最適。冷、常温。

日本酒度+2　酸度1.4	薫酒		
吟醸香	■■■■□	コク	■■□□□
原料香	■□□□□	キレ	■■■□□

おもなラインナップ

六十餘洲 特別純米酒
特別純米酒/1.8ℓ ¥2625 720mℓ ¥1575/ともに山田錦60%/15度
やさしくスムーズな口当たり、調和の取れた米の味わいと酸味。冷、常温、温燗。

日本酒度+2.5　酸度1.6	醇酒		
吟醸香	■□□□□	コク	■■■□□
原料香	■■■□□	キレ	■■■□□

六十餘洲 大吟醸
大吟醸酒/1.8ℓ ¥5250 720mℓ ¥2625/ともに山田錦38%/17度
新鮮な果実を思わせる上品な含み香と、米由来の腰のある味わい。冷、常温

日本酒度+4　酸度1.4	薫酒		
吟醸香	■■■■□	コク	■■□□□
原料香	■□□□□	キレ	■■□□□

六十餘洲 本醸造
本醸造酒/1.8ℓ ¥2193 720mℓ ¥1020/ともに麗峰60%/15度
果実風の上品な含み香と、しっかりした米の味わいとのベストマッチ。冷、常温。

日本酒度+5　酸度1.5	爽酒		
吟醸香	■■□□□	コク	■■□□□
原料香	■□□□□	キレ	■■■□□

県内第二の寒冷地・波佐見で、今も現役の江戸末期建築の蔵で、酒造りの基本「一麹《こうじ》、二酛《もと》、三醪《もろみ》」に忠実に、真の地酒—地元の素材で醸《かも》した、造り手と飲み手の顔が見える酒—を醸す。酒名の「六十餘洲」は「日本全国津々浦々の人たちに飲んでほしい」との願いを込めて命名。

香露《こうろ》

株式会社熊本県酒造研究所
℡096-352-4921　直接注文 不可
熊本市島崎1-7-20
明治42年（1909）創業

四国・九州　熊本県

代表酒名	特別純米酒 香露
特定名称	特別純米酒
希望小売価格	1.8ℓ ¥2860

原料米と精米歩合…麹米 山田錦55%／掛米 九州神力60%
アルコール度数……15.5度

阿蘇の伏流水と良質の酒米を用いて、伝承の技で醸し上げた特別純米。熊本酵母発祥の蔵にふさわしい上品な味わいは、さまざまな料理によく合う。温燗。

日本酒度 -2　酸度 1.6			醇酒
吟醸香	■■□□□	コク	■■■□□
原料香	■■■□□	キレ	■■■□□

蔵はもともと、熊本県内の蔵元が酒の品質向上のため、酒の神様・野白金一博士を招聘《しょうへい》して立ち上げた研究所。ここから生まれた熊本酵母は、現在は協会9号酵母として全国で吟醸酒造りに使われている。博士が創出した技術を伝統として生かしつつ、高品質な酒を造りつづけている。

おもなラインナップ

大吟醸 香露
大吟醸酒／720mℓ ¥4080／ともに山田錦38%／16.7度
当蔵発祥の熊本酵母で醸した大吟醸。最上の酒米で、洗米〜上槽まで手造り。冷。

日本酒度+3.5　酸度 1.4			薫酒
吟醸香	■■■■■	コク	■■□□□
原料香	■□□□□	キレ	■■■□□

純米吟醸 香露
純米吟醸酒／720mℓ ¥2960／山田錦45% 同55%／16.1度
「大吟醸香露」の姉妹品。穏やかな香りとこく、余韻の残る味わい。冷、常温。

日本酒度+0.5　酸度 1.6			薫酒
吟醸香	■■■□□	コク	■■■□□
原料香	■■□□□	キレ	■■■□□

特別本醸造 香露
特別本醸造酒／1.8ℓ ¥2450／九州神力55% 同60%／15.5度
熊本の自然が育んだ米・水を用いて、伝承の手造りの技で醸した一本。常温、温燗。

日本酒度±0　酸度 1.5			爽酒
吟醸香	■■□□□	コク	■■□□□
原料香	■■□□□	キレ	■■■□□

智恵美人《ちえびじん》

有限会社中野酒造
☎0978-62-2109　直接注文 可
杵築市大字南杵築2487-1
明治7年（1874）創業

代表酒名	智恵美人 大吟醸
特定名称	大吟醸酒
希望小売価格	1.8ℓ ¥5040 720mℓ ¥2625

原料米と精米歩合…麹米・掛米ともに 山田錦35%

アルコール度数……17度

山田錦を磨き上げ、低温長期発酵で醸した大吟醸。原料米由来の気品ある華やかな吟醸香、香りとやさしくからみ合う淡麗な味わいの優雅さ。冷。

日本酒度+5　酸度1.4　**薫酒**
吟醸香 ■■■■□　コク ■■□□□
原料香 ■□□□□　キレ ■■■□□

おもなラインナップ

智恵美人 純米吟醸
純米吟醸酒／1.8ℓ ¥3675 720mℓ ¥1890／ともに山田錦55%／16度
手間・時間ともにかかる古式醸造法で醸した、米の味わい深い純米吟醸酒。冷。

日本酒度+2　酸度1.7　**醇酒**
吟醸香 ■■□□□　コク ■■■□□
原料香 ■■■□□　キレ ■■■■□

智恵美人 純米酒
純米酒／1.8ℓ ¥2310 720mℓ ¥1300／五百万石60% 同65%／15度
穏やかな立ち香と、原料米由来のこくのある味がバランスよくマッチ。冷、温燗。

日本酒度+3　酸度1.7　**醇酒**
吟醸香 ■□□□□　コク ■■■□□
原料香 ■■■□□　キレ ■■■□□

智恵美人 上撰《じょうせん》
普通酒／1.8ℓ ¥1882／ともに国産米70%／15度
やさしく、すっきりした味わいで飲み飽きしない。CPが高く、晩酌酒に最適。燗。

日本酒度+2　酸度1.6　**爽酒**
吟醸香 ■□□□□　コク ■■□□□
原料香 ■■□□□　キレ ■■■■□

「地産率100%」を掲げ、地元農家が育てる酒米を最大限に生かした酒造りを目指す。創業時から「酒の命」とこだわってきた仕込み水は、モンドセレクションで3年連続金賞を受賞した自家湧水だ。内部を土壁で覆われた蔵で、24時間クラシックを聞きながら「智恵美人」は熟成を待つ。

鷹来屋《たかきや》

浜嶋酒造合資会社
☎0974-42-2216　直接注文 不可
豊後大野市緒方町下自在381
明治22年（1889）創業

代表酒名	鷹来屋 特別純米酒
特定名称	特別純米酒
希望小売価格	1.8ℓ ¥2730 720mℓ ¥1365

原料米と精米歩合…麹米 山田錦50％/掛米 麗峰55％
アルコール度数……15.5度

当初から食とのバランスを考えて醸された酒。スマートな飲み口の先に、穏やかな米の味わいを感じさせる。食べつつ盃も進む名食中酒。冷〜燗。

日本酒度+5　酸度1.4　爽酒
吟醸香 ■■□□□　コク ■■□□□
原料香 ■■□□□　キレ ■■■□□

おもなラインナップ

鷹来屋 若水《わかみず》純米吟醸
純米吟醸酒/1.8ℓ ¥3255 720mℓ ¥1627/山田錦50% 若水55%/15.8度
自社栽培米・若水を使用した、控え目な香りとやさしい味わいの食中酒。冷〜燗。

日本酒度+4　酸度1.4　爽酒
吟醸香 ■■□□□　コク ■■□□□
原料香 ■□□□□　キレ ■■■■□

鷹来屋 純米酒
純米酒/1.8ℓ ¥2415 720mℓ ¥1207/五百万石60% 麗峰60%/15.5度
燗上がりを前提に醸した酒。7号酵母特有の深く穏やかな味を楽しめる。冷〜燗。

日本酒度+3　酸度1.6　醇酒
吟醸香 ■□□□□　コク ■■□□□
原料香 ■■■□□　キレ ■■■■□

鷹来屋 辛口《からくち》本醸造
本醸造酒/1.8ℓ ¥1995 720mℓ ¥997/五百万石60% 麗峰60%/15.7度
どんな温度帯でも、どんな料理とも合わせられるオールマイティな酒。冷〜燗。

日本酒度+5　酸度1.3　爽酒
吟醸香 ■□□□□　コク ■■□□□
原料香 ■□□□□　キレ ■■■■□

創業時、浜嶋家に鷹がよく飛んできたことから、屋号を「鷹来屋」に。一時期の中断を経て平成9年、五代目蔵元に当たる浜嶋弘文杜氏が造った酒が「鷹来屋」。手造り・全量槽搾《ふねしぼ》り、年間生産量400石の小さな蔵が「美酒探求」を信条に、五味のバランスのいい究極の食中酒造りを目指す。

●参考資料

『日本酒の基』　長田卓ほか／SSI講習会テキスト／2009

『日本の酒』　坂口謹一郎／岩波新書／1983

『「夏子の酒」読本』　尾瀬あきら／講談社／1994

『新・酒のかたみに』　髙山惠太郎監修／たる出版／2004

『酒育のススメ』　魚柄仁之助／家の光協会／2006

『日本酒15,706種』　稲 保幸／誠文堂新光社／2007

『日本酒 百味百題』　柴田書店編集部／柴田書店／2008

『知識ゼロからの日本酒入門』　尾瀬あきら／幻冬舎／2008

『地酒人気銘柄ランキング《2009～10年版》』　フルネット／2009

●取材協力店

「居酒屋 おふろ」

東京都世田谷区赤堤4-45-10 安心堂ビル地下1階

☎03-5300-6007　18時～翌2時（L.O.）／火曜休

「日本酒居酒屋 かんだ光壽《こうじゅ》」

東京都千代田区鍛冶町2-9-7 大貫ビル1階

☎03-3253-0044　18時～23時30分／土・日曜・祝日休

「地酒と料理の美味しい店 菜《な》る瀬《せ》」

東京都豊島区南長崎3-1-2

☎03-3950-3558　18時～24時／日曜休

「酒菜《さかな》 向日葵《ひまわり》」

東京都千代田区三崎町2-12-9 三崎町大信ビル1階

☎03-3221-4886　17時～24時（土曜は～22時）／日曜・祝日休

「串打ち工房 焼串《やくし》」

東京都中野区上高田3-38-9

☎03-3388-8161　17時30分～翌1時／不定休

「酒道庵《しゅどうあん》 之吟《これぎん》」（酒販店）

東京都中野区上高田2-17-11

☎03-3386-6646

※商品データは各蔵元にご提供いただきました。ご協力ありがとうございました。

SSI（日本酒サービス研究会・酒匠研究会連合会）について

唎酒師認定講習会

テイスティング講義

SSIは日本酒サービス研究会・酒匠研究会連合会（Sake Service Institute）の略称です。

SSIでは、日本酒のソムリエ「唎酒《ききざけ》師《し》」や焼酎のソムリエ「焼酎アドバイザー」などのプロフェッショナルの育成や教育を通じ、日本の伝統食文化の粋である「日本酒」、「焼酎」などの啓蒙発展に努め、20年目を迎えました。

また、2010年からは、「日本酒検定」や「焼酎検定」を通じて、日本酒、焼酎の魅力を多くの消費者にも知っていただく機会の創造を目指し活動しております。

試飲会「アナタの選ぶ地酒大 SHOW」

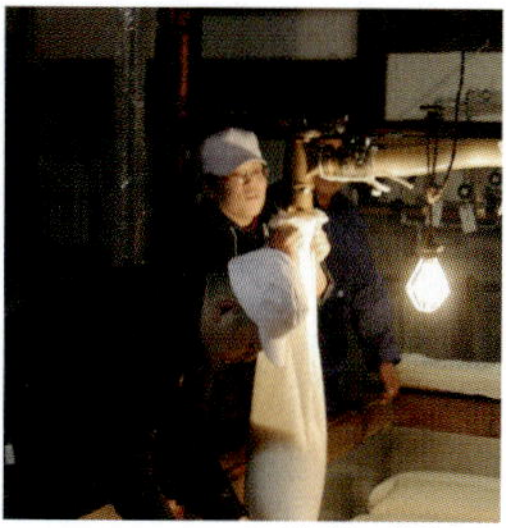

日本酒造り体験実習

日本酒は、わが国が誇る伝統的な酒であり、先人たちの英知が集結された伝統的食文化の粋と言えます。近年においては、ライフスタイルや食生活の変化により、日本酒が楽しまれるシーンも消費者により千差万別でありますが、日本酒の楽しみ方は今、新たなステージへと進みだしています。

昨今、特に欧米や中国、韓国を筆頭とするアジア諸国では、健康志向を要因に日本食が脚光を浴び、日本酒の需要もまた、大きく増加傾向にあります。また諸外国の方々が日本料理の特徴である魚介料理や野菜料理と日本酒の相性に興味をもたれ、楽しまれているのも特徴的な傾向です。

元来、日本の食文化には、酒を嗜みながら料理を食す習慣はなく、この習慣がごく当たり前になったのは、つい最近のことですが、これからの日本酒の楽しみ方として、料理と一緒に嗜むむことが、今まで以上に日本酒の価値を高めていくことでしょう。

日本酒サービス研究会・酒匠研究会連合会では、このような世界にも類を見ない、優れた「食中酒」である日本酒の魅力を一人でも多くの消費者の方にお楽しみいただくことを目指し、日本酒のソムリエ「唎酒師」の育成、さらには消費者自らが日本酒の知識を身につけていただくことを目的とした「日本酒検定」を通じて、日本酒の適切な啓蒙、普及活動を継続していきたいと考えています。

SAKE SERVICE INSTITUTE

日本酒サービス研究会・酒匠研究会連合会（SSI）

〒112-0002　東京都文京区小石川1-15-17 TN小石川ビル7F

TEL.03-5615-8201　FAX.03-5615-8200

https://ssi-sake.jp/

詳しくはホームページをご覧下さい

掲載銘柄別索引

【あ】

会津娘（あいづむすめ）……〔福島県〕…81
秋鹿（あきしか）……〔大阪府〕…190
朝日山（あさひやま）……〔新潟県〕…126
あさ開（あさびらき）……〔岩手県〕…60
東一（あづまいち）……〔佐賀県〕…236
天の戸（あまのと）……〔秋田県〕…54
天吹（あまぶき）……〔佐賀県〕…234
綾菊（あやきく）……〔香川県〕…220
新政（あらまさ）……〔秋田県〕…51
磯自慢（いそじまん）……〔静岡県〕…159
一ノ蔵（いちのくら）……〔宮城県〕…73
雨後の月（うごのつき）……〔広島県〕…212
羽前白梅（うぜんしらうめ）……〔山形県〕…66
浦霞（うらかすみ）……〔宮城県〕…76
榮川（えいせん）……〔福島県〕…85
奥（おく）……〔愛知県〕…162
奥の松（おくのまつ）……〔福島県〕…87

【か】

開運（かいうん）……〔静岡県〕…160
加賀鳶（かがとび）……〔石川県〕…139
鶴齢（かくれい）……〔新潟県〕…128
雅山流（がさんりゅう）……〔山形県〕…71
風の森（かぜのもり）……〔奈良県〕…185
勝駒（かちこま）……〔富山県〕…137
勝山（かつやま）……〔宮城県〕…77
神杉（かみすぎ）……〔愛知県〕…163
神の井（かみのい）……〔愛知県〕…165
亀泉（かめいずみ）……〔高知県〕…226
亀の尾（かめのお）……〔福岡県〕…230
賀茂泉（かもいずみ）……〔広島県〕…210
賀茂金秀（かもきんしゅう）……〔広島県〕…211
醸し人九平次（かもしびとくへいじ）…〔愛知県〕…164
賀茂鶴（かもつる）……〔広島県〕…208
刈穂（かりほ）……〔秋田県〕…52
臥龍梅（がりゅうばい）……〔静岡県〕…153
川亀（かわかめ）……〔愛媛県〕…229
義侠（ぎきょう）……〔愛知県〕…167
菊水（きくすい）……〔新潟県〕…121
菊姫（きくひめ）……〔石川県〕…142
菊正宗（きくまさむね）……〔兵庫県〕…193
喜久醉（きくよい）……〔静岡県〕…156
喜正（きしょう）……〔東京都〕…107
北の錦（きたのにしき）……〔北海道〕…44
亀甲花菱（きっこうはなびし）……〔埼玉県〕…100
清泉（きよいずみ）……〔新潟県〕…124
國稀（くにまれ）……〔北海道〕…42
車坂（くるまざか）……〔和歌山県〕…186
黒牛（くろうし）……〔和歌山県〕…189
黒松翁（くろまつおきな）……〔三重県〕…170
黒松白鹿（くろまつはくしか）……〔兵庫県〕…192

群馬泉（ぐんまいずみ）……（群馬県）…99
月桂冠（げっけいかん）……（京都府）…177
乾坤一（けんこんいち）……（宮城県）…78
剣菱（けんびし）……（兵庫県）…194
香露（こうろ）……（熊本県）…239
五橋（ごきょう）……（山口県）…215
国士無双（こくしむそう）……（北海道）…43
黒龍（こくりゅう）……（福井県）…147
小左衛門（こざえもん）……（岐阜県）…148
越乃景虎（こしのかげとら）……（新潟県）…125
越乃寒梅（こしのかんばい）……（新潟県）…123
越の誉（こしのほまれ）……（新潟県）…131
呉春（ごしゅん）……（大阪府）…191
御前酒（ごぜんしゅ）……（岡山県）…200
國權（こっけん）……（福島県）…83
小鼓（こつづみ）……（兵庫県）…197
独楽蔵（こまぐら）……（福岡県）…231

【さ】
雑賀（さいか）……（和歌山県）…187
相模灘（さがみなだ）……（神奈川県）…110
酒屋八兵衛（さかやはちべえ）……（三重県）…172
作（ざく）……（三重県）…169
郷乃譽（さとのほまれ）……（茨城県）…90
澤乃井（さわのい）……（東京都）…106
沢の鶴（さわのつる）……（兵庫県）…196
繁桝（しげます）……（福岡県）…233
而今（じこん）……（三重県）…171
志太泉（しだいずみ）……（静岡県）…157
七田（しちだ）……（佐賀県）…235
七本鎗（しちほんやり）……（滋賀県）…174
〆張鶴（しめはりつる）……（新潟県）…119
寫樂（しゃらく）……（福島県）…82
十四代（じゅうよんだい）……（山形県）…68
春鶯囀（しゅんのうてん）……（山梨県）…113
上喜元（じょうきげん）……（山形県）…62
常きげん（じょうきげん）……（石川県）…144
正雪（しょうせつ）……（静岡県）…154
上善如水（じょうぜんみずのごとし）……（新潟県）…130
松竹梅（しょうちくばい）……（京都府）…178
白瀑（しらたき）……（秋田県）…50
神亀（しんかめ）……（埼玉県）…101
酔鯨（すいげい）……（高知県）…225
杉錦（すぎにしき）……（静岡県）…158
墨廼江（すみのえ）……（宮城県）…75
誠鏡（せいきょう）……（広島県）…207
青煌（せいこう）……（山梨県）…112
関娘（せきむすめ）……（山口県）…218
雪中梅（せっちゅうばい）……（新潟県）…132
仙禽（せんきん）……（栃木県）…94
千功成（せんこうなり）……（福島県）…88
千福（せんぷく）……（広島県）…213

【た】
大七（だいしち）……（福島県）…86

大那（だいな）……〔栃木県〕…92
大洋盛（たいようざかり）……〔新潟県〕…120
貴（たか）……〔山口県〕…217
鷹勇（たかいさみ）……〔鳥取県〕…201
鷹来屋（たかきや）……〔大分県〕…241
獺祭（だっさい）……〔山口県〕…214
龍力（たつりき）……〔兵庫県〕…199
楯野川（たてのかわ）……〔山形県〕…63
田从（たびと）……〔秋田県〕…53
玉川（たまがわ）……〔京都府〕…180
玉乃光（たまのひかり）……〔京都府〕…179
玉鋼（たまはがね）……〔島根県〕…205
智恵美人（ちえびじん）……〔大分県〕…240
千歳鶴（ちとせつる）……〔北海道〕…45
長珍（ちょうちん）……〔愛知県〕…166
長龍（ちょうりゅう）……〔奈良県〕…184
千代むすび（ちよむすび）……〔鳥取県〕…202
司牡丹（つかさぼたん）……〔高知県〕…227
筑波（つくば）……〔茨城県〕…91
辻善兵衛（つじぜんべえ）……〔栃木県〕…95
手取川（てどりがわ）……〔石川県〕…140
出羽桜（でわざくら）……〔山形県〕…69
天狗舞（てんぐまい）……〔石川県〕…141
田酒（でんしゅ）……〔青森県〕…46
天青（てんせい）……〔神奈川県〕…109
天寶一（てんぽういち）……〔広島県〕…206
天遊琳（てんゆうりん）……〔三重県〕…168
天覧山（てんらんざん）……〔埼玉県〕…104
道灌（どうかん）……〔滋賀県〕…176
東北泉（とうほくいずみ）……〔山形県〕…61
東洋美人（とうようびじん）……〔山口県〕…216
豊の秋（とよのあき）……〔島根県〕…204

【な】

七笑（ななわらい）……〔長野県〕…118
鍋島（なべしま）……〔佐賀県〕…237
奈良萬（ならまん）……〔福島県〕…79
南部美人（なんぶびじん）……〔岩手県〕…59
日本橋（にほんばし）……〔埼玉県〕…102
庭のうぐいす（にわのうぐいす）……〔福岡県〕…232
根知男山（ねちおとこやま）……〔新潟県〕…133

【は】

白隠正宗（はくいんまさむね）……〔静岡県〕…152
白岳仙（はくがくせん）……〔福井県〕…145
白鶴（はくつる）……〔兵庫県〕…195
白牡丹（はくぼたん）……〔広島県〕…209
伯楽星（はくらくせい）……〔宮城県〕…74
白露垂珠（はくろすいしゅ）……〔山形県〕…67
八海山（はっかいさん）……〔新潟県〕…129
初霞（はつがすみ）……〔奈良県〕…182
初亀（はつかめ）……〔静岡県〕…155
初孫（はつまご）……〔山形県〕…64
初雪盃（はつゆきはい）……〔愛媛県〕…228
花巴（はなともえ）……〔奈良県〕…183
春鹿（はるしか）……〔奈良県〕…181

美丈夫（びじょうふ）……〔高知県〕……224
飛良泉（ひらいづみ）……〔秋田県〕……58
飛露喜（ひろき）……〔福島県〕……80
琵琶のさゝ浪（びわのさざなみ）……〔埼玉県〕……103
福祝（ふくいわい）……〔千葉県〕……105
富久錦（ふくにしき）……〔兵庫県〕……198
船尾瀧（ふなおたき）……〔群馬県〕……98
麓井（ふもとい）……〔山形県〕……65
鳳凰美田（ほうおうびでん）……〔栃木県〕……96
豊香（ほうか）……〔長野県〕……117
房島屋（ぼうじまや）……〔岐阜県〕……150
芳水（ほうすい）……〔徳島県〕……222
豊盃（ほうはい）……〔青森県〕……47
蓬莱泉（ほうらいせん）……〔愛知県〕……161
北雪（ほくせつ）……〔新潟県〕……134
梵（ぼん）……〔福井県〕……146

【ま】

満寿泉（ますいずみ）……〔富山県〕……136
真澄（ますみ）……〔長野県〕……116
松の寿（まつのことぶき）……〔栃木県〕……93
松の司（まつのつかさ）……〔滋賀県〕……175
丸眞正宗（まるしんまさむね）……〔東京都〕……108
萬歳楽（まんざいらく）……〔石川県〕……143
まんさくの花（まんさくのはな）……〔秋田県〕……55
御湖鶴（みこつる）……〔長野県〕……115
三千盛（みちさかり）……〔岐阜県〕……149
緑川（みどりかわ）……〔新潟県〕……127
南方（みなかた）……〔和歌山県〕……188
南（みなみ）……〔高知県〕……223
結人（むすびと）……〔群馬県〕……97
陸奥八仙（むつはっせん）……〔青森県〕……49
村祐（むらゆう）……〔新潟県〕……122
明鏡止水（めいきょうしすい）……〔長野県〕……114
桃川（ももかわ）……〔青森県〕……48

【や】

遊穂（ゆうほ）……〔石川県〕……138
雪の茅舎（ゆきのぼうしゃ）……〔秋田県〕……57
悦凱陣（よろこびがいじん）……〔香川県〕……221

【ら】

爛漫（らんまん）……〔秋田県〕……56
李白（りはく）……〔島根県〕……203
隆（りゅう）……〔神奈川県〕……111
醴泉（れいせん）……〔岐阜県〕……151
洌（れつ）……〔山形県〕……70
六十餘洲（ろくじゅうよしゅう）……〔長崎県〕……238
口万（ろまん）……〔福島県〕……84

【わ】

綿屋（わたや）……〔宮城県〕……72

掲載蔵元別索引

【あ】

相原酒造（あいはらしゅぞう）……〔広島県〕…212
青木酒造（あおきしゅぞう）……〔新潟県〕…128
青島酒造（あおしましゅぞう）……〔静岡県〕…156
秋鹿酒造（あきしかしゅぞう）……〔大阪府〕…190
秋田銘醸（あきためいじょう）……〔秋田県〕…56
麻原酒造（あさはらしゅぞう）……〔埼玉県〕…103
朝日酒造（あさひしゅぞう）……〔新潟県〕…126
旭酒造（あさひしゅぞう）……〔山口県〕…214
あさ開（あさびらき）……〔岩手県〕…60
浅舞酒造（あさまいしゅぞう）……〔秋田県〕…54
天吹酒造（あまぶきしゅぞう）……〔佐賀県〕…234
綾菊酒造（あやきくしゅぞう）……〔香川県〕…220
新政酒造（あらまさしゅぞう）……〔秋田県〕…51
五十嵐酒造（いがらししゅぞう）……〔埼玉県〕…104
石岡酒造（いしおかしゅぞう）……〔茨城県〕…91
石本酒造（いしもとしゅぞう）……〔新潟県〕…123
伊豆本店（いずほんてん）……〔福岡県〕…230
磯自慢酒造（いそじまんしゅぞう）……〔静岡県〕…159
一ノ蔵（いちのくら）……〔宮城県〕…73
今里酒造（いまざとしゅぞう）……〔長崎県〕…238
今西清兵衛商店（いまにしせいべいしょうてん）……〔奈良県〕…181
榮川酒造（えいせんしゅぞう）……〔福島県〕…85
大澤酒造（おおさわしゅぞう）……〔長野県〕…114
太田酒造（おおたしゅぞう）……〔滋賀県〕…176
大谷酒造（おおたにしゅぞう）……〔鳥取県〕…201
大沼酒造店（おおぬましゅぞうてん）……〔宮城県〕…78
奥の松酒造（おくのまつしゅぞう）……〔福島県〕…87
小澤酒造（おざわしゅぞう）……〔東京都〕…106

【か】

加藤吉平商店（かとうきちべえしょうてん）……〔福井県〕…146
金の井酒造（かねのいしゅぞう）……〔宮城県〕…72
金光酒造（かねみつしゅぞう）……〔広島県〕…211

鹿野酒造（かのしゅぞう）……〔石川県〕…144
神杉酒造（かみすぎしゅぞう）……〔愛知県〕…163
神の井酒造（かみのいしゅぞう）……〔愛知県〕…165
亀泉酒造（かめいずみしゅぞう）……〔高知県〕…226
賀茂泉酒造（かもいずみしゅぞう）……〔広島県〕…210
賀茂鶴酒造（かもつるしゅぞう）……〔広島県〕…208
刈穂酒造（かりほしゅぞう）……〔秋田県〕…52
川亀酒造（かわかめしゅぞう）……〔愛媛県〕…229
川西屋酒造店（かわにしやしゅぞうてん）……〔神奈川県〕…111
神沢川酒造場（かんざわがわしゅぞうじょう）……〔静岡県〕…154
菊水酒造（きくすいしゅぞう）……〔新潟県〕…121
菊の里酒造（きくのさとしゅぞう）……〔栃木県〕…92
菊姫（きくひめ）……〔石川県〕…142
菊正宗酒造（きくまさむねしゅぞう）……〔兵庫県〕…193
木下酒造（きのしたしゅぞう）……〔京都府〕…180
木屋正酒造（きやしょうしゅぞう）……〔三重県〕…171
協和酒造（きょうわしゅぞう）……〔愛媛県〕…228
玉泉堂酒造（ぎょくせんどうしゅぞう）……〔岐阜県〕…151
清都酒造場（きよとしゅぞうじょう）……〔富山県〕…137
久須美酒造（くすみしゅぞう）……〔新潟県〕…124
國稀酒造（くにまれしゅぞう）……〔北海道〕…42
久保田酒造（くぼたしゅぞう）……〔神奈川県〕…110
久保本家酒造（くぼほんけしゅぞう）……〔奈良県〕…182
熊澤酒造（くまざわしゅぞう）……〔神奈川県〕…109
熊本県酒造研究所（くまもとけんしゅぞうけんきゅうしょ）……〔熊本県〕…239
月桂冠（げっけいかん）……〔京都府〕…177
元坂酒造（げんさかしゅぞう）……〔三重県〕…172
剣菱酒造（けんびししゅぞう）……〔兵庫県〕…194
黒龍酒造（こくりゅうしゅぞう）……〔福井県〕…147
九重雑賀（ここのえさいか）……〔和歌山県〕…187
小嶋総本店（こじまそうほんてん）……〔山形県〕…70
呉春（ごしゅん）……〔大阪府〕…191
五町田酒造（ごちょうだしゅぞう）……〔佐賀県〕…236
国権酒造（こっけんしゅぞう）……〔福島県〕…83
小林酒造（こばやししゅぞう）……〔北海道〕…44
小林酒造（こばやししゅぞう）……〔栃木県〕…96

小堀酒造店（こぼりしゅぞうてん）……〔石川県〕…143
小山酒造（こやましゅぞう）……〔東京都〕…108

【さ】

齋彌酒造店（さいやしゅぞうてん）……〔秋田県〕…57
佐浦（さうら）……〔宮城県〕…76
酒井酒造（さかいしゅぞう）……〔山口県〕…215
酒田酒造（さかたしゅぞう）……〔山形県〕…62
沢の鶴（さわのつる）……〔兵庫県〕…196
三和酒造（さんわしゅぞう）……〔静岡県〕…153
志太泉酒造（しだいずみしゅぞう）……〔静岡県〕…157
柴崎酒造（しばさきしゅぞう）……〔群馬県〕…98
島岡酒造（しまおかしゅぞう）……〔群馬県〕…99
清水酒造（しみずしゅぞう）……〔埼玉県〕…100
清水醸造（しみずじょうぞう）……〔三重県〕…169
下関酒造（しものせきしゅぞう）……〔山口県〕…218
車多酒造（しゃたしゅぞう）……〔石川県〕…141
白瀧酒造（しらたきしゅぞう）……〔新潟県〕…130
神亀酒造（しんかめしゅぞう）……〔埼玉県〕…101
新藤酒造店（しんどうしゅぞうてん）……〔山形県〕…71
酔鯨酒造（すいげいしゅぞう）……〔高知県〕…225
杉井酒造（すぎいしゅぞう）……〔静岡県〕…158
須藤本家（すどうほんけ）……〔茨城県〕…90
澄川酒造場（すみかわしゅぞうじょう）……〔山口県〕…216
墨廼江酒造（すみのえしゅぞう）……〔宮城県〕…75
世界一統（せかいいっとう）……〔和歌山県〕…188
関谷醸造（せきやじょうぞう）……〔愛知県〕…161
せんきん……〔栃木県〕…94
仙台伊澤家 勝山酒造 仙台伊達家御用蔵 勝山（せんだいいざわけ かつやましゅぞう せんだいだてけごようぐらかつやま）……〔宮城県〕…77

【た】

大七酒造（だいしちしゅぞう）……〔福島県〕…86
大洋酒造（たいようしゅぞう）……〔新潟県〕…120
高木酒造（たかぎしゅぞう）……〔山形県〕…68
高砂酒造（たかさごしゅぞう）……〔北海道〕…43
髙嶋酒造（たかしましゅぞう）……〔静岡県〕…152
タカハシ酒造（たかはししゅぞう）……〔三重県〕…168

高橋酒造店（たかはししゅぞうてん）……〔山形県〕… 61
高橋庄作酒造店（たかはししょうさくしゅぞうてん）……〔福島県〕… 81
高橋商店（たかはししょうてん）……〔福岡県〕… 233
宝酒造（たからしゅぞう）……〔京都府〕… 178
武の井酒造（たけのいしゅぞう）……〔山梨県〕… 112
竹の露（たけのつゆ）……〔山形県〕… 67
辰馬本家酒造（たつうまほんけしゅぞう）……〔兵庫県〕… 192
楯の川酒造（たてのかわしゅぞう）……〔山形県〕… 63
玉乃光酒造（たまのひかりしゅぞう）……〔京都府〕… 179
長龍酒造（ちゅうりゅうしゅぞう）……〔奈良県〕… 184
長珍酒造（ちょうちんしゅぞう）……〔愛知県〕… 166
千代むすび酒造（ちよむすびしゅぞう）……〔鳥取県〕… 202
司牡丹酒造（つかさぼたんしゅぞう）……〔高知県〕… 227
辻善兵衛商店（つじぜんべえしょうてん）……〔栃木県〕… 95
辻本店（つじほんてん）……〔岡山県〕… 200
出羽桜酒造（でわざくらしゅぞう）……〔山形県〕… 69
天山酒造（てんざんしゅぞう）……〔佐賀県〕… 235
天寶一（てんぽういち）……〔広島県〕… 206
土井酒造場（どいしゅぞうじょう）……〔静岡県〕… 160
藤平酒造（とうへいしゅぞう）……〔千葉県〕… 105
東北銘醸（とうほくめいじょう）……〔山形県〕… 64
所酒造（ところしゅぞう）……〔岐阜県〕… 150
豊島屋（としまや）……〔長野県〕… 117
冨田酒造（とみたしゅぞう）……〔滋賀県〕… 174

【な】

中尾醸造（なかおじょうぞう）……〔広島県〕… 207
中島醸造（なかしまじょうぞう）……〔岐阜県〕… 148
中野酒造（なかのしゅぞう）……〔大分県〕… 240
永山本家酒造場（ながやまほんけしゅぞうじょう）……〔山口県〕… 217
名手酒造店（なてしゅぞうてん）……〔和歌山県〕… 189
七笑酒造（ななわらいしゅぞう）……〔長野県〕… 118
南部美人（なんぶびじん）……〔岩手県〕… 59
新澤醸造店（にいざわじょうぞうてん）……〔宮城県〕… 74
西田酒造店（にしだしゅぞうてん）……〔青森県〕… 46
西山酒造場（にしやましゅぞうじょう）……〔兵庫県〕… 197
日本清酒（にほんせいしゅ）……〔北海道〕… 45

野崎酒造（のざきしゅぞう）……〔東京都〕…107

【は】

白鶴酒造（はくつるしゅぞう）……〔兵庫県〕…195
白牡丹酒造（はくぼたんしゅぞう）……〔広島県〕…209
八戸酒造（はちのへしゅぞう）……〔青森県〕…49
八海醸造（はっかいじょうぞう）……〔新潟県〕…129
初亀醸造（はつかめじょうぞう）……〔静岡県〕…155
花泉酒造（はないずみしゅぞう）……〔福島県〕…84
羽根田酒造（はねだしゅぞう）……〔山形県〕…66
濵川商店（はまかわしょうてん）……〔高知県〕…224
浜嶋酒造（はまじましゅぞう）……〔大分県〕…241
原酒造（はらしゅぞう）……〔新潟県〕…131
萬乗醸造（ばんじょうじょうぞう）……〔愛知県〕…164
簸上清酒（ひかみせいしゅ）……〔島根県〕…205
菱友醸造（ひしともじょうぞう）……〔長野県〕…115
日の丸醸造（ひのまるじょうぞう）……〔秋田県〕…55
檜物屋酒造店（ひものやしゅぞうてん）……〔福島県〕…88
飛良泉本舗（ひらいづみほんぽ）……〔秋田県〕…58
廣木酒造本店（ひろきしゅぞうほんてん）……〔福島県〕…80
富久千代酒造（ふくちよしゅぞう）……〔佐賀県〕…237
富久錦（ふくにしき）……〔兵庫県〕…198
福光屋（ふくみつや）……〔石川県〕…139
麓井酒造（ふもといしゅぞう）……〔山形県〕…65
芳水酒造（ほうすいしゅぞう）……〔徳島県〕…222
北雪酒造（ほくせつしゅぞう）……〔新潟県〕…134
本田商店（ほんだしょうてん）……〔兵庫県〕…199

【ま】

舞鶴酒造（まいつるしゅぞう）……〔秋田県〕…53
桝田酒造店（ますだしゅぞうてん）……〔富山県〕…136
松井酒造店（まついしゅぞうてん）……〔栃木県〕…93
松瀬酒造（まつせしゅぞう）……〔滋賀県〕…175
丸尾本店（まるおほんてん）……〔香川県〕…221
丸山酒造場（まるやましゅぞうじょう）……〔新潟県〕…132
三浦酒造（みうらしゅぞう）……〔青森県〕…47
御祖酒造（みおやしゅぞう）……〔石川県〕…138
三千盛（みちさかり）……〔岐阜県〕…149

緑川酒造（みどりかわしゅぞう）……〔新潟県〕…127
南酒造場（みなみしゅぞうじょう）……〔高知県〕…223
宮泉銘醸（みやいずみめいじょう）……〔福島県〕…82
宮尾酒造（みやおしゅぞう）……〔新潟県〕…119
三宅本店（みやけほんてん）……〔広島県〕…213
宮坂醸造（みやさかじょうぞう）……〔長野県〕…116
美吉野醸造（みよしのじょうぞう）……〔奈良県〕…183
村祐酒造（むらゆうしゅぞう）……〔新潟県〕…122
桃川（ももかわ）……〔青森県〕…48
杜の蔵（もりのくら）……〔福岡県〕…231
森本仙右衛門商店（もりもとせんえもんしょうてん）……〔三重県〕…170
諸橋酒造（もろはししゅぞう）……〔新潟県〕…125

【や】

安本酒造（やすもとしゅぞう）……〔福井県〕…145
柳澤酒造（やなぎさわしゅぞう）……〔群馬県〕…97
山口酒造場（やまぐちしゅぞうじょう）……〔福岡県〕…232
山崎（やまざき）……〔愛知県〕…162
山忠本家酒造（やまちゅうほんけしゅぞう）……〔愛知県〕…167
山本（やまもと）……〔秋田県〕…50
油長酒造（ゆうちょうしゅぞう）……〔奈良県〕…185
夢心酒造（ゆめごころしゅぞう）……〔福島県〕…79
横田酒造（よこたしゅぞう）……〔埼玉県〕…102
吉田酒造店（よしだしゅぞうてん）……〔石川県〕…140
吉村秀雄商店（よしむらひでおしょうてん）……〔和歌山県〕…186
米田酒造（よねだしゅぞう）……〔島根県〕…204
萬屋醸造店（よろずやじょうぞうてん）……〔山梨県〕…113

【ら】

李白酒造（りはくしゅぞう）……〔島根県〕…203

【わ】

渡辺酒造店（わたなべしゅぞうてん）……〔新潟県〕…133

監修代表 **長田 卓**(ながた たく)
SSI(日本酒サービス研究会・酒匠研究会連合会)研究室長。
NPO法人FBO(料飲専門家団体連合会)研究室長。
日本酒、焼酎を中心としたテキスト、各種ツールの開発を担当する。特にテイスティングに関して、香味特性や楽しみ方を、わかりやすく伝えられるツールの開発に力を入れる。同会の主催する「唎酒師」、「焼酎アドバイザー」認定講習会では、テイスティング講座の主任講師を務める。

■ SSI(日本酒サービス研究会・酒匠研究会連合会)のWEBサイト
https://ssi-sake.jp/

取材・執筆 **白石愷親**(しらいし・やすちか)
横浜市出身。中央大学法学部卒業。出版社勤務を経てフリーランスの編集者・ライター。著書に『古地図で江戸さんぽ』『東京和館』『横浜洋館散歩』(いずれも淡交社刊)、『東京 五つ星の魚料理』『東京 五つ星の肉料理』『すし手帳』『焼肉手帳』(いずれも東京書籍刊)など。

企画・編集 小島卓(東京書籍)、石井一雄(エルフ)
構成・編集 阿部一恵(阿部編集事務所)
撮影 松田敏博(エルフ)
ブックデザイン 長谷川理(Phontage Guild)

※本書のデータは初版発行の2010年の取材に基づいています。

日《に》本《ほん》酒《しゅ》手《て》帳《ちょう》

2010年8月20日 第1刷発行
2025年5月 2日 第7刷発行

監修者 SSI(日本酒サービス研究会・酒匠研究会連合会)
発行者 渡辺能理夫
発行所 東京書籍株式会社
〒114-8524 東京都北区堀船2-17-1
電　話 03-5390-7531(営業) 03-5390-7526(編集)
https://www.tokyo-shoseki.co.jp
印刷・製本 TOPPANクロレ株式会社

乱丁・落丁の場合はお取り替えいたします。
定価はカバーに表示してあります。
ISBN978-4-487-80417-7 C2076